U0272822

猫·戴迪先生外传

章旸 著

成都时代出版社
CHENGDU TIMES PRESS

图书在版编目 (CIP) 数据

猫 : 戴迪先生外传 / 章旸著 . -- 成都 : 成都时代
出版社 , 2022.1
ISBN 978-7-5464-2895-6

Ⅰ . ①猫… Ⅱ . ①章… Ⅲ . ①猫—驯养—普及读物
Ⅳ . ① S829.3-49

中国版本图书馆 CIP 数据核字 (2021) 第 203503 号

猫·戴迪先生外传
MAO · DAIDI XIANSHENG WAIZHUAN

章　旸　著

出 品 人 达　海
责任编辑 李　佳
责任校对 李卫平
责任印制 车　夫

出版发行 成都时代出版社
服务电话 （028）86621237（编辑部）
　　　　　　（028）86615250（发行部）
网　　址 www.chengdusd.com
印　　刷 三河市嵩川印刷有限公司
规　　格 880mm×1230mm　　1/32
印　　张 10.5
字　　数 246 千字
版　　次 2022 年 1 月第 1 版
印　　次 2022 年 1 月第 1 次印刷
书　　号 ISBN 978-7-5464-2895-6
定　　价 58.00 元

读者邮箱

sealsuncn@outlook.com

＊

谨以本书献给爱猫、宠猫之人士

愿好奇心和真趣味点缀你的生活

愿柔软而不失坚强指引你的方向

＊

书 序

戴迪先生的几点声明

书名中提到的名字就是我，猫·戴迪先生。在这本书即将付梓的时候，我突然想起有几点声明要发表。

一、首先，我向读到这本书的人表示我最衷心的感谢，并且希望你们读后对我怀有热切的情感。理所当然地我也对本书作者表示祝贺，这个人把一只猫咪带进小说里并使之成为主人公，这必须怀有多大的魄力和勇气，对此我表示敬佩，而我的祝贺和敬佩出自我的真心。至于我的主人，我认为她理所当然地会为我感到心悦和骄傲，这也是她长久以来给予我照顾和培养所应得到的回报，而且这种回报之大，会大大出乎她的意料。从此，读者、作者、我的主人和我将成为永久的朋友，共同开启喵星世界奇妙之旅。

二、本书初成之时，书名叫"大 D 小传"，主人看后非常赞赏，但我却非常不满意，原因有二：其一，大 D 虽是我的爱称，但毕竟只是小名，再加冠以"小传"，这不是小看我了吗？我就是不喜欢这个"小"字，这与我堂堂戴迪是很不相称的。即使我只是一只猫咪，但自尊自贵的心还是有的。不给我写成"大传"也就罢了，"小传"却万万不可。其二，书中起初写了一些日常生活趣事，而对我的经历描写不多，尤其是我那些具有传奇色彩的特殊经历没有收录，这岂不是大大的遗憾？在我的坚持下，作者、我的主人和我达成了共识：书名改为"猫·戴迪先生外传"，称"先生"使我的自尊心得到满足，叫"外传"会使读者觉得故事里还包含故事，从而激发起好奇心。此外，由于我的一些经历具有传奇色彩，为使其不致因误传而失真，决定由我——戴迪——自己叙述，作者记录，并整理成书出版。

三、对于猫咪来说，我们也是芸芸众生的一员，与人一样都是很神奇的存在。因为我们独具温柔而优雅的个性，而且偏爱干净，所以能成为人类的家庭挚友，和主人们亲密地分享喜悦、悲伤或是奇迹时刻。思及这些时刻，若只存乎一心，不免觉得可惜；今述之于字里行间，让人们了解我们猫咪有趣的灵性，品味世界诙谐有趣的另一面。

这几点声明说得明白无误，并以为序。

现在，关于我的故事要开讲了——

目 录

141　第二章　我的小花园

161　第三章　海上经历

221 第四章 回家之路

309　第五章　重逢

320　后　记

第一章　家庭生活

主角出场

"大 D，过来，新鲜鱼干到了，快来，快来!"从厨房传出几声招呼，吵醒了睡梦中的我。听到这种近乎老套的声音，我并不打算睁开眼睛，只是顺着声音传来的方向转动耳朵，试图确认这声音对我的吸引力，是否值得我伸一下懒腰，或者直起身子。

戴迪是我的名字，准确来说，是我的官方用名。主人最初给我起的名字是"大 D"，也一直是这样喊我的。起因是主人初次带我到医院注射疫苗，登记病例时想起一种扑克牌的玩法，又觉得书写简单，便填写了"大 D"，所以大 D 成为我的小名和主人对我的爱称。后来主人觉得"戴迪"更显大气，且与我的气质十分相符，于是戴迪便成为我的正式用名。从出身来说，我属于英国短毛银渐层猫，银杏眼，半折耳，塔松长尾。

女主人是个上班族，今年二十三岁。瓜子脸，微笑时两

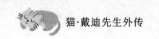

眼似弯月，交谈中常抬手扶眼镜，似乎总担心眼镜要从鼻梁上自己跳下来。

此时的我，正躺在舒适松软的睡窝中。这个窝点是我三处房产之一，位于大厅落地窗与墙体的拐角处，一座三层猫爬架的中部。大厅落地玻璃窗朝南，早上六点多便有阳光洒入，照得客厅明晃晃的。但主人习惯将爬架一侧的窗帘布拉上三分之一遮挡部分阳光，所以我所在的位置反而显得有点小昏暗。躺在此处，我的眼睛只需睁开一条缝，主人一切动静便逃不过我的追踪，这让我感到十分惬意和安心。

下午，客厅太闷热，我便会跳上书房的书柜顶，这里也有个很不错的睡窝，最早是我发现的，后来主人担心我睡觉时跌下来，便在书柜顶加装了一个带边的木托架，托架四周粘贴棕色鸡毛，好让我有个私密小空间。这处窝点的妙用是，从这里可以俯视小区北面的花园，运气好的话，还能够看到主人回家的身影。而到了雨天，可看到一团团底部灰色的雨云从远方铺来，伴随着轰隆隆的雷声。有时候主人没有关窗，凉快、湿润，裹挟着树林清新香味的气息便会席卷入屋，让我身上蓬松的猫毛随风摇动，令我顷刻精神抖擞。

书桌在书柜下方，如果有本摊开的书或者杂志，我便会闻着书香味趴在上面打瞌睡，这里果然是梦起飞的地方。

如果主人坐在书桌前打开电脑，我会跳上主人的双膝，两爪趴在书桌边，盯着主人的电脑。对我来说，电脑是我见过的最神秘的东西。只要主人右手推动一个小玩意儿，再用手指摁两下，屏幕上便会出现一行行符号。这些符号显然带有某种催眠魔法，让我禁不住哈欠连连，只好缩回到主人的腿上，盘起身子打瞌睡。有时主人播放动物影像，这就最吸引我了。看到屏幕上出现游来游去的小鱼，我便伸出爪子去挠；看到山野中蹦跳的兔子和羚羊，我便不由自主压低脑瓜，后折耳朵，留下一对机灵的大眼睛在桌子边窥视。

我在想，只要它们一不留神从屏幕中走出来，我就一定会将它们扑倒抓住。不过每次都很郁闷，因为它们不是走开了，便是凭空消失了。很多次，我分明看着它们走向屏幕，于是赶快跳上桌面，绕到屏幕后面仔细搜寻，却总是无功而返。因此，我认为主人必定在电脑内安装了魔法之门，门后面是一片新奇的世界，但是需要一把钥匙开门。不过这不打紧，再耐心观察几天，我一定能找到机会走进去，到时候便能在荒野玩个痛快啦。

有时候屏幕上会出现一个色彩斑斓的大家伙，胡须绷硬，样子孔武有力，懒散地穿梭在森林和原野间，散发出唯我独尊的王者霸气，让我迷恋至极。主人告诉我，它也是我们家族的一员，哪里有它的身影，哪里就是它的领地，而作为领主，它拥有领土内所有生灵的生杀大权。我怎么也没想到兽中之王竟然属于我们猫科，这让我有种身价倍增的优越感。既然如此，我是不是也应该有属于自己的领地和臣民呢？这个想法让我蠢蠢欲动。

儿时记忆

"叮叮，叮叮……"厨房接连传来敲击饭盆的声音。我竖起耳朵辨别，发现随后并没有撕开袋子或者打开罐头的声音，便知道不是我的菜，于是舔舔鼻子，将下巴更加贴紧前爪。

来到新主人家前，我生活在一个幸福美满的五口之家，除父母外还有两个姐姐。家主是位英国绅士，是英国一家公司驻北京的贸易代表。我的爸爸妈妈是他从英国空运过来的。妈妈说，那天坐在笼子中忽然腾空而起，耳膜嗡嗡作响，经过漫长而无聊的时光，便来到一处陌生的地方，看到许多长相和话音完全不同的人。

我的记忆从出生后一个月开始，第一个游戏便是和两个姐姐玩毛线球，推来扯去，玩得不亦乐乎。看着打结的线团在地上不断滚动，有时候连一旁闭目养神的爸妈也会按捺不住，突然疾驰过来，粗暴地将我们冲得东倒西歪，然后将毛线球牢牢控制在自己爪下，一副不容别人染指的霸气神态。

与父母一起度过的日子中，有温馨的嬉戏，也有严格的训练，按时间划分的话，大约是三分嬉戏，七分训练。嬉戏时间一般从饭后开始，是一段终生难忘的美妙时光，至今让我念念不忘。除了追逐毛线球外，还有姐姐们追着父亲甩动的尾巴，或者围绕在母亲身边逗弄小玩意儿，母亲帮我舔顺毛发的时间。而训练却随时随地进行，只要条件合适，父母便会率先"垂范"。母亲经常带我躲在纸垛或者靠枕后面，静待父亲或两个姐姐经过，然后选择最合适的时机一跃而出，扑倒对方，来个一招制胜。

主人以为我们在嬉戏，殊不知这正是我和姐姐们的学艺过程，每一个动作都必须模仿得准确无误。比如锁定目标后，便需要耐心地匍匐接近，前爪落地保持轻巧，爪尖收紧，不能发出声音，而前爪离地的位置便是后爪的落地点，必须拿捏得分毫不差。在目标有所警觉之时，便需要重新设计包抄线路，耐心等待目标进入攻击范围，最后迸发出全身积蓄的力量，给对方以雷霆一击。

为了学会这套必杀技，我跟在母亲身后不知演练了多少遍，才勉强合乎标准。主要的问题是，我在紧张时尾巴会不由自主地左右甩动，似乎总有几只苍蝇叮在上面。这个坏习惯一直没改过来，妈妈说，尾巴幸好是左右摆，如果是上下摆，她会毫不犹豫将我逐出师门。妈妈在教学的时候，父亲总是懒洋洋地倒在一边舔爪子，似乎这都是小菜一碟。

还有便是观摩父母打架。父母的打架并非随性表演，而是刻意营造的真实场景。往往是躺在地上的父亲忽然毫无征兆地抬头咬母亲一口，母亲吃亏后当即紧绷身体，侧目怒视。父亲也从地上"嗖"的一声翻身而起，于是两只猫拱起背如同路人甲、乙一般互相瞪视，敌意十足地发出低号，掌嘴巴子大战一触即发。

互相瞪视绝不简单，是一个谋定而后动的过程，不仅要审视对方体型、可能出招的姿势，还要运用眼角余光，对当前形势进行分析，比如判断对方战力高低，留意自己的退路，以免慌不择路一头撞到墙上或者摔到阴沟里。

完成形势分析后要么最先出手，争取打对方一个措手不及；要么准备好脚底抹油，示弱走开。不过猫咪示弱并不等于认输，心里一般是这样盘算的："看在今天我打不过你的份上，我暂时忍了。但你等着，不要走开，等老子练半个月后再打。"如果跟主人干仗后失手，前面还会再加一句"你好可怕哦"或者"算你狠"。

母亲的出手往往透露出快、准、狠的武功要义，两个爪子左右开弓，瞬间完成一轮雨点般的拍击，停止后空中残影仍清晰可见。父亲在这种攻击下仅有招架之力，脑袋分分钟会被挠下几撮毛发，然后落荒而逃，留下一地猫毛。这绝对

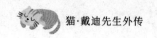

不像在演戏，反正我是这么认为的，因为双方亮出了利爪，并且能听到利爪划破空气的呼啸声。

然而，父亲也有绝招——只要找到机会使出来，这便是猫族无影脚。父亲发动攻势的时候，看似先探出前爪，谁知却是虚晃一招，实质双脚后发而先至，直接腾空踢向对方防御空虚的腹部。这一招显而易见是致命的，如果被父亲逮到这样的出手机会，每次都会听到母亲一声惨叫后仰面倒地，随后被赶上前的父亲紧紧钳住颈部，制服在地。这种霸气侧漏的场景会吓得我们姐弟几个全部趴倒在地，不敢动弹。后来母亲改进了战术，以尾部带动身体呈弧形向父亲侧身逼近，父亲便无法使出必杀技了。

事后，我和姐姐们会认真模仿父母的动作捉对厮杀。在主人认为我们淘气得可爱的时候，其实是我们在奋力练习搏杀技，如果觉得自己有进步了，便可以到父母处挑战一番，检验学习成果。

家中全武行开幕后，不知情的主人会赶来劝架，一轮呵斥制止我们的胡闹。有时也会用最简单的方式，敲击几下猫饭盘，这样僵持的局面瞬间就被打破了。

追随母亲

母亲的眼睛天生是浅蓝色的，这让她多少带有一种迷人的忧郁气质。

母亲习惯在主人差不多到家的时候守候在门口，等主人入屋脱掉外套后，母亲便缠着主人，带主人去打开面对花园的窗户。然后跳上窗台安静地蹲伏。

我因为好奇，也会跟在母亲后面跳上去，蹲在母亲对面。母亲看哪里，我就望向哪里。开始我以为母亲只是上来透透气，或者发呆，就像父亲睡醒后一样。然而我发现母亲的神情时而专注热切，时而失落伤感，似乎外面的世界曾经属于她，而现在已离她远去。尤其看到鸟雀从窗外飞过，母亲的瞳孔便会放大，前爪微微发颤，显出跃跃欲试的样子。

有些时候，我看见母亲的嘴角微微上扬，流露出开心的神情。有些时候，我分明看到母亲的眼角湿润，鼻头一皱一皱，显然心情低落。我不懂其中的原因，不过，我渐渐对外面的世界产生了好奇。那是一个怎样的世界呢？为什么风来了，下面会出现一片绿色波涛？为什么小鸟可以停留在半空？天上明晃晃的大镜子为什么来了又走？我好希望妈妈能够快些告诉我答案。

当我等候着小鸟飞过，期待一股风将不知名的花草香味送到身边，我又会想，下面的小路会通向哪里，路的尽头是不是有很多像我一样的猫咪？虽然思来想去总是不得要领，但有一点可以肯定，便是我逐渐萌生出一个念头：我一定要到楼下的世界走走看。每当我想到这里，便有一股热潮流经全身，我不由自主爬起来，不耐烦地在窗台边转来转去。母亲似乎能够看穿我的想法，怜爱地舔着我的身体，直到我重新蹲下来。

也正因这样，我走得和母亲很近，而两个姐姐就跟着父亲。后来发现，我和两个姐姐最大的不同点在于我有冒险的天性。比方说，当主人打开大门，我会抓紧机会一溜烟从客厅跑到电梯间，好奇地到处嗅嗅，留神倾听电梯的动静。开

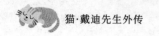

始时两个姐姐也会跟上，后来主人怕我们走丢，便以敲打我们脑袋的方式警告我们三个。得到警告的姐姐们便再也不出来了，然而我却不加理会，不管被敲了多少次头，只要有机会，我就会几步窜出去，然后专注地守候在电梯门口。

可以说，父亲和母亲同时给予我勇敢和坚强，教会我免于依赖，而母亲还给予我仰望星空的自由，让我习惯于独立思考。

离别旧居

我对忽然到来的家庭离别毫不知情。记得一年前，我刚满三个月，英国主人带来一位中国朋友，她便是我现在的主人。中国朋友手捧纸箱，笑眯眯地看着我们。英国主人将我抱起放入纸箱，我在纸箱中不知所措。我竖直身子，见到母亲紧张地走过来，不知道是因为看到陌生人还是感受到威胁的缘故，母亲脊背的毛全部竖起，但是依旧坚定地走到纸箱边，看着我，低声地喵喵唤着我。

那时的我，并没有感到危机，只是好奇地打量着客人。英国主人和客人亲切交谈，随后英国主人便开始合上纸箱。看着即将盖上的纸板，我忽然觉察到危险逼近，在恐惧感的驱使下，我奋力上跃，两只爪子好不容易才扣住纸板，挣扎着爬出这个牢笼。

可我的力量太小了，而且两脚还悬空着，英国主人用手轻轻将我的头压回去，我只能无助地跌回纸箱。可就在这一刻，我看到站立一旁的母亲，直到现在我还清楚记得母亲的眼神是那么的关切和焦虑。

在打包纸箱的过程中，我听到母亲和父亲在外面发出急促的呼呼声，分明是说："不要拿走我的宝贝啊，求求你了，求求你了！"还不停用爪子拍打着纸箱，我却只能够在纸箱中无助地叫着"妈妈，妈妈"。当纸箱被提起来，我能听到母亲或者父亲拼命跳起来，挠着纸箱发出尖锐的嚓嚓声。

我焦急万分地在纸箱中转来转去，忽然看到一侧有几个小孔，我赶忙凑过去，可惜只看到渐离渐远的客厅，和正在向客人挥手告别的英国主人。但我知道父亲和母亲一定就跟在下面，我听见母亲和父亲不停嘶鸣。我不知道发生了什么事，但是我吓坏了，蜷缩在纸箱一角瑟瑟发抖，泪水溢满了眼眶。我脑中一片茫然，只是不停叫喊"妈妈，妈妈"，直到声音嘶哑。

出了电梯门，我的脑海中突然闪过一丝灵光，我想到了，我要离开这个家，要离开这个给予我温暖和快乐的家了。我害怕，我失望，也许从此就见不到爸爸妈妈和两个姐姐了，那溢满眼眶的泪水终于流淌下来。

每当夜幕低垂，清澈如水的月光洒进房间，静静坐着的我便会想念父母，想起和姐姐们一起玩过的毛线球。

主人与主子

正当我胡思乱想的时候，我终于听到"嘶"的一声，对我而言，这毫无疑问是世间最赤裸裸的诱惑！我决定立即服

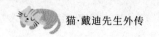

从内心的指引，便从爬架上跳落地板，踏着花式小碎步走进厨房。果然见到主人正龇牙咧嘴地撕扯包装袋，我瞄一眼便知道那是一袋美味的鲜煮鸡肉粒。为了敦促主人将美味快快倒入小碗，我蹭着主人的裤脚转来转去，用闪闪亮的目光和最严肃的喵喵叫抗议主人迟迟不放美味到小碗的行为。直到主人将小碗放到地上，我才心满意足地走过去，顺便偷偷瞄一下主人的嘴角，这才放下心来，还好，没有被主人偷吃！

实话说，对于小包装的鲜美食品，我的食相是：先舔干净美味的汤汁，然后象征性吃一点剩余的干货，完了便开始擦嘴、洗脸。这一点让主人十分不满，认为我是在糟蹋粮食。后来改为肉汁罐头情形才好一点，不过我依旧留下大部分的肉渣，久而久之主人也就作罢了。

这个家中，我拥有很高的自由度，只要我喜欢，我可以随心所欲地吃喝玩乐，对于不喜欢的事情，要么给主人看我逐渐远去的小屁屁，要么亮出尖牙和利爪表明态度。有时候我会在主人手臂上留一些刻痕，以免她不长记性，所以主人非常客气地称呼我为"小主子"。对于主人，看在她免费供我吃住玩乐，每天帮我清理便便，有空给我做做按摩的份上，我才勉强同意称呼她为主人，这样她就会觉得心满意足，自以为能够掌握一切了。

家中一天

早上，如果主人先睡醒，便会将我从床边提溜过来亲热。最初我被主人的口气恶心坏了，于是会一脸嫌弃地挥着肉粉色梅花形的小软垫撑开这个不知好歹的家伙，或者跳出包围一溜烟跑开。后来主人发现刷牙之后抱我，我就显得温顺得多，这才发现是她自己的问题，所以现在主人一早起来会先刷牙！这个好习惯可是我帮助她养成的，这一点主人也不得不承认。

如果是我先睡醒，我会小心地看看天色，确定外面已经充满清晨的气息后，才会走过去用尾巴轻扫主人的脸庞，或者轻咬主人露在被单外的手背，这时主人就会慢慢转醒。如果主人这时候不起床，或者给我一些暗示，我便会和主人比赛，看谁比谁起得更晚。而后面通常的情形是，主人会忽然从睡梦中惊醒，小手一挥掀开被褥，然后像被释放的弹簧般冲入洗手间，出来后七手八脚地收拾东西，随即夺门而出，而往往过了几分钟后又会以更快的速度跑回家，翻找到东西后再次狂奔出门，如同大祸临头。

正常起床后我会以身作则，引导主人在床上练习瑜伽动作。现在主人已经学得有模有样了，可以一边呼吸吐纳，一边做侧身弓背伸展运动。完成后，主人便会飞脚踢开被子，一骨碌爬下床走入卫生间梳洗。完后便会皱起眉头，屏住呼吸，一脸嫌弃的样子清理猫砂盆，从里面淘金似的筛出硬块，倒入垃圾袋打包扔掉。

接着主人来到梳妆台前照镜子，每照一次便会一阵嘟囔，说这面镜子没有美颜效果，就是不好使。不过，等到穿胸衣的时候，就会满意地侧过身左看右看，称赞这面镜子能够呈现出她最骄傲的一面。其实据我的观察，胸衣一定挺郁闷的，明明是"我"的功劳好不好？

梳洗完毕，主人以烤面包配午餐肉加一瓶牛奶作为早餐。临出门时，检查我的猫粮和矿泉水是否充足，并在我头上亲

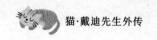

热地拍几下，给我一些嘱咐或者警告。而我则会弓起背，伸直后腿，热情地送走主人。

自主人关上门的那一刻起，便有一股热流从背脊流向尾巴，将我刚才依依不舍的小情绪一扫而光。啊，整个家都是我的私家别墅，我可以占据家中每一寸土地，家里任何的东西，只要我喜欢，都会沦为我的玩物。于是我一轮上蹿下跳，在餐桌上反转再反转，不过兴奋感很快就过去了。早餐后，会有一阵阵的困倦感袭来，于是我便找一处凉爽的地方再睡上一觉。

周末主人一般也会外出，用她的话来说是访师学艺。如果在家，主人会习练类似瑜伽的招式。午饭后，主人坐在床头调息吐纳，她说这样比午睡来得更精神。

大约傍晚六点半，是主人下班到家的时间，一般我都会掐好时间守候在大门后。听到主人在门口脱鞋的声音，我就会抬手趴在大门上，一见主人入门，便高兴得一骨碌倒在地上碾来碾去。如果主人需要加班或者应酬，我等到很晚还没见到人，便会依据心情以如下方式抗议：

如果我感到不爽，我就冲她跑过去顺势倒下，说："这日子还过不过了，天天那么晚！来，给个抱抱。"

如果感觉肚子饿，我会抓着主人的裤脚说："你去哪儿了，咋才回来？饿死宝宝了，快做饭去，这次原谅你，没下次。"

当我生气时，我便骂骂咧咧地走到离主人两米远的地方，用带着火气的眼神盯着主人，让主人生出与酒肉朋友鬼混至深夜才想到回家的愧疚。

主人回家后会先和我玩一会儿，再入厨房切菜做饭。没事的话，我便会一本正经地蹲在她脚边，等候主人偶然失手掉落下来的美食。或者自力更生，等到主人出去的间隙，以迅雷不及掩耳之势，叼块肉或者用爪子扫些东西下来，犒劳自己的耐心和机智。

主人吃过晚饭，便给我弄晚餐，多半是加一勺猫粮到我的饭盘里，然后混合一点维生素之类的东西。每逢节假日，会很隆重地给我开一个罐头。主人晚饭后便会倒在沙发上支起双腿拨弄手机，玩完手机后才去梳洗。

这时我也吃完晚餐了。每次吃饱喝足后我便会用舌头舔舐前爪，然后用爪了去洗脸和擦嘴，将残留在脸上和胡子上的油渍清洗下来。每次看到我这样，主人总会竖起大拇指，夸奖我是一只注重个人卫生且有教养的好猫，十分符合她心目中"三好学猫"的完美形象。

主人梳洗好后便会走进书房，在书桌前优雅落座。主人上网的时候，我会趴在主人的腿上，有时用前爪搭在书桌边缘观看电脑屏幕闪出的画面，和主人一起学习知识，有时自顾自清理毛发。如果我在主人上网的时候，盘在她的腿上睡着了，主人就会一动不动，心甘情愿做我的肉枕头。主人说，她宁愿忍着不上洗手间，也要感受这份暖暖的惬意。

主人玩网游或者读书完毕，便拉开了玩游戏的序幕。躲猫猫是我们最喜欢的游戏：或躲在低垂到地的窗帘布后，或守在虚掩的房门后，有时隐藏在黑暗的房间中，有时缩进松软的被子里面，我们互相引诱、捕捉、作怪、惊吓，直到一方喘气不止才作罢。

晚上十点，是主人沐浴的时间。每每看到主人上洗手间和洗澡，我都十分担心主人的安全，于是就会紧张地蹲在旁边守护。主人有时候说我在偷窥她，其实我就想告诫主人，

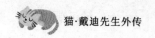

水是一种非常可怕的东西，不能随便乱碰，万一她掉进水池里，我是没有足够的力气捞起她的。

主人洗澡后都有一点自恋的倾向，一边对着镜子做面部护理，一边时不时学着我喵喵叫上两声，自我陶醉得很。这时我就会在一旁不齿地说，主人你太天真了，别以为学我叫，我就会把你当自己人！好在主人总是沉迷其中，否则又要敲我的头。

晚上十一点，主人准时上床睡觉。主人睡姿奇特，枕头是用来夹腿的，被子也是用来夹腿的。每天早上看到枕头和被子被夹扁了的悲惨模样，我心中便不由得生出一股寒意，以至于我晚上睡在主人身边总是忧心忡忡，生怕哪个月黑之夜也被不长眼的主人拿来夹腿了。

以上就是我在主人家度过的普通一天。下面我挑些趣事跟大家讲讲。

鱼干

昨晚主人拿回来一包鱼干，踮起脚尖鬼鬼祟祟地藏在大厅酒柜的顶部，但是依旧被我敏锐的目光捕捉到了。我在门后缩回脑袋，冷笑了几声，然后若无其事地走出来转了一圈，以示清白。我瞄了一下酒柜顶，这个地方无论从高度和难度来看，对于我来说确实有挑战，怪不得主人会满怀信心地把我的宝贝鱼干藏到这儿。

早上等主人上班后，我觉得是时候展示自己的天分了。我眼扫一周，将大厅内可能的跳跃点全部打上记号，脑瓜子一转，瞬间出现了复杂的几何线条和各种角度。从沙发跳上地柜，从地柜跳上电视，最后从电视飞跃上酒柜顶，但这最后一跃大概只能看蜘蛛侠表演了，故此路线立即打上 × 符号。而从沙发跳上地柜，从地柜分两级跳上壁柜顶，从窄窄的壁柜顶走过去，只要小心不碰倒主人的相架，往下跳便能够得着鱼干。妙极，我伸了伸懒腰，露出只有阴谋家才懂的微笑。

晚上，我蹲在沙发一角悉心打理毛发。主人故作神秘地告诉我她有我最爱吃的鱼干，前提是我必须卖萌跟她合照，然后发到朋友圈攒些小红心。我懒得理会，继续低头梳毛。主人无奈之下，认为是时候祭出终极武器了，于是一脸得意地伸手到酒柜顶取小鱼干。结果拽下来一个空空的袋子，一团猫毛随之飘落，不偏不倚地落在主人的眼镜上，她俏丽的脸上随即隐隐现出几道黑线，掉转头望向我。而我，正开足马力往沙发底下钻，留下一个猫屁股对着主人。

闺蜜

一天，主人的闺蜜发来 QQ 消息，哭诉她家的宠物："我养了半年的仓鼠死了，我哭了两天，哭到昏天黑地、地老天荒。我这两天上班时跟游魂一样，今天把主管端着的咖啡撞翻了，竟然站着给他来个四目相对，然后顺手将身边正待坐下的同事的椅子扯过来，给领导坐着压压惊。主管和同事对我都不太友好，直到现在我还是郁郁寡欢。"

"怎么死的?"我家主人有点不耐烦。

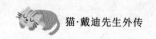

"我看到仓鼠这几天没有走动，好像是得病了，我就配了药水灌给它喝，结果当晚它便四脚朝天、灵魂出窍了。呜呜，我的人生还有什么意义啊?"

"你去年给一只鹦鹉送过葬，不也肝肠寸断，过了两天还不是挺过来了?"

"是啊，可是，那不过是只鸟。"

"……"

"你说，我现在就想养一只猫，你说好不好?"

主人立即回复："那可别，你用情太深，到了离别那天你会更加经受不起的。"

"养狗呢?"

"每天遛两次狗，你做得到吗?"

"没问题，我还正好早晚锻炼一下，瘦瘦身。"

"不管白天黑夜，不管刮风下雨?"

"应该没问题吧?"

"起床做美容，再加上遛狗时间的话，你每天早上准时六点半起床可以做到?"

"……那就算了吧。"主人的闺蜜说道，"那我可以养什么?"

"只能养乌龟。"

"为什么?"

"因为你不在了，那只乌龟肯定还在，你可以把悲伤留给它。"

陪主人读书

主人和我一样与书有缘，所以我家是书香门第院，才子佳人府。主人爱好读书不假，而我认为趴在摊开的书本上，闻着书香味闭目养神是最佳的养生方式。

晚饭后，主人坐在书桌边读书，我就边观察主人边在书桌上打理个人卫生。主人读书的样子奇妙有趣，就像走进另一个世界，和不同时空的人相遇。有时秀眉紧蹙，有时笑靥如花，时而悲伤莫名，时而乐不可支。总之我可以在她脸上找到各种稀奇古怪的表情。所以我有时候想，主人读书时最可爱，天然淳朴、不加修饰，做回最真实的自己，让我一眼可以读懂。

每次主人读完书，轻轻地将书本合上，显出回味无穷的样子，我便觉得主人有一种特别的优雅气质，这种气质难以描述，举手投足间，有种静看花开花落的美意。主人常说，读书前，想的是柴米油盐；读完书后，便满怀聪慧和情调。她理解前面的自己，但更想和后面的自己对话。

有时候主人回家时带点小情绪，或者卸妆后显出无法掩饰的倦怠，但是一旦开始读书，我就感觉到她的小情绪慢慢融化，而神采逐渐飞扬。主人说，看书可以远离纷扰的喧嚣，隔开尘俗的纠葛，然后静下心来感受百味人生，既在里面游，又在外面赏。

有时候主人在回家后心神不定，显然在某件事情上左右为难，抉择艰难。读完书后，我便看到主人眉头舒展，似乎懂得了如何选择。主人说，读书使她通达而处变不惊，女人

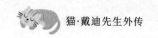

的聪慧不是装扮出来的言语和拖延后的妥协，而是来自增长的学识和独到的见解。

我深以为然，经过沉静期后，很多事情便有了决断，比如我趴在书本上睡醒后，就有一种想办法去弄点吃的的冲动。

主人开始读书时，也是我最自在的时候。不过，我打理全身毛发的时间最长也就两刻钟，如果主人还对着书本一脸痴迷，那么我就要考虑刷存在感了。主人如果平放着书本看，我会在页面上搭一条毛茸茸的尾巴，让主人当作书签，又或者左右乱扫，这样好帮主人翻书。如果主人是捧着读书，那么我会瞪圆眼睛从书本后面鬼鬼祟祟地抬头，耳朵后折，一副发现猎物的样子。如果主人托着腮帮子看书，那么好极了，我就蹲在她的鼻子前面看书。

当然，如果主人看书正处兴头上，我的伎俩就没多少效果了，主人翻脸比翻书还快，会辣手摧花将我一把提起，放到地上，竖起柳眉比画出一个警告的手势。迫于主人的淫威，书桌我是不敢上了，退而求其次，只得跳上主人坐着的转椅，在主人的屁股后硬是挤出一点地方盘坐起来，然后很不耐烦地用后腿蹬着主人，直到我盘踞在转椅上的空间越来越大，可怜的主人最后只能坐边上一点点的位置。

有次终于发生了可怕的事故。主人看书看得有些激动了，双肩发颤嘴角抽搐，眼看这个毛病快要祸及我身上，于是我和转椅便很有默契地一起急速往后退避，主人还没有从剧情中走出来，"哎呀"尖叫一声，将书本一下子抛上天花板，身体随即急速下坠，跌了个四仰八叉。而我因为不忍心直视主人的悲惨模样，还要避免被跌落下来的书本砸到，急忙脚底抹油溜出了书房。

三文鱼

　　每次主人买了鱼回来，我都会绕在主人身边，主人走入客厅，我也走入客厅；主人走入厨房，我也走入厨房；主人走出厨房，我……我就留在厨房。主人特别喜欢吃鱼，所以鱼也切得特别精细，我在下面看到鱼尾在砧板上摆来摆去的，就像有一百只蚂蚁在我身上爬来爬去。只要主人一走开，我便争分夺秒地跳上灶台，先是以最快的速度吞下几块，然后趁主人还没有回来，再叼起几块，跳回到地面慢慢享用。这样，主人便会以为鱼肉是她自己不小心掉下去的。

　　不过，世间事不如意者十之八九。如果主人当场发现我在砧板上偷鱼，就会旋风一般扑杀过来，将来不及逃走的我摁在灶台上来一顿"糖炒栗子"。揍完后指指我，再指指鱼。又或者来个更狠的，指指我，再指指锋利的菜刀，意思是问我看明白了没有。直到我惊恐地睁圆双眼点点头，这才放过我。我抱头鼠窜回到客厅后，便会眯缝双眼，用爪子擦拭悔过的泪水，我懊悔自己觉悟太低了，就光顾着埋头吃，怎么就没有及时察觉主人的脚步？所以，除非很有把握，我不会再冒着被整得满头包的危险跳上去偷吃。我改为站在地上，伸长身子，用爪子在砧板上刮来刮去，多少总能掏下来些东西。

　　这天，主人买了三文鱼回来，正在厨房切得欢，忽然丢在客厅的手机铃声大作。主人脸露喜色，赶紧在厨巾上擦擦手，便快步走去接电话。我在厨房留神倾听，觉得主人正处在兴头上，一时半刻不会回到厨房，于是我故态复萌，施施然跳上灶台，端坐身子，松开脖子围毛，开始优雅地享受主

019

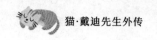

人刚切好的美味鱼生。正当我偏着头嚼到嘴边毛连同胡子都是鱼汁的时候，忽然感到身后有一股浓烈的杀气传来。我寒毛倒竖，不用回头都知道是主人来了，我嘴边半块还来不及下咽的鱼肉"吧唧"一下掉下去。完了，这回是被抓了现行，还能说什么呢？于是我缩着脑袋，趴在灶台上，高高撅起屁股，准备迎接暴风雨的洗礼。主人看到我这个样子，又好气又好笑，然后狠狠地敲了一下我的脑袋，随即将我提起来扔出了厨房。这就过关了？可见主人性格果然善变。

波浪形的猫抓板

这一天，我正趴在沙发上半眯着眼思考猫生，快递小哥送进来一个巨大的箱子。主人打开纸箱，取出一个波浪形状的猫抓板，足有小半张沙发大小，样子嘛，有点像贵妃椅。主人清扫干净后，便将它安放在沙发边。

我没有动，看着主人一脸期待的样子，一个疑问便飘入了脑瓜。这不会是主人使的什么阴谋吧，要我让出舒适松软的沙发，就趴在这个硌脊梁骨的硬纸板上睡觉？是了，主人昨晚跟我抢沙发，结果被我赶走了，今天肯定想要夺回宝座。这不行，我要坚决捍卫自己的领地，决不容他人染指，主人也不行，给多少条鱼干都不干。况且，这个抓板长得太诡异了，一定是主人在上面施加了可怕的魔法，才会变成这样。我要是睡一个晚上，起来身上一定会长出两个驼峰的，这可丑死了，所以我绝对不能中计。于是，我决心不碰这个东西，走路也要小心绕着弯走。

　　傍晚，我在屋子里到处闲逛。忽然，我对主人遗弃在门口的包装纸箱产生了兴趣，方方正正的，而且还有两扇活动天窗，好像很舒适的样子。不如，我先躺进去看看？说不准会有奇迹出现。于是，我敏捷地钻进了纸箱，这里四周黑乎乎的，很安静，闻着纸箱发出的甜甜味道，不久我便打起了瞌睡。

　　主人择完菜，手捧一大把烂菜叶，打开纸箱便往里面扔。我刚睁开眼睛，便惊恐地看到漫天的菜梗、菜叶、草绳从天而降，盖了我一身，随后还有主人的惊呼声。

　　我惊呆了。然而当看到自己全身披着绿色甲片时，我惊奇地发现自己变身为忍者神龟。正当我思索要为民除害，如何牺牲自己的一切换回家人的幸福时，一只罪恶大手从天而降，我被主人抓住脖颈肉拎了出来。只听得主人气愤地嚷嚷："我省吃俭用，花了一个礼拜的加班费给你买的猫抓板，你竟然连看都不看一眼！啊，破箱子有什么好？呵，你跟我说说？"我一脸无辜地看着主人突起的面部神经，喵喵柔声说："麻麻，我就喜欢这个纸箱，你把它作为礼物送给我吧，今晚就放到枕头边，我会老老实实陪你睡到天亮的。"

　　第二天主人见我对波浪形抓板还是一脸不屑的样子，便将抓板放到沙发上，脸上堆砌起最灿烂的笑容说："大 D，你就试用一下嘛，好歹给麻麻一个面子，麻麻可是花了大价钱的。"我瞬间一阵感动，主人可是牺牲了好几张粮票呢，为了表达我对主人的尊敬和爱戴，我于是搭上了一只手。就在主人惊喜满满的眼神中，忽然，我的手好像被什么扎了一下，我带着尖叫声腾空跳起，一个转身，头也不回地跑远了。直到转过墙角，我才偷偷伸出头来窥视。只见主人一副伤心欲绝的样子，拿起猫抓板摸来摸去，寻找那颗扎到我的"钉

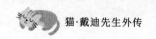

子"。我忽然对自己的演技感到非常满意，哼哼，跟我玩花样，你还嫩了点。

主人生日

今天，一月五号，是主人的生日。早餐主人煮了一碗甜汤长寿面，里面放入一枚白嫩嫩的鸡蛋。我走过去，爪子在甜汤面里轻轻捞了一把，沾湿了爪子毛，舔一下，味道还不错。主人特别刮了一小勺蛋黄给我吃，我们就这样幸福满满地吃了生日早餐。

中午，主人在外面与几个朋友开生日 party，收到好多绑着小丝带的金光闪闪的礼物。

晚上主人回家除了带回一大袋礼物外，还有一盒微型蛋糕。刚坐下便接了一通爸妈的祝贺电话，心情十分愉悦。

主人抱起我，说她今天查了星象，终于发现了我们之间非常默契的秘密，就是，我们同属海鲜，因为我是双鱼座的，而主人是巨蟹座的。我听到后面有点怀疑，就这么个说法，那么猫和猫头鹰便都是猫了，猫头鹰会同意吗？哦，对了，熊猫也表示不能同意。

当晚主人没有做饭，等到天黑下来，便捧出小蛋糕，和我一起庆祝生日。这我知道，她在外面与朋友庆祝生日时已吃过一次，所以她这个蛋糕虽然小了点，但也看得出她对我的爱。你们知道，就凭这一点，我就感谢她并从内心对她的生日表示由衷的祝福了。

主人把各色礼物堆放在饭桌上，然后小心翼翼地打开蛋糕盒。主人在蛋糕上插上九支小蜡烛，说代表长长久久的意思。关掉所有灯后，主人逐一点燃了蜡烛，黄色的烛光营造出一屋子的静谧与温馨。我就蹲在蛋糕前面，尽量让胡子远离火苗，好奇地看着主人摆弄。主人先是一脸激动地看着烛光，接着打开手机，播放一曲《生日快乐》，然后闭上眼睛，虔诚地许下了心愿。睁开眼睛后，呼地一口气，将蜡烛全部吹熄。

蜡烛熄灭后，主人重新打开灯，然后取出刀子，将蛋糕均匀切为六份，从其中一份上切下一角，放在纸托上递给我，于是我们便在桌子上一起品尝松软美味的蛋糕。

看我吃完蛋糕，主人拿出湿纸巾擦净我脸上的奶油，然后迫不及待地开拆礼物。每打开一个盒子，主人便会露出惊喜的神色。我看到有个盒子里放着一只招财猫，白白胖胖，向前高举一只小白手，目光炯炯有神。主人连忙把它放到入门的鞋架上，又满屋子找出几个硬币，投入招财猫的小背囊中。猫能招财？我现在才知道。我以后也要背一个小背囊，而且要主人在里面塞满百元大钞。

还剩最后一个礼物时，主人笑着跟我说，这是托好朋友从美国带给我的礼物。打开后，里面是一只头上长着两条长须、眼睛碧绿的小蚂蚱，主人两指捏起蚂蚱放在桌子上，蚂蚱果果的没有动。我伸出爪子好奇地推了一把，谁知蚂蚱忽然跳起来，在空中展开了双翅，然后很轻巧地落回到桌上。我又推了一把，这下它向前蹦跶了两下，非常好玩。我差不多玩了一个晚上，直到蚂蚱瘫倒在地，我还是意犹未尽。于是把它叼到主人枕头边，想等明天再玩。

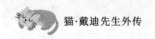

精巧的"杀戮机器"

今天主人在电脑上看书，找到一篇介绍狗狗和猫咪智力对比的文章，主人说："你看，狗狗的脑袋比猫大，脑细胞比猫咪要多一倍呢，怪不得人家说狗狗聪明了。"

我听后当即喵喵叫提出抗议，心中实在是不以为然，脑袋大就聪明吗？为什么不拿狗狗的脑袋去跟老虎的脑袋比较，老虎就是猫科动物呀。再说了，脑袋大的动物多得很，要比，那就跟牛呀猪呀去比嘛，当然听说猪也挺聪明的，但无论如何，这样的比较是不科学的。

我们猫咪一族，拼的是综合实力，综合实力你们懂吗？就是全身综合素质。据我看来，猫咪是老天创造出来的，世界上最为灵巧精致的"杀戮机器"，没有之一。比起老虎，我们除了力量稍逊一筹，样子呆萌一点外，论猎食技巧和生存能力，哪一项比它差？

狗狗是社会性动物，与人类相似，猫咪则是独行狩猎者。与人交往方面，每只猫在领地内总有点唯我独尊，猫咪和人类之间建立的，首先是彼此独立、平等和自由的关系，其次才是情感交流。

数千年来，猫咪维持着强大的野外生存基因，所以猫咪能够独立于人类生存。也正因为如此，我们和主人们嬉戏，玩的一定是狩猎性游戏，而不是那些执行人类指令，做一些让主人开心、自己莫名其妙的行为。

在人类的远古时代，因为我们超强的环境适应能力，就被当作神一般的存在。直至现在，论野外生存能力，我们猫咪依然高居食物链顶端，在同级别动物面前，绝对有号令群兽的气概。换作是狗狗，估计早就遇上大麻烦了，不知道还能不能养活自己。话又说回来，猫猫和狗狗各自选择的生存方式不一样，而且狗狗能帮人类打猎，所以只能说各有所长、各有所好而已。

主人又问我："对了，十二生肖里面怎么会没有猫呢？真是想破脑袋也不明白，你看，狗在里面，连老鼠也在呢。你老实说，是不是点卯的时候你没睡醒？"

我撇撇嘴，对于这个问题，世间谬传甚多，我在此立猫为据，事情不是你们以为的那样子。当时，要入选生肖排行榜，按程序不是比谁跑得快或者阴谋内定，而是从各自圈子中推荐。我们猫科动物，有老虎、狮子、豹子和猫咪等。其时，在老虎大哥神色不善的眼神和喷着粗气的鼻孔下，我一马当先谦虚地推举老虎作为猫科形象代表。狮子作为外来户欣然同意，然后从老虎手上接过缰绳，赶着一群毛驴满意地离开了。豹子刚想仗义执言，便瞄到虎哥从肉掌中伸出钢爪一下一下敲击地面，浑身打个哆嗦后，当即媚笑着表示大力拥护，于是老虎毫无压力地顺利当选。犬科动物圈子中，有豺、狼、狐狸和狗等，狗因为人缘不错，而且富有同理心，便被作为代表推了出来，这样它混得好大家也都有口饭吃。其它生肖选出来的方式类似，我就不赘述了。

生肖属虎的人，你有福了，因为你不仅性格中带有王者气息，行为独立，你还会像猫一样对世界充满好奇，有一颗果断勇敢而不失柔软和敏感的心。

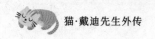

睡觉的问题

主人今天把我从暖暖的阳光下摇醒，跟我玩了半晌，然后问我为什么猫族一天大部分时间都在睡觉，我觉得这个问题实在幼稚。试问你的猎物足够丰富，在毫无生存压力之下，难道还要不辞辛苦四处奔波，到处喊打喊杀？还不如打发时间美美睡觉，享受梦幻之旅才是真。主人要过一个舒适的周末，不也是睡到中午才醒嘛，然后乘着夜色出没于各种声色犬马的场所，跟我们猫咪没啥两样。

其余时间，有趣的事多着呢，该冒险的去冒险，该猎奇的去猎奇，从心所欲、自得其乐好了。你们唐朝有一个获得"诗仙""酒仙"两项提名的古人，不也是整天兴高采烈地买醉吗，酒醉后胡言乱语的话还流传到现在，这样的人生难道不是更精彩更富有意义？忙忙碌碌，整天为三餐奔走的人是成不了才子佳人的！

所以，懂得睡觉不仅是门学问而且是门艺术，你看多少人因为睡眠不足而愁眉苦脸；多少人因为睡眠不好而焦虑万分？他们早就应该拜我们猫咪为师了。此处本猫悄悄告诉你们一个方法，就是端详你家猫咪的睡姿和神态，然后放空大脑，想象自己便是那只冬日暖阳下睡着的幸福猫。

什么，你敢说我睡觉是在浪费青春？实话告诉你们吧，我睡觉的时候也没闲着，我的思绪在虚空中漫游，无时空约束地回到喵星球闲逛，那里没有忧虑的牵绊，没有萦绕的愁思。我会找到以往的朋友，我会待在父母身边啃爪子。有时候我还会走入前世，唤起先祖的记忆，看看自己怎样在一望无际的非洲大草原上狩猎，怎么与野狐狸搏斗，如何想方设法从雄壮的狮子嘴边分得一杯羹。羡慕吧，我在梦中还可以填饱肚子。

当然了，在野外，如需解决温饱问题，我们也不会长时间睡觉。除了必要的睡眠外，其余大部分时间处于闭目养神、伺机而动的状态，用人类的话来说便是处于待机状态。一旦有风吹草动，我们瞬间便可切换为狩猎状态，比你家电脑开机还快。

碰头礼

主人老是想让我学会跟她握手的动作，据说如果我学会了，便可以升格为一只绅士猫，而她亦可以在朋友圈显摆一番。可是不知道怎的，我是学会了，但我在伸出爪子时总是歪着头望向另一边，眼睛从来没有正视过面前的主人，这显然让主人感到很不爽，有种热脸贴上冷屁股的感觉，没过多久主人的热情便消退了。

不过，我训练主人亲热打招呼的方式是：用额头去轻轻触碰她的头。这一点，主人倒是很快学会了，所以只要我站在桌子或者窗台高处，主人便会主动把头伸过来，然后我会站起来，很有默契地与主人对碰一下额头，不仅将温馨定格在这一刻，而且表示我们之间约定要相互爱护、相互包容。可惜我没有开通自己的博客，否则定会大书特书，然后在猫族招摇一番。

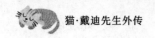

绒布窗帘

家中的绒布窗帘原本我不知道怎么利用，平时只是用来和主人玩躲猫猫。今天主人用逗猫棒在窗帘上高高低低地比画，我一个机灵便抓住绒布窗帘爬了上去，而且竟然很顺利地爬到了顶部。当我兴高采烈地准备下来时，回头一看顿时傻眼了，这么高，要摔死本少爷了！吓得我紧紧勾住窗帘，一动也不敢动，只得夹紧尾巴拼命"喵喵"叫。

主人初时一脸惊愕，随即在下面开心得不得了，笑了一阵，看我实在爬不下来，只好拿过一张凳子，边笑边踩上凳子，将我从窗帘上摘瓜一般摘了下来。一边下来一边问我：大D，你妈妈没有教你怎么爬下树吗？我顿时觉得一阵羞愧。

所以接下来一段时间，为了一雪前耻，我开始潜心练习爬窗帘。最初是爬上一截，然后两爪交替下来，熟练后越爬越高，下来也就得心应手了。不过主人看样子是高兴不起来了，因为有一天主人在合上窗帘时，惊诧地发现窗帘上布满了透光的小窟窿，而原本平滑的底部更是长出了各式漂亮的蕾丝。主人当场发飙，不但将我摁在地上狠揍一顿，还毫无良知地勾销了我一顿晚饭。可我想想就觉得冤枉，主人难道不喜欢蕾丝边和小破洞吗，主人的内衣裤不都是这样子的吗？

主人的噩梦

　　晚上关灯后我喜欢在主人的床上自嗨，主人从不打算管我，因为她很容易入睡，所以任由我在床上胡闹。不过昨晚我趴在主人软软的肚子上打瞌睡，把主人直接压出了噩梦。主人尖叫着惊醒，蓬头垢面地忽然直起身子，表情扭曲，整个人都不好了。半夜出了这样的状况也把我吓个全身炸毛，这已经是第二次了，从此我再也不敢趴在主人的身上睡觉了。

　　第二天晚上，我在床上选来选去，开始选在主人的脚和床尾中间睡，这样一人一猫各睡一头，想来会相安无事，可是我还没睡安稳便被主人翻身一脚踹到床下。我揉着酸疼的肚子走到主人的枕头边，这里看来最安全，还能偷听主人梦呓时透露的小秘密，于是我蜷着身子躺下来，留下一条尾巴搁在主人的鼻梁上。

拼图骚乱

　　今天主人依旧忙着玩拼图，都已经拼四天了，还在玩，实在无聊之极。本来我打算上前帮忙，可是主人比画出一连串"闲人莫近"或者"眼看手莫动"的警告手势，作为一只识时务的俊猫，我只好耐心地蹲在远处观看。

　　中午我在主人忘记合上的电脑键盘上午睡，直接将主人的电脑压死机了，被主人手执衣架追在屁股后揍了一顿。待

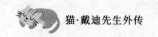

主人满足地离开后，我一脸无辜地跳到主人差不多完成的拼图上，缩起手，四脚朝天，来回地扭来扭去，脊背毛发和拼图碎片之间的摩擦感传来，让我十分惬意。正当我为找到一种新的挠痒痒方式而雀跃不已之时，忽听得主人在后面尖叫一声，然后一副生无可恋的表情朝我走来。来到跟前，悲痛欲绝地看着乱成一团的拼图，朝我挥挥手说："你先走开吧，让麻麻安静一下。"

巧遇啦啦

黄昏时候，主人拿出布袋，然后不怀好意地瞄了我一眼，这个眼神很诡异，虽然一闪而过，但还是被我捕捉到了。大事不好！趁主人没准备好，我几个箭步冲到长沙发处，然后像蜥蜴一样四脚爬爬钻进沙发底，哈哈，这样主人就找不到我了哇。

正当我为自己反应敏捷而大感庆幸时，一个拖把捅了进来，然后从右往左将我平推出沙发。我爬起来准备展开二次逃亡，一只罪恶大手乌云压顶般从天而降，不偏不倚地捏住了我的后颈肉。虽然我做出一副宁死不屈的样子，但毕竟落入主人的魔掌，情况糟糕至极。

主人将我塞入布袋，然后迅速提起布袋斜挎在肩上。当我挣扎着将头伸出布袋的时候，主人已经出门了。下楼后，穿过中心花园，我们来到东区一家气味恶心到家的宠物美容院。

一听到哗哗的水声从内间传来，我不禁全身瘫软，愚蠢的人类为什么不仅自己洗澡，还要逼迫别人洗澡，难道不知道水是非常危险的东西吗？况且每次洗澡后，身上总是留着一股怪异的味道，连我都怀疑自己到底是不是只猫。我敢打包票，洗完澡后，我的小伙伴肯定会把我当作异类。

“哇喔哇喔”，从内间传来一阵狗的号叫，我望过去，原来一只柴犬正在洗澡。唉，同病相怜啊，叫得这么可怜，出来后我可得好好安慰它。片刻，湿漉漉的柴犬被裹在浴巾里抱了出来，服务员开始对它进行全身擦拭。

“你看看人家小狗，洗完澡有多神气！”我听到主人啧啧夸奖。果然，这是一只线条分明、体格矫健的柴犬，浑身毛发呈深咖啡色，它的眼睛黑漆漆却又非常明亮，极富神采。看它现在这样子，对洗澡不仅没有意见，相反，还摆出一副尽情享受的表情。

“什么玩意儿嘛！没骨气的家伙。”我投去鄙夷的眼神。

“呀，你的猫真漂亮。”后面传来一道柔美的声音，我转头望去，是一位身材娇小的女士在夸我。关于相貌，我还是颇有自信的，第一次照镜子的时候，我就被镜子中一只丰神俊朗的猫给惊艳到了，待弄明白镜子里面的猫就是自己后，更是接连陶醉了好几天。后来仔细观察，发现自己最为非凡的，并不全在长相上，而是气质，一种将别人的目光自然而然吸引到自己身上的气质，用玉树临风形容吧，略为过头，说风度翩翩吧，又嫌不足。

“我可以抱抱它吗？”女士问道。我看到主人耸了耸肩，在我眼里就是一副欠揍的样子。马上我便落入了这位女士的手中，平心而论，她抱起我的动作很温柔，不仅没有弄疼我，而且还一脸呵护地将我抱在怀中。

你是谁，我跟你很熟吗？我忽然回过神来，于是极力去

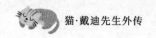

推开这个自作主张的家伙。我将踩在她胸部的手脚绷直，想尽量远离她的怀抱，却引来她更甜美的笑声。女士放下我说："它的毛好顺滑，样子也特别可爱！叫什么名字？多大了？是公的还是母的？"在主人口无遮拦地泄露我的个人隐私后，她又不知好歹地伸出手在我头上挠了几下。随后她们两个攀谈起来，交流各种稀奇古怪的养宠心得。

当我奄奄一息地从洗澡间里被拖出来的时候，我看到主人与那只柴犬逗得正欢。它就是我新结识的柴犬朋友，来自日本，名叫阿哈啦，大家都叫它啦啦。它的女主人叫静怡，二十岁出头，在日本的烹饪学校毕业后，就职于京城一家日式料理店，和我们同住一个小区。后来我们两家熟络后，两家主人有时会带着宠物到对方的家里拜访，我和啦啦便成了朋友。

适时安抚

我能够从主人入门的动作感受到主人的情绪是否稳定，比如关门声音的大小，脱鞋动作的快慢，我都可以分辨得出其中最轻微的差别。这时候走近主人，再闻闻主人身上的气息，就能够对主人的心情做出评价，八九不离十。

这天，主人显然在外面受了气，回家后情绪很不稳定，但对我还是十分温柔。所以我今天没有像平时一样，缠着主人要鱼干，而是走得离主人更近一些，在主人煮饭做菜时，我就待在旁边舔毛，听主人唠叨工作上的烦恼。等主人吃完饭后，我靠在主人身边撒个娇，直到主人感到轻松自在。

晚上我和主人一起上网时，她对亲友说，她现在觉得大D能够在她身边静静地听她说话了，感到好开心。本来有一肚子委屈的，转眼便消失得无影无踪。而且，她已经冷静下来，想好了法子对付那个挑剔得让人生厌的老板。随后，主人极其温柔地跟我说："大D很懂麻麻的心事呀，真乖，麻麻明天去给你买最好的三文鱼刺身。"终于听到主人的承诺，我放下心了，看来最近演技又精进不少，于是立即跳下来，自个儿去玩了，留下一脸错愕的主人。

还有一天，主人不知被哪个无良商家给气了，回家后全身瑟瑟发抖，银牙紧咬，小粉拳攥得紧紧的。真可怜，我真不忍心看她这样，难道我能坐视不管吗？不，我必须做点什么，于是我蹑手蹑脚躲到窗帘布后，并且小心藏好尾巴。

偷窥与报复

一天晚上，我偷看到主人给她的密友发信息："这回惨咯，今晚估计要被大D灭口了，明天我要是没有上班，拜托你来帮我料理后事吧。"

事情的经过是这样的。主人参加了某网站的晒图抢红包活动，红包的多少取决于贴图的好友关注度。主人设置的主题是"一只知性的猫"，于是连续好多天，主人举着相机跟踪我的一举一动，甚至为了达到不可告人的目的，偷偷记录我睡觉时各种销魂的姿势。这也就算了，毕竟我对自己的上镜表现是很有信心的，有时还担心将来踏上明星之路后，能否在风花雪月中依旧保持我纯真善良的本性。

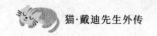

这天，我用完晚餐后，便有规律地走去猫砂盆拉粑粑。当我正聚精会神往腹部运气之时，我忽然发现主人不怀好意地在外面窥视。不一会儿，她竟然打开猫砂盆的前盖板，把手机塞了进来，镜头正对着我。"哇塞，我被偷窥了。"我急中生智，想到只要照不到脸，即使丑事张扬出去也不知道主角是谁，于是急忙别过脸去，终于逃过一劫。

拉完粑粑后，我一脸怨愤地看着专心清理的主人，一只猫知性与否跟上厕所有半毛钱关系？于是满脑子都在想怎样报复这个不顾礼义廉耻，公然违背伦理道德的大坏蛋，从此为民除害，伸张正义。主人现在显然有所防备，我于是留给主人一个意味深长的眼神，便施施然竖起尾巴走开了。

现在主人果然看出了我的企图，正想办法搬救兵。"哼哼，你不觉得太迟了吗？"我暗中比了比寒光闪闪的利爪，开始在抓板上打磨起来。

晚上，在熄了灯后，我潜伏到主人身边，等待主人鼻息差不多均匀的时候，开始用尾巴轻扫主人的鼻子。主人打个哈欠便转过身去，我继续走到另一边施法，就这样把主人弄醒了好几次。直到我也困顿不堪，歪倒在一边，才悻悻作罢。

邀宠有术

今天下午，我跳上灶台，无意间碰翻主人放在边上的酱油瓶。酱油从瓶口飞溅出来，幸好我有一身轻功，迅速一跃而起，可是后脚还是碰到酱油，把毛染黑了一块。主人发现后，直接将我拖到洗菜盆，一手打开水龙头便给我冲洗。我最讨厌的就是被莫名其妙地打湿身体，这样会让我的颜值瞬间崩塌的。于是我奋力挣扎，无意中前爪恰好搭住主人的手臂，顺势一拉，主人洁白如玉的手臂上，当即浮起三条血痕。主人惨叫一声，翻脸比翻书还快，狠狠地将我摁倒在水盆里，收拾我一顿后，才匆匆忙忙去找止血贴。"三比零，完胜！"我摇着几乎被敲成脑震荡的头，甩一甩后脚上的水，跳出了水盆。

晚上我和主人一起上网，主人打开了QQ群，在各位亲友前晒出自拍图，一条玉臂上三条清晰血红的抓痕，然后痛心万分地控诉被我抓伤的经过。

随即看到亲友"粟米花"发表意见："明明抓得不整齐嘛，好意思拿出来让大家看？看我家团团的作品。"于是我们围观她发来的照片，她的手臂上也是三条血痕，果然很直，而且间距均匀。

"好有艺术感啊，什么时候抓的？"主人幸灾乐祸地问。

"就在前天，我挠它肚子的时候。其实还真是不怪它，当时是我太紧张，手缩得太快了，真是追悔莫及啊，呜呜。"粟米花痛心疾首说道。

团团是一只田园猫，据它的主人形容，它的智商高到令人发指，家里的冰箱门被它打开已经不是一次两次了，它甚至能够将肉排从冷藏柜里拖出来。鱼买回家除非当天吃掉，否则满屋无处可放。团团特别喜欢围观鱼缸，它家主人即便做足防范措施，但每次去数鱼，总会痛心地发现又少了几条，一缸鱼变成了团团的鲜美鱼汤。

"你们这都不是个事儿！来看看我家年糕的杰作。"亲友"后来遇见猫"插话进来，于是我们看到了一个白嫩的

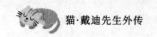

手掌，下方清晰地镶着四个黑黑的小洞，周围一圈暗红的咬痕。

"真好看，像是个公仔脸，还带笑。"主人由衷赞美。

"是吗，我还没注意到呢，明天我给办公室的同事欣赏一下。"

"咬得这么深，你没有对年糕家法伺候吧?"粟米花显然不太放心。

"当然有，你知道我是怎么惩戒它的? 我开了个肉泥罐头，然后放在筛网底下，让它看一整天。"

"你可以让小猫离开肉泥，但不能让肉泥离开小猫呀。"粟米花不乐意了。

真是无聊的人类啊，我打着哈欠走了。

说起年糕，主人曾经带我去过它的家，详细情形我是知道的。它家主人"后来遇见猫"说它是处女座，是一只过分谨慎小心的猫，整天怀着"总有刁民想害朕"的想法。年糕不爱被主人抱，一抱起来就会使劲挣扎，但当主人走到它视线之外或者背着它关上房门时，年糕便会立即跑去寻找或者蹲在门口哀叫，总之，你不能不理它，但也不能太亲近。年糕见到新鲜东西，至少要围观三天，直到确信没有任何危险，才会踮起脚慢慢接近，然后用小爪子推动试探。所以年糕不喜欢大的玩具，最喜欢玩的是钩在绳子上的小不点东西，例如一个铃铛，它可以一爪子将它拍在掌下那种。

说起那天主人带我拜访年糕家，它的女主人开门见到我，便喜欢得不得了，还没来得及和我家主人搭话，便笑容可掬地拿出准备好的见面礼——一罐上等的鱼罐头，倒在碟子上让我品尝，然后蹲在旁边温柔地抚摸我的肩背毛。我正闻着香味，忽然觉得有哪里不对劲，抬头一看，见到传说中的年糕走过来，神情幽怨地对着它家主人叫道："你看着我的眼睛告诉我，它哪里比我好了，你这样做良心不会痛吗?"

等候主人

今天主人声泪俱下地跟我讲了她听来的一个故事。说有个养猫的北漂族，在家的时候，喜欢整天捧着手机看。他家的猫咪对他总是若即若离，爱搭不理的样子，他养着便觉得猫咪对他没有感情，准备将猫咪拿去送人。

某天，他在家中对门位置安装一套视频监控，原本是用作安防的，可有一天，他无意中从手机里看到，当他下班即将到家的时候，他家的猫便会跑到门口，蹲在地上仰头等待，眼中满满的期盼神色。后面，他发现天天如此，哪怕他晚上加班或者应酬到很晚才到家，猫咪还是一直蹲在门后等着。瞬间，他从镜头中感到了被等待和被关爱的温暖。自此以后，他下班后便争取尽早到家，回到家也改了拿起手机就不放的坏习惯，会先与猫咪亲热交流一下，这样，他和猫咪就黏在一起了。

讲完后，主人问我是不是也是这样等她下班的，我撇撇嘴，你太小看你家猫咪了，然后昂着头，迈着风骚的小碎步走开了，实质心中一阵发虚。

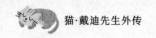

初次露营

上个月，啦啦的主人静怡小姐姐约好我们，来一次有趣的户外露营，时间就定在今天。起早，我们就和静怡一家合开一辆车，从小区出发，中午时分便抵达此行的目的地——上台草原。

我们泊好车，主人和静怡小姐姐提起巨大的背囊便往宿营地走去。啦啦身上穿着一件特殊的外套，它的主人在这件外套的两边各放了一瓶矿泉水，上面再绑上四五个罐头，所以我看到可怜的啦啦像是运货的骡子一般上路了。我没有在地上走，主人将我装进了布袋，直接提着走，有道是猫比狗，气死狗啊。走了一个多小时，把主人累到上气不接下气时，才赶到宿营地，这里已经搭起了二三十顶帐篷。我们选了个环境舒适而不太偏远的位置，也支起了帐篷。

一切工作完成后，两位主人便带着我们漫步景区。看到静怡小姐姐又将好几瓶水塞在啦啦身上，主人便望着我，一副恨铁不成钢的表情，我把脸别过去，只当没看见。

这一带是森林、草原和湖泊的交汇处，绿草一直蔓延到湖水中，空气芳香清新，景色自然优美。主人和静怡小姐姐跳着走，恨不得化身为一双蝴蝶，在林间翩翩起舞。转一大圈后回到帐篷时，已是下午时光，于是两位主人开始在帐篷中捣鼓起来。

眼看没我们两个什么事，啦啦便约我到外面玩去。离开宿营地，我们一直往无人的高处走，这片草原的顶部有大片的桦树林，高高的树身，看来英姿挺拔，但树皮光洁圆滑，爬起来肯定极不趁手。

踩着厚厚一层轻脆枯黄的落叶，我跟随啦啦翻过坡顶的桦树林，来到一处高地。眼前一道曲折的小溪哗啦啦流淌着，小溪边圆润的彩色石子随处可见。我走到溪边，但见清澈的溪水上荡漾着天上的云朵和我自己英俊的模样。正自我陶醉间，忽然水面破碎开来，接着听到唰唰的水声，是啦啦蹚水过去了，留下一脸紧张的我。

"你难道不知道猫讨厌水吗？"我幽怨地看着溪水对面的啦啦。只见它顿了顿，然后又蹚着水走回来。啦啦说，溪水很浅，我走过去没有一点问题，它刚才就是想试一试水深才过去的。原来如此，可是我对涉水过岸还是感到惴惴不安。啦啦安慰我说，我们一起过去，我就在你身边照看着，不会有事的，便又率先下水。

也罢，总不能被一条狗鄙视吧，于是我一咬牙，抬脚便踩进水中。可能是太阳烘烤的缘故，溪水反而有点温热，十分舒服。于是我就勇敢地跟着啦啦往前走。其实我对水并非感到畏惧，只是不想弄湿自己，因为这样要花很长时间才能晾干皮毛。上岸后我快速摆动身体，把水从身上甩出去，这也是我们猫族有一定习水性的例证。

上岸一通甩水后，我们继续前行。走到高地的边缘，我瞬间被眼前的景色迷住了。柔和的阳光下，脚底下一片广袤碧绿的草原，顺着视野一直延伸开，望不到边际。草原上，星星点点绽放着各种小花，红黄蓝白紫，蜜蜂和蝴蝶在旁边围着打转。蓝天上，一朵朵白云像棉花糖一样静静地飘浮着，自由惬意，恰如我此刻的心情。

我感觉第一次走进大自然的怀抱，回到了我梦中的故乡。我不知道此刻该如何表达自己的心情，只是使劲在草丛中打滚，弄得满身沾满碎草叶，然后跳起来追赶蝴蝶，把它们吓

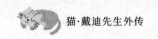

得神经衰弱，不敢停留在花朵上。而啦啦，更是疯一般在草地上奔跑跳跃，尽情展示矫健的身姿。

直到太阳西沉，我们才兴致勃勃地走回去。回到宿营地，主人们已经做好了饭菜，就等我们两个小家伙回来了。除了要烧汤外，我们的饭菜都是在家预先做好的，到这里只需用多士炉烧热便可以食用，相当便捷。但是旁边的家庭却不合时宜地弄出了丰盛的烧烤，那个香味传来，把啦啦馋得直流口水，眼光不时往那边瞟去，最后只得盘坐在地上，阖上眼睑，摆出皈依我佛的入定模样，不过口边不断滴落的口水显然出卖了它，它宁愿酒肉穿肠过。

晚饭后天色昏黑，渐渐吹起了清爽的山风。高处的营地灯亮起，温馨地照看着这一片营地。我和啦啦结伴在附近东游西逛，看到好几顶帐篷门前摆出桌椅，桌子上放着茶具或者咖啡壶，大人们就坐在旁边聊天，眉飞色舞，想必人生得意。有个触景生情的小文青坐在营地边的树桩上弹吉他，装出满脸忧伤的样子。幸好主人帐篷没搭在这边，否则主人这种貌似冷艳，实质对文青的免疫力约等于零的少女，看到后三魂必被勾去两魂。

另有个戴眼镜的老男人踩在空阔地的落叶上，手上拿着一本诗集，边走边念着某某摩的诗："……我轻轻的招手，作别西天的云彩。"这显然引起了前面裙裾飘飘、树下散步的年轻女孩子的遐思，只见她凝神驻足，星眸微闪，似有所感。只可惜这充满诗意的画风随即被无情撕碎，忽听身边的啦啦怪叫一声，向着老男人飞奔过去，口中汪汪乱叫。我定睛细看，女孩子不是别人，正是恬静可爱的静怡小姐姐。

男人听声回头，昏暗的夜色中猛然看到一条狗目露凶光、龇牙咧嘴，不由分说地向他飞扑而来，吓得浑身打了个哆嗦，将准备吐出的妙句一口咽了回去，顺手将诗集朝啦啦扔去，然后抬脚便跑，慌不择路地从静怡身边飞掠而过。

眼看二者消失在远处一片树丛后，我不禁摇头叹息：念诗不是你的错，故作斯文也不是你的错，但是拿两眼乱瞟女孩子便的确令人生厌了。不久后听到远处传来"嗷"的一声，我也懒得分辨是人声还是狗叫了。

不久啦啦衔着眼镜一脸满足地跑了回来，好个春风得意"狗"蹄疾。

往后山风渐大，吹得树叶哗哗作响，地面上的叶子随之上下飞舞，于是几乎所有人都撤回到自己的帐篷里，各找各的乐趣。

帐篷内，两位主人伸出晶闪闪的爪子在比较着，我和啦啦也学着伸出爪子比画着。同为精致的生物，指甲这东西，果然一天不修都不行。

我们的帐篷底部是四方的，两位主人睡中央，然后一边趴一个小动物，规矩是晚上谁都不许越界。

晚上大风吹打着帐篷，帐篷摇摇晃晃，发生各种奇怪的变形。我蹲在一角，被帐篷拍打得脑袋生疼，我一直担忧帐篷随时会塌下来，所以不敢睡太熟，万一真的塌了，我便可以叫醒主人逃命。午夜，细密的小雨洒落在帐篷上，发出沙沙的声音，我手冷脚冷，总是怀疑有雨点漏了进来。

帐篷里除了吹鼻涕泡的啦啦外，两位主人都睡得不安稳。也难怪，地面本就坑坑洼洼，打地钉时两个女生已经偷懒，没有平整好地面，因此即便套着保暖睡袋、身下垫着防潮垫，还是会硌到公主们嫩嫩的身体。所以两个主人便此起彼伏出去解决生理问题，好在有啦啦这个帮手带路，但我看到一路

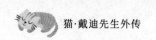

上她们两个都乱晃着手电，估计是担心附近的草丛中会钻出什么稀奇古怪的东西。

早上，两位主人起来后开始煮水煮粥，粥好后便配着面包和吞拿鱼罐头作为早餐。可怜的啦啦整晚被反复折腾，一反早起的习惯，软泥般倒在帐篷角落。我从帐篷中钻出头探望，但见远近都是雾气，估计是昨晚下的雨水蒸腾上来的湿气。这种天气哪儿哪儿都不能去，于是我们便在帐篷里东倒西歪，等候太阳将雾气驱散。

十点的时候，雾气终于如愿散去，于是我们又去草原徒步。这次是沿着栈道走圈子，此地视野开阔，前后看得清楚，所以我不用坐在主人的布袋里，而是跟着啦啦在队伍后自由自在地晃荡，遇到新奇的东西我们就自己研究一番。

不过我有时候不太喜欢好天气，虽然适合蹦蹦跳跳，但总能看到别人搂搂抱抱。比如前面就有两条狗，公开亲热的样子甚为不雅，让啦啦这条单身狗受到了成吨的伤害。

直到中午，我们才返回宿营地，收拾一番后，走回停车坪，圆满结束露营之旅。

后面，我们和啦啦一家又去露营了几次，有次在湖边，为了抓住几尾调皮的小鱼，我甚至和啦啦一起下到水里。

朋友的龙猫

今天主人回家时，手上提着一个铁笼子，我急忙走去围观，里面装着一只披满白色绒毛矮矮胖胖的家伙，我一眼就认出它是我菜谱上的主菜，难道主人要给我改善伙食？我正琢磨着这玩意儿到底是清蒸还是红烧好，冷不防被主人大力扯了一下尾巴。我回过神来，听得主人郑重介绍，说这个家伙名叫龙猫，挺名贵的，是朋友出国前叫她临时照看的。并且跟我约法三章：不准我攻击龙猫，不准龇牙恐吓龙猫，不准我在龙猫的笼子边捣乱。

也罢，最近家里伙食还算过得去，也不忙将它就地正法，养肥几天再说。于是，我便一整天蹲在笼子边观察。这个家伙虽然长得挺招人喜欢的，不过也没看出有什么真本事，基本上就是不停地吃、啃、咬，还有就是喜欢蹦跳。从笼子的一层跳到二层，从二层跳到三层，转眼跳上悬挂着的木条子来一个大回环。看来这家伙平衡感不错，有做体操选手的潜质。

还有一点令我感兴趣的，便是主人给龙猫清理时打开笼子的动作，这是一个推拉式的门闩，提起来，往一边推到头，笼子就打开了，我将动作牢牢记住。第二天，等主人上班后，我立即学着主人的方法，试了很多遍，最后终于成功把龙猫放了出来。

龙猫出来后，我便和它玩起躲猫猫。我会龇牙恐吓它一番，追着龙猫满屋子逃窜；或者若无其事地走开，等龙猫自己找地方躲去，最后我再展开大搜捕。被我抓住后，龙猫便会全身一阵哆嗦，尾巴毛炸开好似一枝蒲公英，而我便会抱着这个胖家伙一顿轻咬。

下午，当我兴奋地将龙猫赶入沙发底，正在用爪子刮出沾在胡子上的绒毛之时，门忽然打开，原来是主人准点到家，我玩得太疯，一时忘记了时间。主人在门口脱鞋，眼光便扫到笼子门打开，里面空空如也，不禁大吃一惊。然后看到我正在抹嘴，静默沉思了几秒钟，突然露出惊恐的表情，鞋也

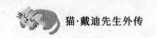

不脱了，一只光脚一只穿着鞋的瘸腿模样向我冲来，果然发现我胡子和嘴边沾满了龙猫毛。主人一跤跌坐在地板上，露出哀莫大于心死的神情。呆坐半晌，主人呼吸略微平顺，眼神滑落到我的肚子上，看到我的肚子仍旧瘪瘪的似乎没货，又急忙打开我的嘴巴，左右检查，没有发现肉渣，脸上才有了些许血色。

主人随之爬起来，将脚上落单的鞋子甩飞，光着脚急急忙忙在屋子里搜寻。而我被主人一连串稀奇古怪的动作吓坏了，急忙找到一件衣服爬进去。

主人满屋子搜罗，终于在电视柜下找到龙猫，便老怀大慰般长长舒出一口气，将它抓回笼子。

第二天我又如法炮制，放出龙猫玩。但这个家伙有个坏习惯，就是边走边拉小粒粒，特别是被我抓住后，会噗噗噗拉出一小堆来，弄到满屋都是小粒粒。后来我不跟它玩了，自个儿找个干净凉快的地方睡觉去。

主人下班回来后，又发现家里好似案发现场一般，特别是放在厨房的一筐新鲜红萝卜都被龙猫咬出口子，把主人心疼得想哭。聪明的主人很快便推测出我学会了打开笼子的技术，于是盯着我问，是不是你干的好事？我"喵"的一声，不置可否地躺倒在地，眼神闪烁，舔舔爪子。看到我的样子，主人生气了，捏住我的脖颈拖到笼子前严刑逼供。我抵受不过，只好全部招认，完后我央求主人："事情的经过就是这样子的，你先松开手可以吗？"

主人在笼子的门闩上加了一把锁，这才把我防住了。

小麦草

今天被主人敲了一顿脑袋，起因是：主人好不容易用水培的方法种出一盘整齐青翠的小麦草，说是让我增加点维生素，不容易掉毛。拿出来后，主人见我东张西望，一副不感兴趣的样子，便在客厅一角放下小麦草，走入房间玩手机。出来时，看到整盘小麦草被我连咬带扯，弄得东倒西歪，糟蹋得不成样子。主人不免大为光火，于是毫不留情地当场对我痛下杀手。

晚上，为了报复主人，我在主人最喜欢的一株阔叶莲漂亮的金边绿色大叶子上留下了七八个牙洞，正咬得开心，忽然感到胃肠一阵搅动，没忍住，随即在花架旁吐出带着黄水的一团毛球。

滚球游乐场

今天，主人给我带来一个豪华的三层滚球游乐场，说是在宠物展会上抢购回来的。我端坐在旁边观看示范，只见主人用手指轻轻拨动，说也奇怪，上面三个胖墩墩的小家伙便自己跑了起来，有个跑了三圈还在跑，有个跑两圈后躲在后面就再没出来，有个在另一边鬼鬼祟祟探出半个头来，一副非常狡猾的样子。

主人走后，我陷入了沉思，这三个吃得胖胖圆圆的家伙，谁知道它们来到我家会打什么鬼主意？别看它们长得一副人

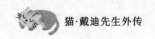

畜无害的样子，但到了深夜，等我熟睡以后，便会自己偷偷跑出来，四处摸索。是了，它们的目的肯定是先干掉我的小鱼干，完后会钻进我的安乐窝，挤在一起睡觉。坏了，怪不得我刚才看到主人笑嘻嘻地对它们几个十分亲热的样子。如果主人供养它们，一定会分掉我的小鱼干的，这可怎么办？

面对如此卑劣的阴谋，我必须立即出手了。等到主人刚消失在厨房门口，我立即动手，一个利爪毫不留情地狠狠拍向一个站得最高的家伙，拍得这个家伙到处乱窜。不过让我恼火的是，这家伙跑了好几圈后居然还敢溜出来，你当你猫大爷是吃斋念佛的主？于是我开始连续拍击，站起来拍，躺下来拍，地上反转再反转拍。终于，这几个家伙被我拍得气喘吁吁，都躲到了游乐场后面再也不敢出来，我这才满意地住手。以后，我每天都会抽空教训这三个不知好歹的家伙，所以，它们到现在还是很老实地待在里面，不敢越雷池一步。

沙漠徒步一：启程

一个月前，主人跟同事出去玩了两天，把本猫丢在家中，我在家中寂寞空虚冷，暗自神伤。好不容易熬到主人回家，我便央求主人："以后你去哪里都要把我带上，我很乖，不会给你添麻烦的。"主人点头答应了。

上周主人说要赶紧将公司年假休完，之后接连几个晚上展开了旅游攻略大搜查，终于决定自今天起，带上我参加吉布库沙漠徒步穿越。静怡小姐姐没空，所以主人只好独自参团出发。

　　主人自驾了两天，终于在第二天傍晚，准时抵达沙漠徒步游集散地。共有十二人参团，京城方面来的占一半。其中三名女团友，我家主人年龄最小。一名女团友叫金橘，指甲上涂了藏青色的指甲油，我初初看到时吓了一跳，还以为她中毒了呢。另一名女团友叫桃子，有着双下巴，据她自己说，是经常低头玩手机的缘故。我家主人听闻后，瞬间将手机高举至额头位置，然后若无其事地说平时就这样，对眼睛好。除参团人员外，另有一名本地向导，戴一顶奇怪的八角绿边帽子，脸庞活像晒蔫了的长茄子。向导给众人分配所需物资，讲解沙漠徒步注意事项，然后开餐。

　　都说只有在玩耍的时候才会两小无猜，餐桌上，新结识的团友相互介绍，毫无芥蒂。议论气氛热烈，似乎徒步旅行便是小菜一碟。有那么个安静的瞬间，向导瞅个空当，带着忽咸忽淡的土音说："听……听我说一句，这是你们最后的一顿，好好吃吧。"一只大眼乌鸦在席间"呱——呱——呱"飞过，团友们的兴奋戛然而止，两名男团友手中的筷子颤抖着，桃子差点将肉排塞入鼻孔。大家面色古怪地盯着向导，静候启示，只听得向导认真地说："我的意……思是，今晚大家一定要吃好，这可能是一路上最好的一顿了。"

　　"这个向导怎么不会好好说话呢？"主人轻蹙眉头嘀咕道，用纸巾擦去满手的啤酒花。

　　第二天早上，天色才开始发亮，我们被向导叫醒，昏暗中吃过色香味俱无的早餐后，开始了临行前的紧张准备。出发前，向导说可在营地租借骆驼驮行李，于是主人和两名女团友便合租了一匹，将所有物资放到骆驼背上，这样主人只

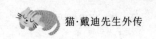

需要背着轻便的背囊行走，而我就蹲在背囊里，随时可以探出头来观看。

早上气温微凉，但很舒适。我们一行排成两列，后面跟着两只骆驼（其中一只用来驮大罐的饮用水和草料），跟随向导往沙漠腹地走去。初时，虽然遍地黄沙，但还长有各色树木。我们路过时惊起了很多晨睡中的鸟儿，也破坏了几处昆虫演唱会的气氛。走了半个时辰，树丛渐渐低矮下去，替换为杂乱的灌木丛。我发现，灌木丛之间的地面上，成行的小兽趾印蜿蜒而去，把我的目光和思绪都拉远了。再走过一段路，灌木丛也消失了，取而代之的是流沙上稀稀疏疏的茅草。主人好奇地找了一棵长得最细小的茅草，然后尝试拔出来，结果带出比她还高的草根，不禁啧啧称奇。

每走个把小时，我们便会停下小憩。第一次休息时，我还可以看到后面村庄黑色的屋顶，第二次休息时，则四面只有连绵无边的黄色沙丘了。这时候忽然生出非常孤独的感觉，似乎我们到了一处被世界遗弃的地方。太阳已从东方升起，幸好天上有些云彩遮蔽，还不至于太热。向导说，这段时间最适合沙漠徒步，如果天上云朵消散了，我们的行进便艰苦得多，大家就等着吃苦头吧。忽然大家都来了兴致，七嘴八舌议论起来。

我们正在暗自庆幸，谁知可能向导的讲话惹恼了老天，很快，云朵默契般地散开了。我们背对太阳行进，逐渐感受到背脊传来的热度。向导苦笑着说，在沙漠，你怕啥它来啥，你说啥它也来啥，而且一般只会更坏，而不会更好。所以我们进入沙漠后，一般不会说好话，当然，更不敢说难听的话。主人将背囊转到前面，这样我便有得遮阴了。

快到中午时分，向导找到一处沙丘的背阴处，叫大家停下来歇息。第一个上午大家就负重走了四个小时，听到就地休息，所有人都如蒙大赦，迅速卸下包袱，然后立即躺倒在地，气喘吁吁。主人在地上铺了一张塑料布，放下背囊，拿出饼干和牛肉条，然后给我开了一个罐头。我一跳出来，便发现此地沙子特别好玩，软绵绵暖融融的如同家里的棉被，我在上面踩来踩去十分舒适。不多时，我忽然发现我成了队伍明星，所有人都来跟我打招呼，弄得我有点受宠若惊。特别是两个姐姐，金橘和桃子，更是亲热得忘乎所以，一定要跟我握手合照。主人托赖我的关系，成为队伍二号人物。

正在大家兴致勃勃地交流时，导游动员大家起程，又道："听我劝一句，你们现在抓紧打电话回家报平安吧，往后只怕没机会了。"

此话一出，众团友倒吸一口冷气，金橘和桃子脸色青一块白一块，转身做好了逃跑的准备。主人强作欢颜，弱弱地问道："此话怎解？"

导游没想到他的一句话竟然有此震慑效果，用手托一托绿帽，说："我的意思是，过了这片沙丘就没有手机信号了。"

众人忽然有种不将向导暴揍一顿就对不起自己良心的冲动，我也想给向导脸上来一爪子，因为刚才混乱中不知被谁踢了满身沙子。

主人将我抓起，拍打掉我身上的沙子后，又将我纳入背囊中。这时，所有人一致变为超级蒙面大盗，并且头上都顶着宽边的遮阳帽。

下午的行进难度倍增，因为沙丘越来越高大，越来越宏伟。我们必须沿着窄窄的圆弧形沙丘顶行进，这里的沙子特别松软，主人一脚踩下去便有半个鞋面陷入沙中，然后拔脚

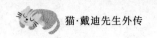

带起沙子再走一步。平的地方还好点，如果是上坡的地方，那便是进两步退一步，非常有挫败感。

不知为何，此时向导的脾气上来了，不时停下来，抓贼般盯着我们从他面前走过，然后对每个人横竖指责一番。比如背包的肩带没有扣好啦，帽子扣得太低遮挡视线啦，心不在焉走路跌跌撞撞像个酒鬼啦，诸如此类。

重负下，所有人都蔫了半截，权当向导的话是耳边风，只顾低头看着沙子走，一副拖着枷锁的流放者模样。我就佩服人类，放着舒舒服服的家里日子不享受，偏要跑到这个鸟不拉屎、景色单调的地方找罪受，这不是有毛病嘛。

行进中，走在主人身边的一名胖嘟嘟的男团友，后面大家唤他作"八戒"，一边擦着满头大汗，一边跟主人聊天：

"这路太难走了，我看右边的沙丘矮一些，我们应该往那边走才省力。"

"是哦，我也看到了，不过我想，向导带我们走这里自然有他的道理。"我家主人回应道。

"但是我觉得向导不一定都是对的，他这类人习惯了走老路。"

"你打算跟向导掰扯一番？人家可是本地权威。"

"呵呵，那倒不敢，得罪了向导我就死定了，这点觉悟我还是有的。不过我觉得可以民主一下嘛。比方说，大家围成圈子讨论：这个是最短路线，但难走；走另一条路花的时间多些，但是好走。涉及路线的问题必须严肃对待。"

"严肃对待？"

"是的，不仅走路，我认为很多事情都必须严肃对待。"

"比方说？"

"你知道要用什么方式去严肃对待一个炎炎夏天？"

"抓紧时间锻炼，还是减肥？"主人看了看八戒的身材。

"不是，严肃地度过一整个夏天的方式是，扎啤、串烧和小龙虾。"

然后，八戒注意到他对生活态度的诠释似乎打动了我家主人，便得意地拿出水瓶仰天喝水，结果左脚一个踩空，在我家主人的惊呼声中，竟然从沙丘顶失足跌了下去，四肢伸展脸朝下，如同一只大蜥蜴，妥妥地从沙丘顶滑到谷底。从他身后留下的一条深深的沙槽我可以断定，他一定吞下不少沙子，想必今晚可以省下一顿扎啤和小龙虾了。

向导转身打出一个手势，示意我们立即退后几步原地待命。只见他放下背囊，坐在沙丘顶，然后用屁股做滑板，双手作舵，飞快下滑到"失足少年"处。

八戒看来没受到什么伤害，被向导扶起来后，全身抖擞了一下，拿起手杖，跟随向导慢慢从另一个方向向上攀登。向导在下面一摆手，我们于是继续列队前进。

来到会合地点，八戒不顾礼仪地脱光所有上衣，然后拼命地抖动和拍打，似乎里面钻入了几条蜈蚣。向导再次强调说："在沙丘顶行进中要避免会导致分心的动作，想喝水的话，必须确保自己处于安全的位置，大家听明白没有？现在新增一条规定，就是路上不许玩猫。"主人在后面吐了吐小舌头，在众人艳羡的目光中抽出了探入背囊的小手。

又努力跋涉了三个多小时，天色已经昏黑下来。终于，我们到达一处小小的绿洲。说是绿洲，其实就是沙漠中一处较为平坦的地方。地面有一定硬度，上面稀稀疏疏地生长着不知名的沙漠植物。有的植物像罗伞一样展开，形似垂柳，实质枝条干硬，表面粗糙，碰上去就能把衣服挂住。这片绿

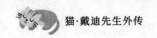

洲没有水,但有的地方泥土板结起块,看样子在地下不太深的地方会有些水,否则植物也长不起来。

向导找到一处平整的地方,便叫所有人卸下装备,以我家主人和两名女团友的帐篷为中心,其余男团友在外面搭一圈帐篷,最外围是向导的帐篷和挨在一起的两只大骆驼,想来向导不太放心他的骆驼。住所安定下来后,大家便兴致勃勃地动手做晚饭。

我从主人的背囊中跳出来,自由地舒展身体。在这一望无际的沙的世界里,我体会到沙漠的荒凉和单调,但是它的宁静和神秘又让我感受到大自然创造的另一种独特美景。

看上去主人这边我帮不上忙,我便独自绕着绿洲的边沿走。一不小心背部被荆棘钩了一束猫毛下来,疼得我"喵"了一声。回头一舔,又舔下来好几个带着倒钩的小粒粒,这些麻烦的东西一不留神就会粘在毛上,很难弄掉。这个绿洲实在小得可怜,大部分地面光秃秃,偶然发现几只呆头呆脑的小蜥蜴停在石头上,似乎仍在眷恋落日的余温。我撩拨了几下,看到它们不为所动,至多把小脑袋别转过去,我也失去了兴趣。

不过我找到了一样有趣的东西——骆驼。一路上我都在留意这两个大家伙,它们的大眼睛上长着浓密的睫毛,眼睛扑闪扑闪,一副人畜无害的样子。有事没事,喜欢横着嘴巴嚼来嚼去,似乎总在回味上一顿大餐。它们两个一动身,便会发出叮叮当当的响声,非常悦耳。骆驼站起来实在很高大,即使现在趴在地上,在我面前也像一座大山,而且是有两个山峰的山。我绕着骆驼转,骆驼也用温和友善的目光看着我。我见没什么危险,于是开始在骆驼身上蹭,蹭了片刻,我抓着骆驼的长毛，一下子翻上驼背，然后趴在驼峰上瞭望四方。

这时，我看到紫红色的天际下有两个黑点慢慢靠近，不久之后，我辨认出是两只乌鸦，正扑打着翅膀飞来。飞近绿洲，一只直接投进树顶，另一只在天上歪着脑袋观察我们，盘旋两圈后，才降落在营地附近。这个乌鸦个头实在不小，两脚跳跳在我们附近转圈，伸缩着脖子左右张望，似乎正在打什么坏主意。

忽然，乌鸦振翅飞起来，径直往我身上扑来，我吃了一惊，不由自主地压低了身体，却看到乌鸦降落在骆驼脖子上，随即竟然张开尖嘴薅骆驼毛。我慌忙跳下骆驼，以免被骆驼误认为是我干的好事。

不过骆驼的反应似乎没想象中大，略微感到不舒服了便摇摇脖子。很快乌鸦便叼起了一大丛棕红色的骆驼毛，飞回到树顶。

大家都看到这有趣的一幕，然后一致推测乌鸦正在拔毛做窝，便问向导，骆驼会不会被乌鸦拔光了毛。向导说："骆驼身上能够被乌鸦拔下来的毛，都是快要掉下来的死毛，新毛乌鸦是拔不动的。"我听了有点紧张，担心乌鸦将骆驼的毛拔光后又看上我的毛。向导又说："骆驼毛不是白给乌鸦的，乌鸦这货知道感恩，如果看到沙漠上的骆驼缺水了，便会在天上盘旋，引导骆驼找到最近的水源。所以在沙漠上，所有生命都是有联系的。"

晚饭时，我们一边吃，一边饶有兴趣地看着两只乌鸦走来将我们弃掉的食品残渣清理得干干净净。

吃完简单的晚饭，眼看头顶星光熠熠，身边凉风习习，乃是抒发情怀的好时光，有团友便在外面捡来一堆干草，准

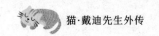

备做成篝火，却被向导制止了，说绿洲上的干草也是宝贝，说不定是某种昆虫所需，而这种昆虫恰好又是某类动物的口粮，烧掉就真玩儿完了。

见此，主人在两顶帐篷之间搭根绳子，绳子中央处挂上盏营地灯，地上铺好塑料布。布置好后，我坐在主人身边，主人和两名女生聊天，其余男团友陆续加入。其中一名团友唤作乌鸦嘴，这是桃子给他起的外号。起因是晚饭时，乌鸦嘴打开一个墨鱼罐头，刚倒出一点，坐在背后的桃子便闻到香味，于是抱怨手上的面包太干，说正好可以浇点罐头汁在上面，便向乌鸦嘴借罐头，不谙世事的乌鸦嘴没有意识到此番凶险，便大方地递过罐头。等到乌鸦嘴右眼皮猛跳，才忽地想起要拿回罐头，接过罐头时手上一轻，便知不妙，再瞄到罐头底光洁如新的铁皮，乌鸦嘴瞬间萌生一股重新投胎做人的冲动。饭后聊天，桃子正满脸虔诚向我家主人求取塑造身体曲线的秘籍，她背后的乌鸦嘴忽然丢出一句："哼，还减肥？人家是船到桥头自然直，你是人到船头自然沉。"桃子琢磨半天，忽然间便一肘向乌鸦嘴撞去。

除了发生这起肘击惨案，大伙聊天其乐融融。男团友更是口沫四溅，先是讨论附近有没有狼群的问题，接着细致描述行走在荒漠中的旅人如何诡异地消失，何处一场沙暴后，神秘出现一座千年鬼宫，里面鬼火幽幽，择人而噬……好像他们亲眼所见一样，把几个女生吓得直打哆嗦。看到女生们花容失色，他们显然觉得十分满意，约定明晚广播续集。

晚上异常寒冷，我怀疑已经降到零摄氏度，因为我出帐篷便便时呼出来些白气，随即凝结在胡子上，形成一层白霜。忽然我想到，幸好有骆驼毛，否则乌鸦晚上睡觉时不被冻死才怪。回到帐篷后我便一直钻在主人的羽绒被中不出来。

沙漠徒步二：日出

第二天凌晨四点，向导把我们从梦中叫醒，说早上凉快好走路。大家迅速收拾，只有乌鸦嘴在抱怨，说他昨晚没睡好，跟沙蚊战了一宿，最后打成平手：蚊子没吃饱，他没睡好。

早餐时向导提醒我们，今明两天行进在沙漠的腹地，我们可以看到最美丽和最浪漫的沙漠景观，但也是最危险的路程，中午太阳直晒下来，沙面温度可以达到六十摄氏度以上，而且还可能出现突如其来的沙暴，所以我们要加倍小心。

吃完早餐，我们顶着漫天星辰上路了。路上没有风，但依然十分寒冷。金橘也许昨晚受凉了，时不时冒出小鼻涕泡。不用向导督促，我们必须走得更快一些，这样身上才感到暖和。

路上几个团友拿出激光笔，把绿色的激光打到天上，然后辨认这颗是北斗星，那颗是织女星。当大家一起努力找到牵牛星，也就是牛郎星时，多愁善感的金橘泪光莹莹，似乎触动了心事。

主人说："织女星和牵牛星之间便是银河了，亿万星辰在其中缓缓转动，银河系从这头到那边有十万光年呢。"

"真有那么长的距离吗？"金橘哽咽着问道。

"是啊，星河之间真的很遥远，就像这颗很亮很亮的星星，也许千万年前已经消失。"主人指着一颗亮星说道。

"千万年，以人短暂的一生来看，可以说是永恒了，那么人的生命，意义何在？"金橘黯然问道。

"没有关系，任凭时光的流水冲刷涤荡，也无法抹去我

们曾经年轻过、热爱过的痕迹。"主人的回答颇有意味。这段话好像被其他团友听到了，恍如吹过如水的凉风，大伙儿收起了喧闹，各自静静观赏夜空的浪漫多姿，默然不语。

我因为昨晚与骆驼混熟了，所以当主人走近骆驼时，我便在背囊中挣扎着要爬上骆驼背，主人见状便将我放到驼峰两边的行李上。这里我只要略微抓紧行李，便能够稳稳当当地趴在上面，而且视野开阔，比蹲在主人的背囊中要舒服得多。

一个时辰后，东方渐现鱼肚白，向导找到一座高大的沙丘，叫我们驻足观看沙漠日出。初时东方地平线一带聚拢着黑褐色的雾霭，从中慢慢透出一道淡红，随着淡红的亮度逐渐加大，变为玫瑰色。然后，一个赤火金球露出了边沿，金球逐渐升起，万道赤霞在瞬间以无比坚定的力量穿透了黑沉沉的夜幕，天地间像是睁开了眼睛，向世间万物和所有生灵投来了慈爱的目光。随着金球的抬升，远方的沙漠首先被唤醒，起伏的沙丘上一道道金黄色的轮廓线渐次凸显，如同在绸缎上编织出水纹状的金线，青色的天幕下幻化出强烈的光影效果。团友们默默拿出相机，带着崇敬的神情记录着这一段壮丽辉煌的时光。

今天走过的全部是巨型的沙山，它们在阳光下熠熠生辉，浩瀚无垠。在高处极目远眺，只见远近的沙山高低起伏着，一重重展示出柔美的曲线，极富韵律。

然而路上酷热难耐，我早就回到了主人的背囊中避暑。从沙子上蒸腾上来的滚滚热浪，把所有人都烤得脸色通红。主人让我也体验一下沙子的温度，于是将我拎出来放在沙上，我早就感受到下面的热浪了，于是拼命蜷曲成一个虾球，两个爪子抓紧主人的衣袖，就是不让双脚落地。可是主人硬是将我放到沙上。为了保护小蛋蛋不被烤熟，我只好伸出后脚踩在沙子上，谁知感觉就像落在烧红的铁锅上一般，我毫不犹豫，伸出利爪钩住主人的裤筒嗖地蹿了上去，把主人挠得泪水直冒。

路上遇到几拨迎面走来的徒步团，大家无精打采，点点头就让过去了。

中午休息时，金橘建议主人将遮阳伞绑在骆驼身上，这样我便可以一直蹲在骆驼身上，主人就没那么累了。毕竟我的分量也不轻，背在身上走短程可以，长途跋涉下负担就有点重了。主人如梦初醒，马上掏出遮阳伞，开伞后将伞柄绑在骆驼行李的下端，伞骨系紧在上方，然后将我放上去。果然，我就像躺在海滩的遮阳伞下，既阴凉又舒适，只可惜手边没有一杯带五彩吸管的冰镇蜜柚汁。这个发明惹来团友无数羡慕忌妒恨的眼光，估计他们都恨不得马上变身为一只猫。

下午刮起了东南风，不过还好，只有轻微的扬沙。

到了夜幕完全合拢的时候，向导找到一处低矮的沙丘，便让我们在沙丘较为平坦的一边建立营寨。我们安置帐篷时，一名爬上沙丘顶拍夜景的团友忽然手指远方，向我们叫喊他的发现。向导走上去，拿起望远镜瞧了片刻，便皱着眉头下来了，说在前面不远处，有两顶帐篷，里面亮着光，显然有人住在里面。但不好的是，他们扎营的地点选在一座高大沙山的正下方。他们选择这处地点，可能是想利用沙山遮挡住晚上的寒风，又或者单纯凭感觉，但他们显然没有考虑沙丘的潜在风险，比方流沙。我们便追问他风险大小，向导说有运气成分在里面，总之，他决不会选那种地方扎营。

晚上，熠熠星辰下故事会重新开幕。几个传奇后，众男

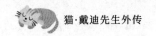

生便江郎才尽，在三女生的追问下漏洞百出，铩羽而逃。此时，向导说开了：

"你们说的故事有几分道理。沙漠上，千年前是绿洲，千年后便是荒漠，埋藏有多少故事、多少传奇，那是说不清的。比方说，许久以前，此处绿洲成片，河道周边水草丰茂，有些族人便在此处结寨修城，或修筑地宫安葬先人。就说这位胖友刚才讲述的什么风沙过后现出九层妖塔吧，应该就是这种地宫。由于黄沙逐年堆积，地宫会越修越高，以至于最早的木棺上又堆积了数十层的棺椁，且层层交错，一些棺椁腐烂后便会形成空洞。如果出现千年一遇的沙暴，那么这些村寨、地宫便会全部被掩埋进沙海中，不见踪影。

"你们知道沙漠缺水，主要是缺乏降雨形成的地表水，但雪山融水并不少见。古时沙漠尚在远处，所以雪水汇聚形成地表河流，沿河一带宜居宜牧，聚居之处便筑有城池。后来沙漠扩大，逐渐吞食了河道，地表河干涸后变成现今的古河道。然而，雪水流域并未消失，不过转变为沙漠下沙土硬壳中的暗河，流经刚才说的地宫，便成了妖塔下面的暗河。

"这位漂亮姑娘带着猫，我的故事便和猫有关。我在先祖流传下来的羊皮卷上看过，大风沙后，沙漠某地会出现绑着羊头骷髅的木杆，找到的人要么有好运，要么相反。有次我在沙暴后外出，就发现了插在沙丘上的这种木杆，当时很好奇，便从根部挖了起来，结果找到一罐古钱币，里面还夹杂有金块，发了笔小财。

"回家后，父亲跟我说了祖父的祖父的祖父，总之后面一堆祖父的祖父，便是我们村子第一代先祖，传下来的故事。先祖跟随骆驼商队进入沙漠，途中出现了挂骷髅羊头的木杆，于是有人便开始刨挖沙土，谁知沙丘突然全部崩塌，整个商队陷入巨大的空洞中，而上面的流沙不断倾泻，随之将整个大坑重新填埋。先祖运气不错，跌落当中被木棺托住，没有掉到深处，其他人掉下去，一片惨叫声后便没了生息。先祖坐在摇摇欲坠的木棺中等死。数天后，忽然在漆黑中出现两个光点，随后一声猫叫传来。

"先祖朝着光点方向爬去，用手一探，果然是只猫。猫咪走开了，先祖知道，跟随这只猫走是他唯一可以抓住的生机。于是猫在前面慢慢走，先祖就在后面危危乎爬着跟上。然而经过之处凶险万分，有时候脚刚离开，木棺便会整副坠入深洞；有时候一脚踩进霉坏的木棺内，便被恐怖的生物夹紧，可谓生死悬于一线。爬了不知多长时间，终于在头顶找到一处光亮，猫跳了出去，先祖将光亮处的小洞挖开，跟着也爬了出去，这才发现洞口在一棵胡杨树根部，附近还有片绿洲。

"先祖就在这棵胡杨树的附近定居下来，后来形成了我现在居住的村子，我们的村子叫林茅村，是中华人民共和国成立后从灵猫村改名的。"

"这只猫怎么来的呢？"主人问道

"关于这只猫，"向导说道，"先祖留下的羊皮画上有这只猫，据我看来，形似当今的波斯猫，我们村本就在古丝绸之路上，所以应该是波斯的客商带入的。关于猫的记载只有这幅画流传至今，其他是口口相传。"

在我看来，相比于众男生的道听途说，说话不带唾沫星子的向导的话还是比较可信的，特别是灵猫这一段。

"那么，九层妖塔是真实存在的了？"乌鸦嘴不无向往地问道。

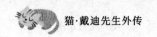

"存在，如果沿着地下古河道找寻的话，还不止一两座。"

"就不知道九层妖塔的洞口什么时候可以打开？"

"沙漠自有灵性。几十年前有族人进入过，沿暗河边的地宫底发现数处古商队堆叠的尸骨和货物、财宝，现在拿出来都是古玩了。后来带人去找，洞口又天然消失了，所以还要看机缘。"

沙漠徒步三：流沙

深夜，我忽然听到外面传来密集的沙沙声，然后察觉地面出现轻微晃动。我一个激灵从被窝中跳出来，这时候脚底的震动更明显了，可是我在帐篷里出不去，于是我在主人耳边声嘶力竭地咆哮，一下子把酣睡中的主人吵醒了。主人见我对着帐篷外拼命咆哮，也是吓了一跳。想打开帐篷又不敢，忽然向帐篷一角踹了几脚，旁边帐篷便传来梦呓一般的声音："你不好好睡觉，踢我干吗？难不成你做梦还在爬沙？"原来是在我们旁边扎下帐篷的八戒。主人马上央求他起来看看外面发生了什么。八戒打开帐篷，小心地朝外面扫视了一圈，什么都没有发现，于是缩回帐篷内，就说没事。

主人放下心来，然后才敢拉开帐篷拉链，往外面张望。我嗖地钻出去，继续向着远方咆哮着。主人想把我拖回帐篷，但我坚决不从，我甚至开始对着主人龇牙咆哮。"大D干什么，麻麻在这里，不怕不怕。"主人安慰我。幸好，我的叫声还是惊动了机警的向导，他马上钻出帐篷，走来询问缘由。主人感到十分抱歉，说她也不知道为什么，猫咪忽然出状况了，很少见。看到我打搅了别人的休息，主人便狠狠训斥我。

向导站在帐篷外，向外眺望着。此时月色明亮，在我看来，周围景物不过比白天略为暗淡些而已。阵风时大时小，我身上的毛一丛丛被风翻起。几分钟后，向导忽然急促喊道："所有人，立即起床，快，快!"然后立即转到每个帐篷去喊人。当主人回去披上羽绒服再钻出帐篷时，周边已经有不少人站了出来，正伸长脖子往前方张望。

我看到，明亮的月色下，对面高大沙山的顶部正弥漫出模糊的影子，有如平地起雾，随即出现细股的沙流往下面冲去。导游顿足道："这下完了，真完了。"我们一下便明白过来，这就是传说中会杀人的流沙。前天晚上便听乌鸦嘴说过，这种流沙所到之处任何东西都会被无情吞噬，跟雪崩无异。而我们看到，沙山下面的两顶帐篷竟然没有任何反应，里面的人应该依旧安详地酣睡着。几名团员惊得大声喊叫起来，马上被向导制止了，说这样会引起更严重的沙崩，或许瞬间便会淹没帐篷。旁边有团员紧张地低声问道："我们要不要跑过去帮忙?"随即大家都向他投来"关爱智障"的眼神。

幸好，我们看到，四五股流沙中最终只有一小股冲到帐篷处，把其中一顶帐篷冲塌了一角，其余的沙流都在半途停止了。这时，帐篷里才慢吞吞钻出来一男一女，看到帐篷被沙子埋了，就在那里嘟嘟囔囔，似乎在互相埋怨。我们的向导急得直跺脚，骂了句"不知死活的蠢家伙"，转头警告我们，无论发生任何事情，我们不得走开一步。然后转身急速跑去，一边跑，一边指着沙山顶喊道："把人都叫醒，沙山要塌了，马上撤离，马上撤离!"

对面两个人先是莫名其妙地打量着我们的向导，最后似

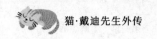

乎听清楚了向导的喊话，转头仰望沙山顶，半晌才走去摇醒另一顶帐篷的同伴，然后开始收拾行装。

我们的向导跑到沙山的月牙边缘便不敢再前进了，继续在那里喊话："马上撤离，不要拿东西，马上离开，没时间了！快跑，混蛋！"

话音刚落，我们看到，在沙山的中部，有两个点塌陷下来，随即形成两股流沙，流沙体积迅速增大，开始向下面冲刷。这两股流沙不比之前下来的越来越细，竟是越滚越宽，夹带扬起巨大的沙尘。我们所有人都听到了哗哗的流沙声。

对面的驴友显然也听到了，他们慌张地抬起头，看到滚滚流沙正向下奔袭而来，于是两名男的各自拉起女伴，啥也不顾了，飞也似的向下方奔逃。

此刻，沙山顶部也崩塌了，更多的流沙像洪水般向下倾泻。我们看着巨大的沙流在后面汹涌而至，而四个小黑点在前面发力狂奔，都惊得目瞪口呆，冷汗直冒。

很快，狂暴的沙流便冲过他们的帐篷，阵势是如此的惊人，帐篷甚至连块布都没有扬起来，就像两颗芝麻一般，瞬间被严严实实地掩埋在下面。

幸好，这几个驴友驻扎帐篷的位置靠近沙山底部，所以，他们很快便跑过最低点的沙谷，及时翻上对面另一座不太高的沙山。

我们的向导继续声嘶力竭地狂叫着："不要停下来，不要往后看，继续跑，跑啊，快跑啊！"

于是，他们就牵着手奋力向上攀爬，可是爬沙山岂是那么容易的，愈是焦急，愈是爬不上。眼看他们爬没多高，便被奔腾而至的流沙赶上了，然后像是被一个巨浪吞噬似的，四个人忽然都没了踪影。好在这个沙浪虽然尘土飞扬，阵势惊人，但已是强弩之末，所以流沙冲过后就此停住。

向导待了片刻，抹了一把冷汗，便指着一处方位对我们喊道："所有男团友，立即从左边绕过去救人！"自己就发疯一样踩着流沙深一脚浅一脚向着埋人的地方奔跑过去。我们这边所有男团友也是不顾一切地跑过去，很多人还只是穿着裤衩，有几个跑到半途便笨拙地摔倒在沙丘边，站起来急忙提起裤衩遮住白白的屁股。其余三个女生被刚才的情景吓得瘫坐地上，过了好一阵子才相互扶持着站起来，也都一齐跑了过去。

我站在原处，感觉到地面轻微的颤动已完全停止。我犹豫着要不要跟过去，开头想到我即便过去也是添乱，便小心翼翼地站在原地观察。后来看到主人紧张万分的样子，想到在此关键时刻主人身边怎可缺少我的守护，于是也飞奔过去。

我们的男团友先到，但跑到附近，却各自散开了。因为大家来到一大片平整如布的沙地上，一下子都迷糊起来，根本找不准埋人的地方，只好各自揣摩，有的便开始挖沙，有的还在喊人。等了一阵子向导才赶到，他叉着腰气喘吁吁地指了一个位置，然后大家开始拼命地徒手刨沙，结果挖了个大坑也没找到人。向导马上指向大坑的左边，大伙还是没挖到。于是所有人立即自觉转移到大坑的右边开挖，又是一场空。所有人脸色苍白，冷汗直冒。

此时，我正站在沙丘顶往下方张望。主人忽然朝我招手道："大 D，快下来，你也帮忙找找看！"我立即朝向主人的位置奔去，还有七八米的距离，忽感脚下传来轻微有节奏的震动，我觉察到下面很可能便是四名驴友被流沙埋入的地方，

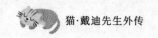

于是立即大声喵喵叫起来，并且开始用我的小爪子扒沙子。主人看我如此，当即大声叫道："找到了，就在大 D 站着的地方！""没错，就在那只猫站的地方！大伙快过去！"是向导激动得嘶哑的声音。

所有人当即奋勇向前，连爬带滚冲到我所在的位置开挖，我赶忙跳开，以免人挖出来，我却被埋进去了。不到一分钟，就听到八戒兴奋地大叫："在这里，人找到了！"

好在人埋得不深，不久，团友将他们四个像挖地瓜一般挖了出来，所幸都没有晕过去，两个男生竟然还能够自己站起来。随后四个人瘫坐在沙地上拼命地咳嗽，吐沙子。

等到他们情绪稳定下来，我们便把他们扶到我们的帐篷区，给了他们一些水洗漱。洗完脸后，两个女生才恍然大悟一般，掩面痛哭起来。旁边两个男生也是满脸懊悔之色，喝下一瓶水，才向我们介绍具体情形。他们是户外驴友，网上翻查出攻略后，四个人相约来一次穿越沙漠的浪漫之旅，没想到竟会在这里遭遇到流沙，如果没有我们帮助，小命算是交代在这里了。我们一番安慰，最后由金橘和八戒让出两个帐篷，让他们好好休整一下。

沙漠徒步四：沙暴

导游在营外观察半晌，回来跟我们说，估计今天走不了。因为据他看来，今晚的月色异常明亮，而且出现了骤风吹沙的现象，所以今晚到明天很有可能会出现沙暴，这种沙暴范围不大，很难预测，但破坏力不容置疑。

因此向导提出，大家今晚既然没睡着，干脆在月色下重新加固帐篷。于是所有人都动起手，按照向导的指示，在每顶帐篷的八个方位挖出深坑，把系紧帐篷的铁钉深深埋进去，然后回填沙子，踩实。接着，向导带领几个体格强壮的男团友，拿出工兵铲，翻上我们背靠的小沙丘，将顶部最高的沙子全部推到另一边，又在我们的帐篷周围，筑起一道半人高的沙墙。最后，向导将两只骆驼牵到沙墙与帐篷区之间趴下。

到我们准备好的时候，东方刚好泛起鱼肚白，这时候已经起风了，所有人钻入帐篷内，透过瞭望口留意外面的动静。金橘让出帐篷后，便和我家主人合用一个帐篷。初时，阵风吹过沙子发出像是蚊子哼哼飞过的声音，随着风力加大，传来高高低低呜呜咽咽的哭诉声，令人毛骨悚然。这时候，大风已经将沙子扬了起来，扑打在帐篷上发出一阵阵密集的沙沙声。我从帐篷的瞭望口往外张望，只见外面昏黄一片，头顶，在模糊的蓝天背景下，可以看到墨黑色沙尘一团一团的从头顶飞过。

一炷香时间后，沙暴的"正规军"正式抵达。这时嘶叫着的大风夹带沙子如滔天的雷霆滚滚而来，我们的帐篷瞬间被压矮了半截，并且好似渔船顶风的帆布一般大幅度朝一个方向歪斜。尽管帐篷地钉已经加固，但这个时候我依然提心吊胆，时而担心帐篷会不会整个被吹跑，时而想到拉绳断裂、帐篷撕裂的可怕情形。主人用惶恐的眼神紧盯即将交付性命的帐篷，两手胸前紧握，一脸的惊悚。我认为如果身边摆个香炉，主人肯定会匍匐在地，正儿八经地向诸天菩萨焚香祷告。接着，金橘和主人都不自觉地将屁股挪到帐篷的迎风面，希望可以压住正随时准备展翅高飞的帐篷。

沙暴没有停下来的迹象，慌乱中，我忽然发现帐篷埋入黄沙中已有一掌深，而且降沙像沙漏一样正以肉眼可见的速度在升高。这是要将我们全部活埋的前奏吗？我惊惧万分，紧紧抱着主人的小枕头倒在帐篷一角瑟瑟发抖。主人开始大声叫人，可是没人回应，估计是听不到，但即使听到，大家想必也是无计可施。想想便知，在这个关头谁敢走出帐篷，肯定瞬间便缩小为一个黑点，消失于天地间。于是，主人和金橘只好自己动手，从帐篷内费劲地将周边聚积的沙子尽量往外推出去，以减缓沙子的积聚速度，又将自己的帐篷从底部一点一点地往上提。这个方法还挺管用的，一下子我便觉得帐篷中央升高了一截。

帐篷内两位女生就像辛勤的工蚁般忙个团团转。又过去一个时辰，四周逐渐亮堂起来，帐篷终于不再摇动，风沙的脚步就此停歇下来。第一个从帐篷中跳出来的是向导，他把所有人叫了出来。向导依旧眉头紧锁，制止了大伙儿劫后余生的激动，随即要我们立即抓紧时间清理场地，也就是，重新做一遍沙暴前的准备工作。

他给出的理由是，这场沙暴持续时间短，强度大，不会这么一走了事。从经验上判断，沙暴极可能还有"增援部队"，我们要做好以防万一的准备。团友们没有多说废话，立即行动起来。事实上，刚才风暴肆虐的一幕把所有人都吓坏了，我们已经十分清楚沙暴的破坏力，所以活儿干得非常勤快，不仅男生在做，所有女生都主动加入劳动大军。

我在旁边看到，男生像是拧紧的发条一般，动作至少比昨晚快上三倍。但见工兵铲上下翻飞，沙子从他们胯下好像喷泉一般向后抛出，蔚为壮观。女生们也在帮忙挖，挖了好久，我走过去一看，挖出来的沙刚好够掩埋我一次便便的量。

事实上，我们除了在帐篷区做足功课外，还在帐篷区外围挖了一条深深的壕沟，这是我们的创新设计：万一沙子堆高了，可以将沙子推到壕沟中，这样有助于减缓沙子在帐篷区的堆积速度。

工程完成后，眼看天色依旧亮堂，我们赶忙起灶做饭。

差不多三个时辰后，在不安的期盼中，我们果然看到殷红的天际下，一股暗黑沙尘如鬼魅般从远方升起，并呈一字长蛇阵向我们扑过来，场景十分震撼。一些人抓紧这个时机自拍，以向后人表明自己在面对恶劣的自然环境时，依然表现出大无畏的革命气概；几个人掏出纸和笔，神情悲怆地写下几行字，不知道写出的是感悟还是遗言。

当第一粒沙子打在帐篷上时，所有人都撤回到帐篷中。然而，桃子一直抱怨说她压不住帐篷，男生们无奈，只好将看来人畜无害的八戒推倒在桃子的帐篷中。乌鸦嘴在一旁解释，三人之中，小主人和金橘都是天生丽质，相比之下，桃子便显得天生励志了，所以与八戒相处一室于礼并无不妥，大家尽可放心。

这下，我们都感到有些心安，在帐篷里也不慌乱了。大家可以先做一些解闷的事情，等到沙子堆高后，我们便往壕沟内推沙子，这就是我们的计划。

然而，这一次沙暴持续时间之短，可谓令我们大失所望，虽然依旧沙尘滚滚，遮天蔽日，但降沙却像毛毛雨，没到一个小时便草草收场，天地间再次呈现出静谧壮观之美。

我们站在帐篷外，男生们看着自己的劳动成果付诸东流，眼神中闪动着失望和不甘，颇有一种将士出征壮志未酬的惆

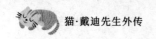

怅。依我看来，他们巴不得再来一次惊天动地的沙尘暴，而且越暴力越好。当然，女生们是欢天喜地的，包括昨晚救出来的两个，几乎抑制不住激动的情绪当场组队跳起舞来。

这次流沙和风暴，显然给所有团友留下了不可磨灭的印象，大家看着沙漠的目光，不仅饱含欣赏之意，而且满怀敬畏之情。

正在大家沉浸在感慨中时，乌鸦嘴忽然问道，大家有没有看到八戒和桃子？团友们相互打量，果然少了两人，于是瞬间将目光锁定在两人的帐篷上。

帐篷门帘布依旧紧紧关闭，显然两人仍然待在里面，于是大家的脸色就有点古怪了。

男生们投来热切而羡慕的眼神。

女生们抛去惊奇和祝福的目光。

我竖起尾巴，正想跑过去一探究竟，却被主人一把摁在脑瓜上。我猫失前蹄，屁股连同后腿翘上了天，俊脸几乎全部陷进沙子中，吃了一嘴沙子。

短时间的静默后，忽然，帐篷中出现起伏不定的人影，随着动作越来越大，帐篷出现了不规则的变形。

"世风日下，人心不古啊。"某男道貌岸然，却一脸艳羡。

"光天化日，动作未免太大了吧？"某男喉结跳动，满脸猥琐。

"好激烈的……沙地肉搏战。"某男舔了舔干裂的嘴唇，灼热的目光似要将帐篷烧穿一个大洞。

"小友快乐便快乐了，可惜污了贫僧的眼睛，还让老衲动了凡心，罪过，罪过。"乌鸦嘴忽然宣起了佛号。

"嗯，可以理解，毕竟那个啥。"

"啥你个头，你懂个屁。"

"今天几号？"

"二十八，干吗，今天是黄道吉日？"

"不是，我给八戒算算儿子出生的日子，唉，他终究要负起责任的。"

"他不认也不行，大家都可以作证。"

"不是说可以滴血认亲吗？"

正当大家议论纷纷，忽然帐篷门帘布"哗啦"一声从里面扯开，桃子率先钻出来，头发散乱，现出非常慌张的样子，往外迈脚便逃，幸好衣着还算规整。

"不会吧，那个死胖子，简直就是衣冠禽兽！"金橘愤愤不平的声音传来。

"我也觉得，八戒的确有点猴急了。"旁边男生明显中气不足。

"依贫道之见，但凡有点耐心，便应该选个好时辰，我掐指一算……"乌鸦嘴化身为道人。

"那谁谁谁，快过去，看看发生什么了？"小主人顿足喊道。

"生米已经煮成熟饭，此时怕是……"众男生摇头叹息。

"倒不如我们奉上衷心祝福更应景。"一男生出主意。

奇怪的是，八戒没有跟出来，但是帐篷依旧出现各种几何形状。

"还在表演？未免太拙劣了吧。"

"不错，我看八戒有演戏的潜质。"

"他难道找不到裤子？"

"依我看，不会是在销毁证据吧？"

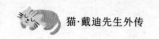

许久，帐篷终于再次打开，满头大汗的八戒终于钻了出来。

"我呸！帐篷中竟然有这种虫子，还跑得飞快，实在太气人了。"八戒手中捏着个什么东西，骂骂咧咧说道。

"虫子？"大家面面相觑，频道还没有调整过来。

"这是什么东西？乌鸦嘴你来看看。"八戒走了过来。

我好不容易才将头上的沙子挠干净，急忙凑过去。

然后八戒、乌鸦嘴并几名男团友围在一起研究了半天，终于正式对外发布"官宣"：在帐篷中捣乱而且吓得桃子花容失色的虫子，乃是一只瓶盖般大小的长腿沙蜘蛛。

主人和金橘则在后面拉着桃子的手，审问事情的经过。桃子说，他们在帐篷中一边玩牌，一边交流人生感悟。八戒感叹世道之艰难，说："生活中有太多无可奈何的选择，社会就像江湖，总是让人身不由己，言不由衷。"而桃子听闻后便幽怨应和："似我这般如花美眷，终敌不过似水流年。"就在二人目光呆滞对视、感觉惺惺相惜的当头，一只超长腿的蜘蛛忽然自帐篷顶垂直吊下来，不偏不倚落在桃子握在手中的纸牌上，结果两人只好从此相忘于江湖了。

沙漠徒步五：古怪的村子

第四天，直到天色大亮，导游才叫我们做好出发准备。我们和新的团友一起，还想着有没有办法找到驴友被埋的帐篷，毕竟他们所有家当都在里面。可当我们走到无比高大的沙山边，都不免一阵叹气，这么一座宏伟的沙山，你在下面挖走多少沙，它必然从上面给你补回多少，所以根本不可能挖出来，弄不好还会再次沙崩，非常危险。况且，沙海茫茫，已经无法精确定位前晚掩埋帐篷的位置。看来，这些东西只能变为历史文物，等待数百年后考古学家来发掘了。

突然八戒大声嚷嚷起来，我们顺着他的手势看去，在大沙山的背面谷底，孤零零仁立着一根灰褐色的木杆，木杆顶部，赫然顶着一个白骷髅羊头，还带一对弯角。向导的故事瞬间浮现，大伙如同中了定身法一般呆立不动，显然向导的故事给所有人留下了深刻印象。

向导走到我们前面，从袋中掏出物件，双手在前，然后喃喃自语，似乎在念平安咒。

"向导在做什么？"

"我看是在为我们祈福。"

"好人一枚啊。"

经过昨日一"役"，向导的形象拔高不少。现在看到向导挺身而出，发扬专业精神，为我们这些凡夫俗子指点迷津，不禁都有些感动。

我走到向导身边，瞥见向导左手拿着一把珠子，右手一颗颗接过，口中念叨："发财，灾祸，发财，灾祸，发财……"

最后数到一颗是"发财"，向导呆了一下，手一抖，最后一颗珠子竟脱手跌落。"这，这便如何是好？"向导一脸抓狂。犹豫片刻后半蹲下，伸手入沙子中捡出珠子。

我将毛抖松，然后竖起尾巴转身离开。向导一怔，仿佛想通了一点，也跟着转身。然后满脸严肃对我们说："走吧，大家都是上有老下有小的，千万不要去动柱子。感谢神明，喳。"

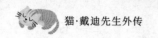

盯着向导远离的背影，乌鸦嘴道："我看向导最后的动作很有深意。"

"是的，这是一种神圣的祈福仪式，我有印象。"桃子努力回忆着。

"我们经受了磨难，要不要入乡随俗，也祈一次福？"主人提议，大家一起用力点头。

于是我惊奇地看到，从八戒开始，每个人轮流面向羊头柱子半蹲下，伸出右手在沙子中掏了一把，撒掉，然后说："感谢神明，喳。"

我们陆续离去，我最后看一眼时，沙坡出现一小股沙流，慢慢将羊头木杆掩埋进黄沙内，最终隐去不见。

大家回营整理行装。考虑到后面还有两天的路程，于是每人都分了一些生活物资给新团友，也包括衣物，因为他们现在除了身上穿着的衣服，几乎是一无所有了。

路上除了四个新团友，我们的兴致倒也没受影响。特别是向导，似乎对昨天自己的表现很满意，开始喋喋不休地讲述他在沙漠上的奇遇和历险，把一众男生听得眉飞色舞，恨不得身临其境，历经生死磨难，归来后成为史诗级英雄，为万众拥护。

上午，我们途经一处完全枯干的杨柳林，虽说这里死一般沉寂，可是自有一种颓废而古朴的意境，引得女生们裙带飞扬，摆出各种造型。不过，当我们穿过杨柳林，看到地面上的累累白骨时，女生们就笑不出来了。

接着我们经过一座小村落，村子显然早在多少年之前便已经废弃了，但是通过遗留下来的残墙断壁、门板牌楼，还能依稀想象当年的模样。向导告诉我们，此处曾经是绿洲上一处驿站，考证发现有数百年历史，约莫百年前因为水源断绝而废弃。

初时，我们还饶有兴致地拍拍照什么的，后来发现这里生机断绝的场景让人感觉非常不安，画有古怪纹路的房子、残败的院落、诡异的岔道，怎么看都有点阴气森森，而狭窄的街道两边敞开的门户，如同张开大口的幽灵等待猎物自投罗网。

向导特别提醒我们，看到掩上门的房子，千万不要推门进去。

"你进去后，"向导看到人家用疑惑的眼神看着他，便继续用嘶哑的嗓音说，好像喉咙扎入了一根刺，"很可能，出来时就不是你了。而你的魂魄，就会永远留在这里。"

"留在这里做什么？"桃子好奇问道。

"留在这里阴魂不散，跟千年的吸血妖怪睡在一起。"向导一番话把我们吓出一身鸡皮疙瘩。

忽然，名叫马响的团友（后面我们喊他响马）中邪般往一处房子走去。我们最初以为他只不过想走近些观看，谁知他却用手推门，房门"吱呀"一声，竟然被推开了，上面尘土扑扑簌簌掉落一地。

所有人都僵立原地，没有人想到跑过去拉住他。

幸好，响马没有迈过门槛，在门口探头探脑，片刻便退了回来，笑嘻嘻地说，只是跟我们开个玩笑，吓唬吓唬我们。

男团友都没笑，女团友们吓得面色煞白，向导更是皱起了眉头。

"你看到里面有什么？"没心没肺的乌鸦嘴问道。

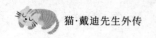

"好像看到了有个小孩子坐在炕头，已经变成一副白骨了。"

乌鸦嘴点点头，转身跟我们说，他以前在学校念书时，碰到一处工地施工，他没事就在旁边瞎转转，偶尔看到工程队挖出来一副棺材，检查后工程队便开始放鞭炮和敲锣打鼓。他就走去问为什么。一个工头跟他说，棺材里有副小孩的骸骨，碰到后要立即停工的，否则会很晦气。然后乌鸦嘴提议，我们不妨先在这里停一停，可能还会有其他发现。大家一听都有点生气，没事你在这里一本正经胡说八道些什么，这种鬼地方是我们可以停留的吗？真是名副其实的乌鸦嘴。

导游听后也是呵呵一笑，然后边走边给我们讲故事：

"百年前，也就是在民国初期，这里还住着十几户人家，以蓄养牛羊为生。后来有一个战败的军阀带队退守到此处，开始烧杀劫掠。然而这里的村民生性强悍，对这伙明火执仗之徒毫不示弱，拼死抗争。这座村子里有一户人家，祖辈以教书谋生，最后一个子嗣却是一名道士，据说颇有些道行。最后，抵抗的村民都被捆绑起来等待处决的时候，道士下了一个诅咒，说他们是这里的世代守灵人，祖先可以看到而且作证，如果有人进入他们的房子，或者从村子中拿走一样物件，那人就要枉死在沙漠中，魂魄也不得超脱。

"没有人认为这是个诅咒，道士和村民们被处决后，这里便成为小军阀的据点。然而惊悚的事情随之发生了，有些士兵在屋子中睡觉，第二天就没有起来，或是离奇失踪，等找到时，或在地窖下，或在墙头上，已成为一副白骨，有的人还会将自己吊死在树上。"此时，向导煞有介事地指着一株干枯而长相奇特的大树干和一面灰白色的墙，阴沉着脸说："看哪，那些干尸就挂在上面。"仿佛真的有具尸体挂在上面一样。大家的目光随向导的手势看去，都不禁脸色发白，凉气倒抽。

向导接着说："各种离奇死法，不一而足。据说，屋里面的枉死者会将进入屋子的活人的灵魂索去不放，然后自己钻进活人的身体中走出来，最后慢慢将活人的血液吸干直至将活人弄死。老人们说，所有的死者在出事之前，手心都会出现一个蛇形的图案，而且会表现出一些非常古怪的行为。所以，这处地方很快就荒废了，没有人敢进这座村子。

"几年前，来了一支考察队。附近村子的老人把这座村子受到诅咒的事情跟他们说了，可是他们认为就是封建迷信，毫不理会。但也不能怪他们，沙漠附近村庄的传说、习俗和禁忌实在多不胜数，没有人会在意多一个惊悚的传闻。于是考察队依照计划来到村子里查看，结果，他们离开后，人就在沙漠中谜一样地消失了。没有人知道他们的去向，也没有人知道他们的生死。"

"受到诅咒的人有什么古怪的行为？"女团友金橘问道。

"这座村子夹道边有口水井，我们到前面就可以看到。"向导咽了咽唾沫，"听老人们说，受到诅咒的人会在白天无缘无故走到水井边，然后两腿并立跳起来，往水井……"

"啊……"走在前面的桃子突然发出一声恐怖的尖叫。

大家瞬间头皮发麻。因为我们都看到了，刚才推开房门的男团友正迷迷糊糊地走向水井。

"抓住他，不要让他跳进水井！"不知道谁在后面大叫一声，八戒和乌鸦嘴立即发力狂奔过去，像老鹰抓小鸡一般把正准备朝水井探头的响马死死摁倒在井边。

"你，你们干什么？"响马似乎如梦初醒。

"你知道自己在干什么，你要找死是不是？"八戒骂他。

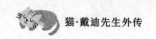

"放开我！我连去看一口井的自由都没有了？我就想走过去研究一下古井。"响马拼命甩开被摁住的胳膊。

"你们放开他，只要不让他靠近水井就行，我们继续往前走吧。"向导若有所思地望着响马，缓缓说道。

于是两人便把响马给放了，但是拉上几个男团友围成半圈拦在他身后，免得他又想走到水井边。大家继续往前走，响马满脸郁闷地走在最前面，忽左忽右，有时诡异地回头看看，仿佛在给我们引路。

经过一处低矮幽暗的门洞，从里面忽然吹出来一股带着腐败味道的阴风。我正蹲坐在骆驼背上，不自觉地打了个寒噤，然后惊惧地察觉到一片黑影悄无声息地横飞过来，我随即感觉咽喉锁紧，呼吸困难，吓得魂都丢了。随即我被拎了起来，我见鬼般拼命挣扎，才看到原来是旁边一脸苍白的主人，伸手一把将我抓了过去，重新放入她的背囊中。

"我还没说完，"向导用手擦一擦嘴边的唾沫继续说，"有的人会到村口找棵大树，大白天在树下绕来绕去，似乎在选择一个最适合上吊的位置。"

所有人的目光瞬间移向走在最前面的响马身上，手心都是冷汗。因为我们就快走到村口了，而在村口外，正好有一棵枯死的大树，树皮剥落殆尽，仅剩下惨白色大字形的树干。

响马看到大树后，显出非常感兴趣的样子，只见他加快脚步，直奔大树而去。来到树下，响马若有所思般抬头看着扭曲的树丫，露出迷醉的神情。

我们的心都禁不住扑通扑通乱跳，完了，跟向导说的一模一样，难不成他真的中邪了？响马回过头来，认真地对我们说：

"这个位置构图不错。你们看这棵树，一边挂一个人那就太完美了。"

我们顿时头皮一炸。

"说漏嘴了，不是挂，是站。"响马匆忙改口。

此时八戒、乌鸦嘴并两名男生毫不犹豫大踏步走上前，两人一边一个，将他架起来拖离大树。

"你们又要干什么？"响马显然对破坏他兴致的粗鲁行为感到非常不满，挣扎着说。

"干什么？我们看你是中邪了！"乌鸦嘴没好气地说。

"跟我们走吧，我看这个地方不适合你。"八戒比较委婉。

"你们难道不觉得这棵秃树很有美感吗？要不我们一起靠近照个相？"响马一边挣扎一边打算诱惑其他人。

"照你个鬼。"几乎所有人同时说出这四个字。

"不好看？那算了吧。"响马似乎不无遗憾，大家也就松了一口气。谁知响马又忽然冒出一句："我一定会回来的！"听到这句话，大家的眼神顿时变得非常复杂。好在响马最终还是认怂了，朝大家咧嘴笑笑，放弃了合照计划。不过，在大家眼中，这个笑容似乎带着某种魅惑的意味。

可能是怕我跳出来，主人便将冰凉的手按在我头上，拉上同样脸色苍白的金橘和桃子，慌里慌张地绕着一个很大的弯走，避开了大树。

"今晚还是要住得远一点才稳妥。"旁边的向导自言自语。

"为什么？"几个人同时急切发问。

"因为，"导游狐疑的眼神一直没有离开响马的背影，压低声音说，"我怕他晚上自己走回村子。"

077

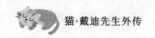

我们瞠目结舌，然而细思极恐。

"他会不会化为一只……全身长出白毛那种？"等响马走开后，金橘嘴唇哆嗦着问。我看到金橘化的彩妆挂在苍白无血的脸上，也挺诡异的，如果晚上爬起来照镜子，可能会被自己吓晕过去。

"你说的是诈尸？怎么可能？太夸张了吧。"桃子努力挤出一丝笑容，样子比哭还难看。

"要不要这样？今晚我……"八戒铁青着脸，暗地里比画出一个切菜的动作。

"你想今晚将他做掉？"乌鸦嘴目露凶光，暗示现在便可下手。

"不是那个意思，我是说，万一他化为粽子，我乘其不备在他背后剁他的脖颈将他打晕，以免连累大家。"

"你们谁有童子尿？"金橘弱弱的声音传来。

男团友面面相觑。

晚上扎帐篷时，原本与响马同睡一个帐篷的团友打死也不跟他同住，硬要住到其他帐篷中。可是乌鸦嘴却说不怕，于是晚上就安排他和响马同睡一个帐篷。临了，大家特别交代他要留意响马的举动，实在万不得已便喊救命，大家不会见死不救的。金橘看到乌鸦嘴如此英勇献身，不禁大为感动，力劝乌鸦嘴进入帐篷前留下只言片语。

大家用诀别的眼神目送乌鸦嘴进入响马的帐篷后，暗地里商量，晚上轮流放哨，每一段时间都要保证有两个人在附近密切盯梢，约定的暗号便是"风紧，扯呼"！大家还在临睡前做了几个应变计划。

一整晚主人比我还机警，外头稍微有点风吹草动，便爬起来将耳朵贴紧帐篷，眼睛睁得比猫头鹰还圆。忽左忽右地走动，把我晃得眼花了，有时候还被匆忙的主人一脚踢翻。但我懂得主人的好意，万一发现敌情便好带上我逃命。

晚上大家虚惊了两次，原因是响马可能饮水过多，深夜外出解手两次，每次大家都是相互警告，如临大敌。总之一个晚上大家被他弄得焦头烂额，无法入睡。

所幸一宿无事。

沙漠徒步六：最后一程

今天是吉布库沙漠徒步穿越的最后一天。太阳升起后，向导点齐了人数，舒了一口气，然后号令拔寨起程。

可是，迈出帐篷的时候，我们都觉得好像是刚刚跑完一场马拉松，困倦得不得了，恨不得再睡一个白天。精神头最好的反而是响马，一脸阳光的表情实在是惹人讨厌。

有人悄悄问乌鸦嘴昨晚有没有发现什么怪异的事，乌鸦嘴说："当然有，看到响马左右睡不踏实，我便耐心劝他说'今天解决不了的事情，不必着急，因为明天还是解决不了的'。说完响马便安安稳稳睡觉了。"大家一听都觉得很有启发，顿时对乌鸦嘴刮目相看。

大家对于昨天发生的事情还是心有余悸，于是又私下问向导，如果有人受到村子的诅咒，还有没有办法化解。

向导说："这个据说是有的。听说在中华人民共和国成立后，附近几座村子共同出资请来几个和尚，来村子里念了一通经。走的时候，有个老和尚私底下说，诅咒要解除，靠念经作用不大。但有个方法，便是弄一只土猫来，然后让猫

079

在受诅咒的人的手心出现蛇形图案的地方，用爪子划破，直到流出的黑血变红，这样诅咒就会解除。"

大家听后喜形于色，因为队伍中刚好有我这只猫，只不过品相略有不同，效果虽没有十足，但总有八成。于是，他们暗中商议，派人去检查响马的手心，如果出现蛇形图案，那么就由我去把他的手掌抓破。主人听后目光坚决地点点头，我也在背囊中摊开小手，选定一个最锋利的爪尖。他们挑选出两个不近视的男生分别去找响马，告诉他几个女孩子正私底下物色如意郎君，想看响马手相是否般配。两名男生回来说响马相当配合，高兴得手都颤抖了，还主动透露自己的生辰八字，幸好没有发现蛇形图案，我们这才放下心来。

今天的旅程比较舒适，基本上就在沙漠和草原的边界上行走，这样，我们既可以浏览左手沙漠的宏伟景观，又可以欣赏右面大漠草原的柔和美景。可惜来得迟了些，草原初现枯败，但也别有一番风致。

向导跟我们说，这里有了草地，便多了野狼。所以如果季节选得不好，就很可能会遇上野狼。野狼一般不会主动攻击人，但会攻击牲口，比如马匹和骆驼。不过向导又补充，现在的野狼被猎杀得所剩无几，偶然碰到的，只是一两匹，成不了大气候，所以这里是狼怕人。

听到这处，主人便将我放下来，系上牵引绳，拉着我往前走去。我沿路看到草地洞穴中，一双双绿莹莹的眼睛往外窥视，我很想走近一探究竟，不过主人就是不让我过去。

正当我们一行有说有笑，冷不防从后面猛冲上来一辆吉普，看到我们后连刹一下车的避让动作都不做，就这么高速地从我们身边疾驰而过，扬起了漫天沙尘，隐约听到车里有人哈哈大笑，把我们气得半死。八戒顺手拔起一块带草泥巴扔了过去，可惜泥巴在半空中便散开了，降下一阵粉尘雨，大家慌忙避让，剩下一撮黄草不偏不倚降落到向导的头上。不过我们才走了半个多小时，便看到这辆吉普一头栽在泥沼里，一个后轮跷上了天，两个花哨男人站在旁边一筹莫展。

这个地点距离最近的定居点还有点远，没有手机信号，所以无法与外界联络，出了事故的确很麻烦。

我们都有些开心，然后故作同情地上去慰问，七嘴八舌帮他们出主意。不过当他们请求我们这队男生帮忙拽车时，大家都是一副出工不出力的样子，最后推说没办法。

临走前，乌鸦嘴煞有介事地跟车主说，他家就在前面的村子中，家中恰好有辆大卡车，可以开过来帮忙拖车。然后乌鸦嘴看看手表，说约莫下午六七点的样子便会开车过来救援。最后还不忘提醒一句，说附近有狼群出没，黄昏后人千万不要乱跑。他们可以做的，就是耐心等待。说完我们就离开了。

一路上大家对乌鸦嘴老神在在的表演大加赞赏。乌鸦嘴得意地说，惩戒这些自以为是、目中无人的蠢货，最好的方式是送给他们大大的希望，然后让希望落空，我们深以为然。

中午时分，我们抵达旅程的终点站——林茅村。享受一顿羊肉大餐后，我们每人凑了些钱给四名驴友，够他们回家的费用了。完了向导安排一辆中巴车，走公路将我们送回到出发地，大家依依惜别，结束沙漠之旅。至于救援的事情，大家很有默契地同时失忆了。主人又开了两天的车，晚上顺利回到灯光璀璨的京城。

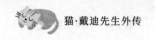

沙漠徒步七：揭秘

晚上，我和主人正在上网，忽然收到沙漠徒步团的团友发来的信息。

"各位团友大家好，我是响马，大家过得都还好吧？"

"响马？不就是那个古里古怪的人？我们过得好不好跟他有什么关系？"主人自言自语。

"大家好，我跟大家说一件事。"响马见无人搭理，自顾自继续说道。

"经过一个月的侦查，我们在吉布库沙漠打掉了一个盗墓团伙。大家还记不记得我们到过一座奇怪的小村子，一座受到死亡诅咒的村子？"

"是的，怎么啦？"终于有人发话了，是八戒。

"这是一个骗局，大家都上当了。"

"？？？"

"他们的作案手法是这样的：这座村子里的人确实祖祖辈辈都是守灵人，这里有一个大墓，主人是明朝时期镇守西北地区的一名兵部尚书，他死后葬于此地，而他的家仆和后人便定居此地为他守灵，从此有了这座村子。

"在百多年前，这里因为常年干旱，村民为了谋生，逐年外迁，最后这座村子的确因为水源断绝，便彻底荒废了。但是，村里有一座明朝大墓的消息一直在外面流传，最近吸引来一伙盗墓贼。但是因为这座大墓安置的地点非常隐秘，所以一开始无人能够找到，于是，盗墓贼便找来所谓的探险队，这支探险队其实是他们的同伙，暗中展开探勘发掘工作。

　　"但是这里经常有牧民或者旅游开发者路过，这些盗墓贼为了掩人耳目，就编造了你们听到的非常可怕的传闻，什么死亡诅咒等，为的是让大家对这里感到非常恐惧，最好都远远避开，好让他们顺顺当当地挖到大墓。

　　"今年，他们找到有价值的线索，同时出土了一些文物，但幸好打开的都是些低品阶官员的墓室，真正的大墓还没找到，我们得到情报，所以要赶来查看。"

　　"哦？你是便衣？"乌鸦嘴问道。

　　"这么说吧，我是编制外的便衣。实际上，我是一名考古爱好者，但我有保护国家文物的责任。"

　　"你参加我们的徒步旅行团就是为了侦查这个大案？"

　　"可以这么说。大家还记不记得我推开了一处房门？"

　　"记得！"

　　"这所房子，便是盗墓贼挖掘墓室的入口，非常隐秘。还有，你们当中有两个人在水井前将我摁倒在地，谁干的？"

　　"我。"

　　"还有我。"

　　"差点就被你们两个坏了大事，这个水井，便是盗墓贼通入墓室的竖井，是他们用来通风换气，以及起吊文物用的。我正在取证，就被你们干趴下了。"

　　"想不到啊！我还以为你准备投井自尽呢。"乌鸦嘴道。

　　"我呸，如我这般风流倜傥、貌赛潘安的美男，会自寻短见吗？"响马说道。

　　"我当时还真以为你中邪了，这个实在不好意思啊。"八戒说道。

　　"哈，算了，没有你们的掩护，我一个人无法过去侦查。"

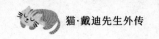

"现在大墓找到了没有？"

"没有，我们将所有挖开的墓室通道全部封死了。这种有价值的大墓，挖开之后就涉及巨额的保管、维护费用。还是先就地填埋保护比较好。"响马答道。

"那个向导也是他们的团伙成员？"主人问道。

"不是，他就是道听途说，然后添油加醋地跟你们胡扯一通。他反而是当地唯一一个不太信邪，还能够带你们途经小村子的向导，所以他没有作案动机，乃是好人一个。"

原来此前的确误解响马了，主人舒了一口气，我也舒了一口气。

猫与文明一：粮食

今天主人问我，你从妈妈那里除了学习到狩猎技能，还有没有继承其他知识？我说当然有，我们猫族有世代相传的知识，那是猫妈妈在给我们舔耳朵时，使用特殊的信息波直接向我们大脑皮层输入的，我们称之为"猫族宝典"。那里保存着数万年以来，猫咪一族获得的各种知识和见闻。主人说能不能告诉她一些，于是，我便和主人讲了下面的故事。

古埃及人很久之前便懂得种植麦子，但是极少能够获得好收成，因为他们无法应付频繁的自然灾害。初时，人们把粮食损失归结为上天对子民的不公，摆弄出各种图腾来膜拜，可依旧无济于事。后来，人们终于在神灵的启示下，把我们猫族招来，才完美地解决了难题。猫族是怎样协助古埃及人解决粮食危机的呢？我且在此处举几个例子。

尼罗河流域两边都是农田，唯有依靠坚固的堤坝和精巧的水利设施，才能保证农田不受河水泛滥之害，我们猫咪会驱赶或者灭杀鼠类这种破坏堤坝和水利工程的动物，从而保护农田水利；在麦子快要成熟的时候，便有成群的麻雀赶去啄食正在灌浆的稻穗，而我们猫咪就负责驱赶或者捕捉麻雀，不让它们破坏麦穗；到了收获季节，麦田中又会出现大量的毒蛇，不但会压倒大片大片的麦子，还对收割麦子的农夫形成极大的安全威胁，我们于是进入麦田，搜出毒蛇，然后与毒蛇战斗，将它们全都驱赶出去；当人们收获了粮食，堆放到谷仓中后，老鼠便会前来偷粮，甚至把鼠窝安置在粮仓里面，这时我们猫咪便会出动，不留死角地清理这些祸害。

有了我们的帮助，古埃及人粮食连年丰收，那时候古埃及粮仓中储存的麦子，足足占了全人类粮食的三分之二，并以此繁衍了众多人口，孕育出先进的古埃及文明。而我们所需求的，除了自然的恩赐外，最多不过是他们从尼罗河捕捞上来，挑剩下来的小鱼小虾，所以我们猫族并没有侵占人类的活动空间和食物来源。

基于猫族带来的种种好处和启示，古埃及人把猫族当作神灵来膜拜，猫神圣名：贝斯特（Basset），曾为捍卫太阳神的尊严而与太阳神的仇敌、混沌之蛇阿配普展开战斗。在古埃及神话中，猫既是家庭守护神的化身，象征家庭温暖与喜乐；也是掌管生育的女神化身，代表家庭人丁兴旺。鉴于猫神赋予人间的巨大功德，人们给我们建造神殿，作为守护神的我们拎着狮子头装饰颈圈，生育女神神像周围伴有一群小猫。古埃及人还认为，太阳所发出的生命之光被藏在猫眼里保管，猫族掌握着黑夜和白天的轮换的秘密。每年春季祭典期，古埃及举行盛大的朝圣活动，仅在布巴斯提斯一地（现

今地名宰加济格），就有超过七十万人参加，人们聚集在一起歌颂猫族的传世功德。甚至猫咪死后，也会享受和人一样的最高礼遇，做成猫木乃伊。

数千年过去了，在没有合适的粮食保存技术之前，几乎所有人类，都会借助我们猫咪去保护谷仓和家里的食粮，猫咪对人类繁衍的贡献，不可谓不大。

猫与文明二：几何学

主人听完了我的故事，感到十分有趣，于是今天我又讲了另一则故事。

还是从埃及讲起吧。埃及的尼罗河，因为防洪技术落后，不时出现泛滥，每次泛滥后，农田的边界便会消失，于是出现了各种纷争。

有人研究猫咪的行为并发现，猫族具备领地意识。在划分地盘时，会在特殊的标志点，比如房屋的基石、树木、高坡等，用各种方法留下体味，再依据各自的活动范围确定领地边界线，最后按照一套神秘的规则，便能够确定猫咪的领地大小。

对此进行深入研究后，埃及人知道了如何选择端点和确定边界线，并总结了一套丈量方法，用来计算各种形状的面积，这样才较好地解决了耕地丈量和重新分配的难题。

到了公元前三百年，有个叫欧几里得的希腊人，某天坐在雅典城郊外林荫中的柏拉图学园晒太阳。这里养着许多猫，欧几里得偶然观察到猫在院子里的陶罐堆上跳来跳去，虽然陶罐堆成的形状各不相同，但猫咪总在依据一定的规则走动。

欧几里得做了一个实验，他将猫鱼放在有一定获取难度的陶罐顶，然后观察猫咪的寻获方式。他发现，每只猫在取得食物之前，会有意识地评估行走路线。途经的地点，跳跃的高度、距离和角度都经过精巧的设计。这个家伙敏锐地发现，可以从我们猫族行走路径中推演出一套几何公式，于是便在陶罐堆前竖起画板，依据猫咪的行走线路描画出各种三角形，求证周长和面积。

后来据说欧几里得嫌希腊的猫太少，于是前往猫咪世界之都——尼罗河流域的亚历山大城。经过长年的观察和总结，最后在那里写出了《几何原本》一书，成为传世之作。

猫与文明三：宗教与救赎

猫与人类的文明发展有着千丝万缕的关系，甚至一些宗教的产生，也跟猫族有关系。

在欧洲中世纪，发生了一场可怕的灾祸，这场灾祸导致的后果是，欧洲失去了三分之一的人口。这场史称"黑死病"的瘟疫，席卷了整个欧洲，对欧洲的经济、宗教和文明产生了前所未有的巨大影响。

最初在古罗马时期，随着文明的兴起，欧洲人和猫相处得十分和谐，现在有很多博物馆收藏的壁画可以证实这一点。可是，随着基督教极端教义的宣扬和影响，在排斥宗教异己的黑暗教义下，欧洲的基督徒看到埃及人将猫作为他们的神

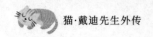

灵进行膜拜，便将猫和邪恶联系在一起。基督徒甚至设想猫是女巫的宠物和助手，能够施放出种种邪恶；也是撒旦恶魔的化身，常常制造骇人听闻的灾祸。于是可怜无辜的猫族遭受到残酷的宗教迫害。没有了猫族作为天敌，老鼠的数量便呈几何倍数增长，即便在人类聚居之处也肆无忌惮。老鼠滋生、传播各种致命病菌，这就是黑死病蔓延整个欧洲的最主要原因。

后来，欧洲人发现惩罚猫咪不仅没有得到上帝的救赎，反而招致了上帝的雷霆之怒，于是反思了自己的行为，从宗教上彻底给猫咪平了反。恢复名誉后的猫族不计前嫌，立即出手抑制了鼠害。在现在的欧洲，猫咪不仅大受欢迎，而且成了职业道德和爱岗敬业的代名词。

猫与文明四：万有引力

今天主人问，有没有什么出乎她意料的猫族趣闻呢？我说当然有，而且还非常神秘。下面这个事件对科学发展产生了巨大且深远的影响。

那是十七世纪的一个秋天，英国人牛顿回到家乡林肯郡的小村庄，他经常到他父亲的庄园里读书和散步。某天，一只名叫约翰的短毛猫，正躺在苹果树上懒散地享受秋天的暖阳，眼见树底下走来一个愁眉不展、心事重重的小伙，于是突发奇想，想看一个苹果砸下去，能不能将这个家伙从神思恍惚中惊醒。

等到小伙子走到苹果树下，约翰猫伸出利爪，朝一只苹果的果蒂处轻轻一划，这只苹果便"嗖"的一声掉下去，霎时把牛顿砸了个七荤八素。牛顿捂紧脑袋挣扎着从地上爬起来，正待开骂，却看到了树上的猫和地上的苹果，他当场怔住了。牛顿想到，为什么猫只不过轻轻动一动爪子，苹果便会不假思索地砸下来。你说怪猫吧，猫并没有使劲往下砸苹果，那便不能怪猫。怪苹果咯，苹果说我也很冤枉，本来在树上待得好好的，忽然就来了个蹦极跳，而且是没有系安全绳那种。

牛顿这时候来劲了，他决心挖出伤害他的幕后黑手。于是缠着纱布头巾，躺在床上苦苦思索。三天三夜后，终于发现了万有引力，那只来自地心看不见的黑手。

虽然牛顿对外宣称他的灵感来自那只苹果，不过，他对那只蹲在树上划掉苹果的猫心存感激。因为，如果没有这只猫，就不会勾起他的好奇心乃至引发科学界的重大发现。事后，牛顿专门在他家的屋门，依据约翰猫的身形，在一个供小猫出入的小洞旁边，另外裁出一个大洞，方便它的出入，并以这种不为世人所理解的方式纪念约翰猫的功绩。

文盲狗狗

今天，我作为猫族的首席科学家终于破解了困扰人类数百年的谜题，便是狗狗们会不会认字的问题。现在结论显而易见，它们都是文盲。铁证是，今天我在小区通道上看到一条毛色光亮、举止得体的狗狗在一沓报纸上拉粑粑，报纸醒目的大标题赫然写着："狗是人类最好的朋友。"为了确定所

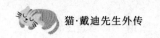

见非虚，于是我喊来小区几乎所有我认识的猫咪围观。经过现场勘查和仔细辨认，以及慎重讨论后，大家一致认为我的结论靠得住。

狗遛人

现在小区狗遛人的现象太普遍了，特别是一手牵狗，一手拿手机边走边看的。昨天我在花园偷听到附近几只狗狗商议，说明晚一起带他们的主人出来玩玩，然后把主人遛到小区空地，让它们的主人彼此交流，增进人类之间日渐淡漠的感情。

得到这个情报，我决心去看看这些狗狗们是如何行动的。晚饭后我趁着主人上网，一溜烟跑到狗狗们提到的空地附近，找到一棵歪脖子树爬了上去。

不久便见到几个小姐姐和帅哥，果然是被狗狗牵着绳拉扯过来的，个个盯着手机看，表情倒也精彩，但显然只与手机相关。

其中两只柯基犬见了面，高兴得扑打着尾巴，转起圈来。贵宾犬、西施犬和杜宾犬闻着对方的气味滚到一块儿。

当主人们醒悟过来时，狗绳已经打了 N 个结，主人们相视一笑，干脆放开绳子，这样双手玩手机更尽兴。

看着这些人眼睛一直没离开手机，我便很想对他们说，不要一直对着手机看，这样很不好，手机很快会没电的。

狗狗们显然很满意，柯基犬带头哼哼起来，几只小狗汪汪汪叫得欢。忽然，一只脱缰的哈士奇旋风般冲入圈子，把一只杜宾犬撞得跌倒在地，哈士奇还在仰天长笑，就被很不爽的杜宾犬上前推了一把。这个二货看也不看，伸出一脚将面前的西施犬摁倒在地。西施犬龇开牙齿，把旁边的柯基犬吓了一跳。柯基犬同样龇开了牙，仗着自己腚大腰圆，作势要攻击西施犬。旁边正黏着西施犬讨好的贵宾犬不愿意了，露出小尖牙对柯基凶猛吠叫。

"怎么会变成这样？"一个女主人如梦初醒，从手机后探出雀斑脸。

"散了，散了，再不走就打起来了。"另一个黑眼袋女人喊道，恋恋不舍地在手机上摁了两下，似乎在向亲友诀别。

"走喽。"各家主人不无遗憾地收起手机，忙着将自己的爱犬从旋涡中提出来，然后散伙。

剩下一只哈士奇原地犹豫片刻，才发现自己的主人走丢了，急忙循着原路跑回去。

好戏散场，我也晃晃屁股，从树上跳了下来。

超感直觉

今天主人说我成精了。起因是，她刚想起带我去洗澡，还没坐直，我便"呼啦"一声跑没影了。事实上，无论主人对我有什么不良企图，比如剪指甲、掏耳朵、拉出去洗澡，都能够被我在第一时间察觉，进而逃得远远的。

其实我的反应，除了猫咪的本能直觉外，对主人细致入微的观察和推断能力也必不可少，毕竟要在主人家混吃混住，多少总要具备察言观色的能力。再加上家里不总有好玩的东

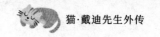

西，所以没办法，只好天天窝在家里观察主人的动态了。此外作为一只具备独立思考能力的猫咪，要理解主人，不能依靠人类的语言，那玩意儿极具欺骗性，尤其靠不住。所以我通过观察主人的肢体语言和细微的神情变化，来判断主人的想法。

猫咪还有一样本事：我们能够将观察到的丰富信息归纳转化为直觉，将自身的敏捷反应内化为本能，这才是我们猫咪的第六感。

因此主人在家的每个神态和动作，我都了解起什么作用，或者有什么目的。例如，主人休息在家时打开鞋柜，那么很有可能是掏出里面的刮毛器，这便引起我的警觉，而这时候只要主人再扫我一眼，那我就百分百要逃之夭夭了。又比如主人意味深长地看了我一眼，但是没有走去做猫食或者找玩具的意思，那么我就会与主人保持一定的安全距离，因为主人很可能正在策划黑暗勾当。

所以主人的眼神，稍微走形的动作，手中拿着的物件，都能够非常精确地将她的想法传递给我。总之，要是主人不怀好意，我便可以立即侦查出来，或者让距离产生美，或者立即开足马力四脚爬爬钻进沙发底，让主人头疼好一阵。

猫咪的第六感也源于好奇和探索的天性。故此，如果把我们猫族放到船上——毫无疑问，大海是真正的主人，它掌握着船只和船员的生死命运，那么我们会用嗅觉、听觉和其他触感观察老天爷的行为和表象的关系，具体来说，感应暴风雨和气压变化的关系。所以，在很长一段时间的航海史中，我们猫族都扮演了重要的角色。有资料显示，从尼罗河航行到地中海，从欧洲文艺复兴时代开始到二十世纪后期，大部分船只出航时都会带上猫咪。除了众所周知的原因——消除鼠患——外，水手们认为，猫咪能够预知天气，通过仔细观察猫咪的反应就能知道是不是暴风雨要来临了。所以猫咪向来被视为航海吉祥物。二战中，猫咪被列为许多战舰或是潜水艇的正式在编船员之一，甚至还被授予荣誉军衔。如果猫族没有真本事，怎能得到业界的赏识和尊重？

好奇和探索的天性，成就了猫咪敏锐的直觉和创造力。关于猫咪的创造力，虽然得到了主人们的首肯，但往往被世人低估，如同猫的速度被鸟雀低估一样。某思想者说过："经验和公式只是阶梯，要达成数学、科学和工程学的成就需要的高水平的直觉和创造力，它们都是艺术。"显而易见，只有艺术才能诞生永恒而伟大的作品，猫咪恰好在直觉和创造力这两方面都有上乘的表现，所以我们的艺术天赋与生俱来，只不过在耐心等待被主人赏识的时机而已。

主人的朋友

今天主人又被朋友拉出去吃饭了。说起这个朋友，主人实在是说不上喜欢。因为这个朋友但凡出现一丁点感情纠纷，便会在网上和主人聊个不停，历数男朋友的种种不是和背叛。过后两天肯定会约我家主人出去倾诉，传递满满的负能量，弄得主人几乎崩溃，最后我家主人每次还要给饭局买单。主人回家后的脸色通常不会太好，但好像也没有办法。

我很快便察觉到主人情绪的变化和这个朋友的关系，所以每当看到主人一脸郁闷，不得不拿起手机心不在焉地回复的时候，我便跳上主人的膝头，大声抗议，尽量让主人放下

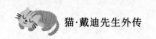

手机，先照顾一下我的情绪。或者在屋里面尽量搞出些大动静，诸如弄翻花瓶，将桌子上的书本或者水果推到地上，总之就是做一些令主人手忙脚乱的事情。主人有时候会扁我，不过我觉得这样做可以减轻主人的焦虑，因为主人久久才回朋友一个信息，自然对这个所谓的朋友的唠叨也就没有那么上心了。

这样过了好几次，敏感的主人似乎悟出了其中的微妙关系，后面与朋友的聊天如果让她觉得心烦，她会放下手机，主动把我找来，有时帮我打理，有时逗我玩，半天才会看一下手机。

不过对于这个朋友约主人出去吃饭，主人还是会主动买单这事，我一直想不出好的方法。但是由于聊天时关系不是太密切了，或者这位朋友又找到另一个倒霉的倾诉对象，所以她约主人外出的次数也少了很多。

怪异的蛋

昨晚，与主人一起观看纪录片《从农场到餐桌》，里面鸡飞狗跳的。

今天周六，我趴在窝里午睡。正睡得迷迷糊糊，慢慢觉得屁股后面多了一个什么硬东西，抬起头来一看，妈呀，怎么是一个蛋！我一下子惊跳起来。这是怎么一回事，难道我就在刚才生出来一个蛋？我嗅了一下，蛋还带着温度，显然跟我有莫大关系。这可糟糕了，这是一桩天大的丑闻，绝对不能让主人知道！

　　我伸出小半个脑袋往外面张望，见主人正在正儿八经地抹桌子，还好，看来主人还未发现。我镇定下来，细想之下，决定还是先将这个蛋收起来，后面再想办法。于是，我连忙掀起小床垫，将蛋推了进去，然后再放下小床垫，终于看不到了，我长长舒了一口气。

　　然后我若无其事地走出来，一副悠闲的样子。总之，猫下蛋的事绝对不能声张，否则我在猫界的清誉算是毁了。如果万一被主人知道，我望向主人，然后舔了一下尖锐的爪子，说不好只能灭口了。

　　今天主人的表情十分古怪，背对我时肩膀一耸一耸的，似乎做了见不得人的坏事，我要继续密切观察。

　　到了晚上，主人还是没有将秘密告诉我，但我不能这样纵容她。于是我等主人熟睡后，把主人的一只拖鞋拖到沙发底，以示警告。

我的生日

　　今天是我的生日，也是一个周末。清早，主人跟我说，晚上听到我说梦话，问我梦里去了哪里，我却记不起来了。

　　早上，主人带我去洗牙，一直洗到我牙齿发出冷光为止。好在没有给我洗澡，主人说知道我不喜欢，今天就放过我了。回到家里，继续帮我掏耳朵和清理下巴毛内的黑头，最后一边抱怨猫毛满天飞，一边帮我清理浮毛。

　　说到我掉毛的事，主人有过一段从一筹莫展到习以为常的心路历程。主人每到周末便拿出真空吸尘器清理房间和大

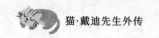

厅，有次嫌我碍事，将我禁闭在房间，说是让我好好面壁反省。房间内我无所事事，便跳上衣柜顶，不过等到我挠了满地毛下来，也没反省出啥，倒是主人进来后好好反省了自己。

主人的精美外套只要挂出来，上面便会沾上猫毛，见老板时总会猫毛飘飘，时间久了老板便与她保持了足够的安全距离。外套粘毛后即使用粘毛刷也很难去除，所以每次打理外套时，主人便会一阵阵犯头疼。我便给主人出了个主意："其实呢，不妨在粘毛的时候吃点治头疼的药，头就没那么疼了。"

到了晚上，主人趁我打瞌睡的节骨眼变戏法似的捧出一个小小的生日蛋糕，说是给我庆祝生日。我是在做梦吗？我翻身冲进主人的睡房，跳上床头，看到主人的枕头边没有猫，我不是在睡觉……

主人在餐桌上放好蛋糕，拆开了绿色的纸围边。正待取出刀叉，主人便突发奇想，用剪刀和胶水将绿纸皮做成一个圆锥状的帽子，打出两个小孔，用绳子穿好。眼看我盘坐在桌上，若有所思地望着蛋糕，便小心翼翼扣在我头上。就在主人乐不可支，拿出手机准备给我来张特写时，我一把将绿帽子撸了下来。哼，我可是一只有道德底线的猫，这玩意儿我坚决不戴。主人又尝试了几次，见我有了警觉，只好悻悻作罢。

主人在生日蛋糕上插入两支蜡烛。主人点燃蜡烛后，便将房子里的灯全部熄灭。我端坐在桌子上，好奇地看着主人摆弄。只见主人掏出一张纸，打开，就在烛光下面念了起来：

感谢大 D

因为你，我懂得了好奇，它让我有了灵感和创造力。

因为你，我爱上了旅行，渴望去发现不一样的精彩。

因为你，我懂得了欣赏和体谅，无论是对自己还是别人。

我接受了更多的身边人，也为身边人所接受。

我开始说不，所以接受了不为所有人喜欢的现实。

我不再唯唯诺诺，人云亦云。

我渴望成功，但不能违背我的个性和本意。

面对生活的波澜，我可以泰然处之，不再耿耿于怀。

面对伤害和嫉恨，我学会如何自愈，不再忧愁苦闷。

谢谢你的到来，让平淡的生活多了牵挂与陪伴。

生活如此美好，慷慨分享阳光。

让彼此独特的外在和个性，散发出一样自由的光辉。

原来是主人为我作了一首诗，听起来嘛，对我的评价还算中肯。主人念完诗，便叫我许愿，我歪着脑袋半天没想清楚，又硬逼着我用爪子将两支快烧没了的蜡烛挖了下来，差点没将我的爪子毛烧掉。

蜡烛熄灭后，主人重新打开灯，将蛋糕切了那么一丁点给我，将剩余部分笑容可掬地拖到自己面前。我看着摆在我面前拇指般大小的蛋糕，又看看主人手上那一大块蛋糕和她迫不及待的食相，实在很怀疑主人给我买生日蛋糕的目的。

晚上睡觉时，主人将我放在枕头边，耳边听得主人喃喃道："大 D，你是一只好猫，希望你努力活得更长久一些，

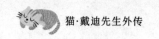

这样就能够陪伴我更多的日子。什么时候你愿意回到自己的星球，也要变成一颗明亮的星星，日夜守护着我。"

有这样的主人，有主人这样为我过生日，我知足了，我真的感到幸福了。

海景房

昨天主人和静怡小姐姐一起从三亚旅游回来，跟我盛赞海景酒店的各种奢华和舒适，说每天早上踩着柔软温热的沙子徜徉在海边，让徐徐的海风带起满头秀发，看着嬉笑的孩童在海滩上捡拾闪亮的贝壳，感觉所有烦恼都消失了。然而转头看到我正在舔爪子，一副心不在焉的样子，才发现自己找了个不太靠谱的听众。主人思索一番，对我说，要不我给你也弄套海景房？我一听马上竖起耳朵，好啊，难道是要带我到海边？

今天回家时，主人带回来一整套玻璃鱼缸，还有大包小包各种物件。主人在客厅地柜的一端选好位置，将鱼缸安置在上面。我立即跳进去，觉得大小跟我的身形挺匹配的，趴在里面也还舒适，就是太透明了有点不好意思，感觉浑身被看光光一样。

主人将我赶了出去，然后拿出一包白色的沙子，洗干净后倒在鱼缸里面，再往鱼缸中注满水，在沙上摆好珊瑚树和几个形状奇特的海螺壳。接着取出一个沉甸甸涨噗噗的水袋，剪开口子往鱼缸里倒东西，我便看到十多条银色小鱼在里面四散奔逃，还有两只小不点的螃蟹快速地沉到水底。看到布置妥当，主人插上电源，带点小激动地摁下开关。

"啪"的一声轻响，整个鱼缸被点亮了。

呈现在眼前的是一个美轮美奂的银色天地。白色的沙子反射着星星点点的光芒，可以看到水波的影子在跳动。银色的小鱼结队在精致的珊瑚树中自由穿梭，好奇地探索崭新的世界。刚才的小螃蟹去哪里了？找了半天，终于在一个海螺口找到了，它正竖起眼睛盯着里面看，似乎正在思考找到的新居是否过于奢华了。

看了好久，麻麻又从房间取出我的小布窝，拍松软后放在鱼缸的前面，我本能地马上跨入布窝中蹲下，这才明白麻麻为我打造的海景房原来是这样子的，我实在是满意极了。

指定咖啡

主人对咖啡情有独钟，说喝咖啡时便有种小资的情调，我对咖啡倒不排斥，但也不会去碰。某天，主人碰巧被购车促销大礼包砸中，获得一台进口的铁手轮手摇磨豆机，在家自己磨咖啡豆蒸煮咖啡的热情便被撩了起来。不过，主人在弄咖啡汁的时候我都是冷眼旁观，就像学生观看化学老师做烧杯试验一样，时刻做好试验失败时跳开保命的准备。幸好主人一直没有出现口鼻冒烟，头发炸成一堆乱草的情形。

直到某天，主人在煮某种豆子的时候，忘记了时间，直到从厨房传出浓浓一股焦味，才冲过去关火。眼看一锅豆子都废了，心有不甘的主人突发奇想，取了一勺焦脆豆子放入

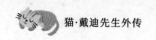

手摇磨豆机中，磨出粉末来，随手倒入喝得剩一半的咖啡杯中，搅拌后试药般放到嘴唇边舔了一下，随即果然露出中毒后咽喉痉挛的神情，急忙走去漱口。

我同样闻到这股怪味，不过这次似乎有所不同，越闻越有味，就像有只无形的魔手在按摩我的鼻子。随后在魔手的勾引下，我跳上桌，看到主人放下的金色咖啡勺还存有液体，便冒着生命危险舔起来，不多会便舔干净，于是开始舔杯子。

刚好这时主人走来，见状大吃一惊，说猫咪不能够喝咖啡的，当即粗暴地端走了咖啡杯。不过走到半路，她便想到一个问题，为何之前我绝对不碰咖啡，这次就自己跑上来喝呢？想来想去，问题出在那一锅焦脆豆子上。主人将焦脆豆子拿给我闻，我避之唯恐不及。然而将咖啡融合豆子粉后，我就非常爱喝。

主人得到启发，于是认真重新制作这种咖啡汁。主人往里面添加点牛奶，闭着眼睛闻了会儿，然后吹开咖啡油轻啜一小口，露出高级享受的神情。

主人后来给这种咖啡命名：戴迪指定咖啡。

岩画探秘一：会面

一个月前，主人收到响马信息，他说发现一处深山古迹，他的朋友去看过，觉得极有趣味。目前极少人知道那处地方，所以是一条全新的徒步路线。地点离京城只有不到三百公里的路程，一天便可到达。响马问我们有没有兴趣组团前往，主人看了看日期，马上答应下来，并当即鼓动沙漠徒步团友报名，最后凑齐十个人。

今天一早，我和主人便驾车出发了，半路接了团友乌鸦嘴。乌鸦嘴坐在后排，见我不安分地趴在窗户上，于是捧起我打开了车窗。一阵凉风刮过，舒爽得我毛都松了，我有种骑在鸟背上滑翔的自由感觉。车开了一程，主人便和乌鸦嘴换手。我刚落座在主人腿上，车子便"嗖"一声飙了出去，我好艰难才把自己从主人的肚皮上拔出来。等车开稳了，我这才又趴在窗口。主人刚打开窗，霎时我便感觉风沙扑面，还有打着旋急速飘来的草根，让我睁不开眼睛，我急忙退下来。秀发瞬间凌乱，被灌了满嘴风的主人也匆忙摇上车窗。同样是开车，人与人的差距咋就那么大呢，我十分不解。

开了六个小时车，来到会合地点。这个地方在古代属于塞外，有大片广阔的草原，牛羊悠闲自在地草坡上吃草。我们的集合点是座不大的村子，村里扎满了大大小小的白色帐篷。亦有不少自驾游客，在附近悠闲游玩。

随后团友陆陆续续到齐了，八戒、桃子和金橘都来了。金橘看来中毒不轻，因为这次不仅手指甲，连脚趾甲都变成了紫青色。后来主人跟我说，金橘中的是情毒，很难拔除的，我虽然听不太懂，但主人说的总归没错。而桃子，高兴得脸上直冒泡，所以搽了药膏在上面，满脸油光，就像刚偷吃了肥羊忘记擦脸一样。大家重新见面，分外高兴，不过很显然，我才是他们当中的主角，主人不过是配角。如果他们有带小鱼干来，我相信身边便会堆满鱼干，而主人连一条都得不到。

金橘仔细打量着我说："哎呀呀，才过多久，没想到戴迪更英俊了耶。"桃子点头如捣蒜："是啊是啊，你看戴迪走

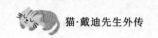

起来好威风的样子，我就喜欢这样的小帅哥！"看到两个女孩子眼中接连蹦跳出小星星，我情不自禁用手擦了擦自己俊俏的脸蛋，喜滋滋想道："我也挺喜欢自己，不管你信不信，我今天早上就是被自己帅醒的……"

旁边几位男团友看到几个姑娘为一只猫一脸帅醉了的神情，便识趣地远远走开，以免讨到连猫都不如的名声。

桃子还提出要抱我，主人看看我，我柔声道："那给你抱一下好了，别弄乱我的毛发。"

晚上，响马在一顶帐篷内组织围餐，他特地找来一张高脚凳，放在我家主人座位边，让我端坐上面，差一点就要帮我系上餐巾，想想后才作罢。大伙儿点了半只烤羊，边吃边聊。响马站起来，介绍此行的信息，他说：

"此处曾是古金国一处驻兵屯田的要塞，向来水草丰美。离这处村子不远，再往前行便是一片石头山，据同行收集到的消息，他们发现一处刻在石壁上的岩画，以及附近数个洞穴，颇具考古价值。我们明天开始徒步翻山，来回行程安排四天时间……"

我们对响马的表现十分满意，毕竟一个人愿意放弃自己一份羊排，人品便是很值得敬重的，于是大家默不作声，抓紧时间啃咬本就不多的羊排。

响马最初看到伙伴们竟然一反常态，目露崇拜地听他讲解，委实得意万分，话语更是滔滔不绝。可是当他忽然看到转到眼前的半边羊排只剩下一张光洁的油纸时，忽然意识到自己犯下大错，便生出要找根柱子一头撞死的冲动。

"呵呵，光顾着吃了，我刚才给戴迪留了一份羊肋骨，它还没吃呢，我给你拿来。"坐在我左手边的桃子说完，便捡起我面前的一根牙签骨递了过去，桃子果然善解人意。

响马不愧是个知错就改的猛人，立马坐下来猛攻剩余的几道菜，看得我们好心疼。

一轮风卷残云之后，响马大力抹去嘴边的油星子，动作幅度大了点，我们还以为他在抽自己嘴巴子。在大家一脸关爱的眼神下，响马又说开了：

"刚才说到哪儿了？对了，要提醒大家，这处古迹尚未对外公布，也未开发成旅游资源，所以没有现成的道路可走。我手上的地图只有简单的标记点，记录了沿途的一些显著的标志物，比如山谷、巨石、溪流。在指示物之间的道路，我们必须依靠自己去探索，所以，我们的行程是探险加考古。现在，为了保证安全，我给每人一份地图。"

"需要攀岩吗？"独狼兴奋地问。独狼也是我们中一员，自称"四眼毒狼"，我们简称他为"独狼"。

"不需要。如果是专业的攀岩高手，可能我们会走得更快一些。但是我们还是能够找到一条徒步路线，这条路线我们所有人完全可以应付，只要大家不摔倒就行，因为地上不是沙子，全部是尖锐的岩石。"响马回答得很爽快。

"路上有蛇吗？"金橘问。

"这个，唔，之前来过的朋友没有提到，不过要说没有也不能确定，我们不要深入草丛就好。如果遇到蛇，不要害怕，只需用手杖挑开它们就行。万一有人被蛇咬伤，我这里备有蛇药可以对付。"响马答道。

"没事儿，有大 D 在呢。"主人笑着说。

"蛇怕猫吗？"金橘好奇地问道。

"我在《动物世界》看过，有个镜头是猫将蛇狠狠揍了一顿。"主人胸有成竹。

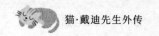

是吗？我怎么没看过，该不会是主人托大吧？我心中实在有些打鼓。

"那晚上住的地方有狗熊有野猪吗？万一碰到怎么办？"金橘似乎仍旧不放心。

难道最近金橘与某种可怕动物有过零距离接触吗？我都有点鄙视她了。

"我说金橘啊，"乌鸦嘴凑过来说道，"你怕什么就来什么，越怕越来，老人家都是这样说的哦。"

"死乌鸦嘴，找打！"金橘似乎真生气了，拿起可乐杯就……喝了一口。

"有人说就地装死，可以骗过狗熊。"桃子说道。

"传说挺管用的……"独狼说道。

久别重逢，晚上大家聊得特别开心。我们团队中本来就有几个徒步爱好者，加上有了考古大行家在身边，自然都是兴致勃勃。特别是主人，早就存着小心思找机会去探险了，这次行程简直遂了她的心愿。

吃完饭后，大家清点完物资，便各自安歇了。我和主人在一个小小的蒙古包中住下，主人睡在床铺最里面，而我警惕地蹲守在床铺边沿，只要狗熊或者野猪进来，我就叫醒主人一起装死。

岩画探秘二：破庙

"什么？要加价三百元？你是在用水泵抽我的血知道不？"是乌鸦嘴的声音。

"你先放手，有话好好说，大白天不要拉拉扯扯，我要喊人啦。"一个女人的叫声。

"喊吧，喊破喉咙也没用。"

早晨时帐篷外传来嘈杂声，把主人吵醒了。主人歪在床上掀开窗布，看见乌鸦嘴正与一个满头黄草的女人拉扯不清。"乌鸦嘴还好这口？不过口味好重。"主人皱皱眉，忽然记起，她昨晚委托乌鸦嘴到村里租一匹马，或许跟这事有关，于是披上外套走出帐篷。

我跟出去，看到乌鸦嘴手上拉着的倒不是大妈的手，而是一根缰绳，缰绳另一端，是一匹身形矫健的枣红大马，嘴巴还在咀嚼草料。

"这是？"主人问乌鸦嘴。

"这位大妈好无理，我明明打听到只要五百元一天，她却要收我八百元，光天化日，心太黑了！"乌鸦嘴愤愤不平。

"你不要牵走我的马，你去找别的马好了，我的马儿又纯又漂亮，百里挑一的。"大妈骄傲地说道。

"什么？你看看，看看，这边屁股下还带几根黑毛，毛色就不纯。"乌鸦嘴不依不饶。

"你，你侮辱我没关系，请你不要侮辱我的马！"大妈生气了。

"算了算了。"主人将大妈拉到一边，半晌后，终于以六百元成交。正蹲在旁边抽旱烟的牧民老哥站起身，开始收拾马匹。

大妈还与乌鸦嘴叽叽歪歪了好几句，这才离开。

我们在牧民的家里吃过炒米泡奶茶，便整装出发了。像上次一样，主人、金橘和桃子将所有行李放在马背上，而我则待在主人的背囊中。这时马主，也就是刚才抽旱烟的牧民

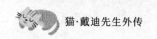

老哥跟上来说，他反正没事做，就负责牵马，跟我们一起走。主人刚点头应允，乌鸦嘴便冷哼道："押金给过了，我们可是租马，不租人的，还想从我们身上捞钱，洗洗睡吧。"

牧民老哥忙不迭说："我不值钱，不值钱的，前面一带我熟路，你们有个带路人也方便。"

路上听牧民解释，因为男人不爱惜马，所以马匹租借给男人价格的确要贵好些，是当地的规矩，并非他们家坐地起价。乌鸦嘴的火气才消了下去。

离开村子不久，我们便走到一座石头山下，初爬山时，倒还有些零星的石阶，牧民告诉我们，他们也会从这里上山，有时候去捡柴，有时候打野兽。

走了两个时辰，我们来到一道溪流边，溪边一块竖起的石头上，刻有"两界"二字。可能是旱季的缘故，小溪非常浅，水面静止不动，只有几只小昆虫在上面踩着水影滑行。

牧民说："两界河往年不似今年这般水浅。古老传说，我们族人游牧到此处，便不再涉水过岸。个中缘由，村中无人知晓。如是游玩，过河倒也无妨。"

"两界河，"主人沉吟道，"名字起得怪怪的，也不知道是哪两界，天界地界？还是人界魔界？抑或是两国之界？猜不透啊。"

蹚水过溪后，前面怪石嶙峋、灌木丛生，已看不到人迹，我们必须自行探路前进。响马拿出地图，带着两名健壮的团友在前面开路，我们列队在后紧跟。

地面崎岖不平，在山石间穿梭行走还是颇费工夫的，所幸没有遇到陡壁悬崖。

途经一处空谷中的大水潭，山岩上藤蔓倒挂，潭水边绿柏葱葱环绕，鸟鸣空幽。看到此处舒爽怡人，我们便在潭边小憩。八戒往水潭中扔入一块石子，随即惊起数只燕子，扑打着翅膀从岩穴中冲出来一看究竟。十数只蜜蜂赶来，围在金橘和主人身边快乐地嗡嗡打转，想来是闻到二女身上的芳香。

"此处空谷幽深，潭水静美，堪比金庸老爷子笔下的绝情谷。你看看还有蜜蜂，不知道翅膀上有没有刻字。"独狼说得很文艺。

主人点头应道："想那小龙女为救杨过，不惜舍身跳下深谷，情之所至，令人动容。"

话音刚落，便闻旁边金橘掩面嘤嘤哭泣。主人和独狼相视一眼，默契地闭上嘴巴。

"难为杨过，苦等伊人一十六载而不得见，绝望之下终于纵身跳落断肠崖。此情此景，思之感人。"却是桃子的声音。

她没留意到金橘的状态，果然，金橘听到后愈发哽咽。主人忙走去拉拉桃子，指一指金橘，桃子吐吐小舌头。

我正在水潭边捞鱼，听到独狼说蜜蜂翅膀上会有刻字，赶忙前去捕捉。可蜜蜂对我不屑一顾，在女孩子身边盘旋儿圈后便飞走，不过从来时兴奋的嗡嗡声变为不满的哼哼叫，这些小家伙，走时连个招呼都不打，家教实在堪忧。

疲劳尽消，便取道前行。有一间不知什么年代的破败木屋，背靠着古柏才没有倒下来，我们经过时，可能受到脚步声的惊扰，门前一根朽烂的檩条忽然折断，随即整个门头连屋顶垮塌下来，突然而来的动静把我们吓了一跳。

乌鸦嘴故作聪明呵呵一笑，说他知道个典故："旧社会科考前，有考生的人家会在门前竖起旗杆，为考生打气壮行，当时人称这旗杆为'楣'。如果揭榜后，谁家考生榜上有名，

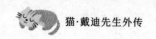

旗杆就照样竖着。如不幸失利，该考生家人就把旗杆放倒，叫'倒楣'。刚才就很倒霉，我们此行……"话没说完乌鸦嘴便觉得天色没来由地阴沉下来，随即脑袋遭受到不明来源的一轮暴击。

乌鸦嘴捂着头哭丧着脸说，不能打了，再打就会变成猪头。八戒愤愤然说道，揍他，变成野猪最好，放生了还可以改善生态。

幸好我们兴致不减，时而大呼小叫，听听山涧回音；时而交头接耳，交换旅途感悟，一直走到太阳西斜。我们在石道边发现一座破庙，破庙主殿已然全部坍塌，但左右厢房倒尚残存。破庙前竖立一块石碑，上有黄瓦当遮盖，碑面阴刻"狸猫寺"三个大字。

响马说，庙前的地方相对平坦，今晚我们便选在此处安营扎寨。由于时间还早，西斜的阳光刚好照射进寺庙内，主人扎好帐篷后，便约几个团友入破庙观看。此间主殿仅存残垣断壁，处处野草丛生，荒芜不堪。掉落在地的屋檐可见用黄瓦当镶嵌，主人说，这代表此座寺庙与皇家有着千丝万缕的联系。

我们走到尚存的左右厢房查看。厢房内空空如也，没有供奉佛像，地面厚厚一层风刮进来的落叶。最内边有一面依旧平整的墙壁，好几处拇指粗的裂纹从顶部斜着贯通到地面，看来只要来一次轻微的地震，这面墙便会坍塌。

墙面绘有图案，我们好奇地凑前观看。绘画一幅接一幅，从右到左，如同连环画。

看第一幅画：高山流水前，有个长身直立的汉子。但这个汉子却长着一张猫脸，丹凤圆眼，瞳孔漆黑，短鼻横须，脑袋后竖着两个尖耳朵，汉子的身后伸出一条长尾，显然他便是寺庙的来由：狸猫人。狸猫人一袭青衫布褂，反背两手站立，自有一种遗世独立的俊朗风采。

第二幅画：暴风雪下，朔风如刀，一座城池隐藏在狼烟之中。众多武士手执屠刀，向百姓挥刀砍去，城池内外百姓流离失所，哀鸿遍野。

第三幅画：巍峨的殿堂下，一名帝王模样的人物，被手执兵戈的武士刺死在龙椅上。他死不瞑目，眼中直视一扇屏风，屏风后站着一个头戴凤冠、手抱婴孩的女人。

第四幅画：一名老者搀扶女人仓皇出逃，女人手抱婴孩，回顾后方，眼中满是惊惶之色。路上尘土飞扬，身后追兵剑拔弩张。

第五幅画：老者带着女人逃至一处庙宇，但被追兵重重围困。女人身边剑戟如林，杀气森森。

第六幅画：老者被踢倒在地，一名头领模样、手执刀刃的铁冠武士举刀向女人劈去。无路可走的女人唯有背对刀锋，低头护紧怀中婴孩。

第七幅画：狸猫人自庙宇横梁高处跃下，举剑格挡大刀，然后从女人手上接过婴孩。四周武士如潮水般围拢，各举刀剑紧紧相逼。

第八幅画：狸猫人怀抱婴孩奋力搏杀，与众武士斗作一团，到处人仰马翻。后面墙角，老人紧紧护着女人。

第九幅画：狸猫人举剑刺杀铁冠武士，其余武士四散溃逃。

第十幅画：狸猫人将婴孩奉还女人，老人在一旁作揖道谢。

第十一幅画：庙宇内，一名小孩在狸猫人指点下苦练武

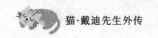

功，或在老者指引下修读贤文。女人在旁手执衣裳，笑意盈盈。

第十二幅画：稚嫩孩童已长为成人，却是拳头紧握，目露悲愤之色。背后，长河漠漠，岸石碑刻"两界"，中有金鳞大鱼奋力破浪而出。

第十三幅画：宫殿内歌舞升平，酒宴正酣。宫殿外却是虎狼聚合，饿殍载道。

第十四幅画：狸猫人与皇子聚众起义，百姓闻风归顺，大军旌旗蔽日。

第十五幅画：皇子率众攻入城池，黄尘滚滚中喊杀声震天动地。守城武士军心动摇，弃城而逃。

第十六幅画：宫殿内狼藉不堪，群臣惊恐万分，奔走相告。皇子手执长矛，深深刺入一名上位者体内。

第十七幅画：朝堂上众官肃立，皇帝拱手拜谢狸猫人。

第十八幅画：高山之巅，云雾缭绕；深谷幽林，流水潺潺。狸猫人神态安详，正抚琴而歌，几只狸花猫坐地聆听。

晚上，我们围坐议论，有几个历史知识不错的团友，对破庙连环图的年代和背景做了几种推测，似乎言之凿凿。而我对狸猫人救主这种载入史册的大功德感到十分满意，觉得那是我们猫族的一大荣耀。

岩画探秘三：岩画

昨晚睡觉的时候，我总觉得附近有走路轻巧的小野兽出没，但没有靠近我们的帐篷区。早上起来，看到主人和团友指着庙宇方向，说看到好几只野猫蹲在厢房之上。我也看到了，这几只猫头颅尖细，耳朵修长，体型不小，与城市里面生活的猫的体格明显不同，不知是不是本地品种。可惜我们马上要出发，没时间跟它们聊上两句，否则我定会探听故事中的狸猫人和它们的关系。

今天计划一鼓作气走到岩画边，于是我们早早吃过早餐，整顿好行装便上路了。我昨晚与枣红大马关系搞得不错，所以今天便施施然跳上马背，蹲在行李上跟着走，主人走在身边小心照应，在我看来大可不必。

没走多远，桃子便啧啧称叹，说我众星捧月，是不折不扣的红马王子。

"红马王子怎么比得上真正的白马王子呢。"同走在一旁的金橘眼神空洞，随口回应。

"骑白马的不一定就是王子，或许是唐僧呢。"我家主人笑道。

"唐僧？难道他真的是唐僧？他为什么走得如此决绝？"金橘自言自语。

"唐僧？哼，只顾自己上西天！这种人，说得好听是求取真经，说得不好听就是自己要成佛。要这种不解风情的人何用？你瞧瞧人家八戒，一身风流债不说，在盘丝洞玩得多溜。"桃子撇撇嘴。

"……如此说来，事情也就顺理成章了。"金橘蹙眉思索一会儿，目光忽然清澈如水，神情变得安闲自在。

"有我什么事？"八戒放慢脚步，狐疑地靠近几位女生，左右看看自己的装束。

"我说八戒，你会不会见色忘义？"桃子问道。

"我？"八戒一脸蒙，眼看身边三个女子用抓贼一般的

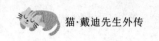

眼神打量自己，顿觉处境不妙，正待申辩几句，却又无从谈起，于是手中捏诀，瞬即遁地消失。

这一段路需穿越几处树林。可能地底下都是坚实的岩层，或者地表土壤太少的缘故，树林长得稀疏低矮，所以我们并不需要披荆斩棘，我们带的好些开路的斧头、铲子也派不上用场。

拐过最后一处树林，便看到前头矗立着一面红褐色的巨型岩壁，响马驻足查看地图，忽然一脸圣光地指着上面说，我们到了！那些古老的岩画就在上面。这句话如同给大伙打了一针强心剂，不知谁满怀革命情操喊了一句"给我冲啊"！所有人瞬间一脸潮红，奋勇向前奔走到岩壁前。

最后一程需要在陡立的山岩上攀登，我们商议后，便在岩壁底下卸下全部辎重，只带必要的物资爬上去。幸好岩壁表面的石头比较破碎，又呈"品"字形排列，所以倒也适合我们跳跃攀爬，只要不滑倒就行。我们就像羚羊一般在石头间左右腾挪，逐步摸索，齐心合力找到一条通往岩画的路线。

一众人来到岩画前，我们兴奋莫名。因为除了响马外，其余所有人都没有见过真正的岩画，况且是零距离观看。据响马介绍，该处岩画至少有万年以上历史，这让我们顿时生出穿越时空的奇妙错觉。

岩画是直接用凿子刻在直立的岩石上的，所以经得起日晒雨淋。从整体上看是青白色的线条画，从没有掉颜料的凹槽来看，当时古人使用了某种白色的矿物质填充刻痕。

岩画刻画的动物主要是野兔、羚羊和野牛，人类拿着木棒在后面追赶。或在三角形的茅屋前，人们朝图腾虔诚膜拜。部分场景和动物需要推敲，不过有行家响马在，很快便解开了谜底。但有一幅画，描述一群聚集在山石上的男女，或手拿火把照明，或手拿长矛向前刺击。人群中有只老虎，虎视眈眈的样子。在山石之外有群长着獠牙的黑色家伙，低着头往人群冲去。这幅画，大家得出一致的看法是：为了保护老虎，古人和野兽干上了，而老虎或许便是古人的保护神。在岩画顶部另有几处相互连接的星号，以及古怪的形象，响马推测此乃古人观察星空画出来的星相和神灵图，至于代表什么意义，响马说得云里雾里的，连他自己都未必相信。

离开岩画，前行数百米，绕到这面岩壁后面，便看到一片壮观的开阔地带，景致与此前看到的迥然不同。但见岩壁下，密密匝匝的树林一直往远方延伸，如同铺开一张墨绿色毛毯，直达另一处山脉之下。想来这里野生动物资源丰富，适合古人定居捕猎。

在身后，我们找到好几处宽敞的岩窝，有人工开凿过的痕迹，不消说，这便是古人的居所。我们兴致勃勃，准备钻进去找寻些石斧石盆什么的，不过被响马拦了下来，说就怕我们破坏文物，说完后他自己按捺不住便钻了进去。

众人的好奇心得到满足，而响马做科研考察也告一段落，于是我们再次相互搀扶着走下岩壁。此时吹来阵阵凉风，天上飘过厚重的乌云，天色快速阴暗下来。算一下路程，在回去的路上要经过一片树林，万一下起雨来，地面便可能积水。于是大家决定，今晚就在岩壁下找一处平坦避风的地方露营。

于是，我们就在先古人类，也就是我们可敬的祖先生活过的地点，支起帐篷，开灶做饭。八戒、乌鸦嘴、独狼精力依旧旺盛，说趁还有点天色，要到大树林那边打猎，运气好的话，今晚就做一顿兔子肉烧烤犒劳自己。我家主人也是兴

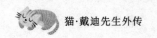

趣盎然，牵上我便跟了过去。响马叮嘱大家只可在树林边缘找找，切莫深入树林。

我们几个摸索到森林边，这里刚好是石壁和森林的交界处，布满重重叠叠的荆棘丛，碰一下便是满手刺，根本无路可进。大伙不死心，顺着荆棘丛又走了一程，沿途看到荆棘丛中好几个幽深的空洞，不知通往何处。

我在主人的牵引下，走到洞口张望，便发现阴暗的枝条上挂着几丛黑色的毛发，我扶着枝条，好奇地用爪子挖下来一把，刚掉到地上，便吸引了主人的注意。主人捡起来端详片刻，满脸狐疑地递给其余三人，四人嘀咕几句，神色闪烁不定，然后快步回营。

岩画探秘四：野猪

回到营地时，头顶青灰色的乌云越压越低，天际处墨黑一片。八戒将黑色毛发递给响马，响马接过来仔细辨认一番，说这丛毛发表面相当润泽，想必是近几天野兽经过时留下来的。突然间响马狠拍自己的大腿，说他几乎老猫烧须，早前只顾察看这边的地形，忘记考虑大树林就在后方，夜晚果真有大型野兽走来，那麻烦就大了，能分分钟将我们帐篷撕成碎片。

本猫心中一凛，果然金橘的担心没错，还真有狗熊野猪，怪不得刚才在幽暗的洞口处闻到一股尿骚味时我忽然有种大事不妙，要拉上主人赶紧逃命的冲动。

我们在晚饭时严肃商议，决定采取如下措施：第一，放弃此处平坦舒适的扎营地，将帐篷迁移至较高的石台上，虽然上面石面不平整，也只能将就一晚了。第二，将刺鼻的煤油洒到大树林的几处洞口处，降低野兽出来的可能性，另外，在原扎营地附近同样洒一点。第三，将食物残渣和包装全部清理干净，打包扔到最远的地方，等明天再捡回来。第四，预留几件旧衣服，万一野兽走过来，点燃衣服扔过去驱赶。第五，备好斧头铲，万不得已时准备最后一搏。不过绝非以命相搏，我们只需在营地石台上守护好，不让野兽跳上来就行，它如果趴在石台边有所企图，就照它的脑袋来这么一下。第六，轮流值班。第七，万一守不住，我们便放弃营地，退守到石壁的更高处过夜。所以，我们还选好了后撤的路线和可以迅速藏身的石头，并在上面做了标记。第八，行动总指挥是响马，是打还是撤，由他说了算。

我看看自己的小爪子，叹了一口气，看来打野兽是帮不上忙了，而且尾巴还要收好，万一竖起来，会被视为举白旗投降的。虽然帮不上忙，不过听他们如此郑重其事地商量，并且煞有介事地做出决定，我也明白了问题的严重性。我不禁生出一个想法，我如何才能变身为猫科老大呢？

事实上，晚上发生的一切证明我们这样准备是十分明智的。

牧民将他的马解开缰绳，任由马匹在地上吃草。他说他的马颇有灵性，遇到危险时可以自己跑开，然后早上会回来找他的主人。

我们将帐篷迁移到石台之上，为了避免招惹不必要的麻烦，晚上没有安排活动，除了值班人员，其余人等早早便熄灯睡觉了。

晚上约莫十点，我在帐篷中听到外头传来窸窸窣窣的声音。有团友拿起射灯往下面一照，果然来了三头野猪，射灯下，野猪的眼珠子和獠牙发出瘆人的冷光。于是大家都从帐篷中钻出来，或者干脆把睡袋拖到石台边，趴在里面往下观看。这几头野猪闻到我们在附近喷洒的煤油的味儿，便立即离开了，大家都舒出一口气。

"可惜了野猪身上一堆肉，那可是原生态的，外面吃不到。"八戒不无遗憾地说。

"就是，市场有的卖，黑猪肉，很贵的。"桃子咂咂嘴。

"我们下去抢一只回来？"乌鸦嘴试探说道。

"不可，别看它走路笨拙，发起疯来战斗指数爆表。"独狼回应。

"要想抓到野猪不难，我们可以在下面挖一个陷阱。"我家主人提醒。

"妙啊！"八戒一拍大腿。

"先挖个大坑，然后将削尖的树桩埋到下面，最后在陷阱上面铺上树枝，不太难的事。"乌鸦嘴似乎很在行。

"也就是说，明晚我们有野猪肉吃？"桃子眼中冒出了小星星。

"没错。"大家相视一笑，点头如捣蒜。

没过多久，又走来一群野猪，这群野猪中有两头非常粗壮，獠牙有一尺多长，其余身材小一些，但一样长有獠牙。看行进的样子，这是一家子野猪。

野猪初时只在我们原来扎帐篷位置的外围兜兜转转，嗅到某一处便跳开了，显然对煤油的气味十分厌恶，于是都摇着大脑袋往外面走了。然而，就在我们以为它们就此离开时，一头体型硕大的野猪忽然止住脚步，回转头，犹豫了片刻，然后又跑回来，并且竟然穿过第一道气味警告线，径直走进我们原来的帐篷区。我们心中都是一紧，屏住呼吸继续看下去。只见大野猪在地面嗅了几处位置，随即断断续续发出难听的嗷嗷声，把它的一家子又叫了回来。

它们闯进我们的圈子后，便分散到各个地方去嗅，每一处嗅得仔细的地方，都是我们之前扎帐篷选取的地方，可见猪鼻子之灵敏。然后，它们逐渐循着气味，向我们这边慢慢靠近。显然，我们撤退时，还是在地面留下了气味。不多久，它们便遇到障碍，成排错落的石头横亘在它们面前，如果硬要穿过，粗笨的身体很容易会被卡住。这时，我们看到那头大野猪蹲下来，抬起头，竖起耳朵，发亮的眼珠子瞪住我们扎营的石台，一副若有所思的样子。

看到它这个样子，我身上一阵发毛。我相信并非我们的灯光引来它的注意，而是那该死的夜风，夜风将我们的帐篷吹得一抖一抖的，扯动拉索，发出连我们也讨厌的砰砰声，这种声音显然不是天然的，所以就成了最好的目标。

从大野猪的神态和眼神看，显然这不是一头愚笨的野猪，相反，它展示出相当的智慧。它转身与其他野猪交换了信息，然后我们看到这群野猪分散开来，呈扇形向我们逼近。它们并没有穿过石头的间隙，而是找到低矮的石头，然后试着蹦跳上去，如果上不去，便会找下一块石头尝试，这跟我们的寻路方式很是接近。

看到这一切，我们所有人都意识到问题的严重性，这群野猪的智力实在是超出了我们的估计。于是，我们按计划准备好用于点燃的衣服和打火机。我们非常小声地交换意见，决定集中力量对付这头最大的野猪，最好将它打得满地找牙，效果一定最好。然而，让我们失望的是，大野猪并不打算走在最前面，反而走在队伍最后，它似乎也在算计着我们。

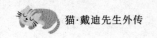

我们还猜想，野猪要从尖石遍布的山岩中找到合适路线的概率很低，即使来了一头，对付起来也不太难，运气好的话，我们甚至明早就能够做一顿烤猪肉大餐，所以，男团友们倒有些期待来上这么一头。

然而我并不这样想，团友们显然低估了群体性狩猎动物的智力。我一直在看野猪群不慌不忙地在岩石间试错、绕弯，花费很多时间寻找一条通道。不过，对它们而言，似乎只是花点时间做个有趣的寻获游戏，而我们就成了它们要猎获的目标。

最终，一头野猪还是走到了我们的石台底下，鼻子上扬嗅了嗅空气，然后嗷嗷叫了起来。我们抄起斧头铲，准备等它一靠近，便立即实施攻击。可是这头野猪并未贸然单兵作战，就在离我们的石台几米处止住了脚步，竖起猪耳朵探听我们的动静，并继续嗷嗷叫。

我们决不能让它轻易传递信息，独狼毫不犹疑点燃衣服，瞄准野猪扔了过去，试着将它吓跑。这头野猪忽见上面滚下来一团火球，"唰"的一下扭头跑开了，动作居然出奇的敏捷，显然，抛火球并不能对它造成任何伤害。野猪避开后，依旧不停地嗷嗷叫，似乎在继续报告本地情况。是下去找野猪单挑还是固守营地，我们站在上面一时没了主意。

这头野猪嗷嗷的叫声，一下子吸引了其余野猪的注意，只见它们停止前进，原路退了回去，然后心有灵犀一般，排成一列嗅着地面，沿着这头嗷嗷叫的野猪行进的路线重新进发。这便大大出乎预料了，想来我们还是算差了一招。

随着烤猪排往外冒油的图景从大伙儿的眼神中逐渐褪去，取而代之的是深深的恐惧，没有人再对野猪的智商提出质疑。八戒切齿暗道："回去后如果还有人敢说猪蠢，我定会将他打成猪头，他亲妈都认不出的那种。"

我这时十分惊恐地缩在主人的背囊里动都不敢动，更不敢发出叫声，因为主人说不定会随手拿一团抹布塞在我的嘴中，电影中入室作案的歹徒便是这么做的。总之，现在我和所有人一样，有一种同生死共患难的感受。

与野猪群的冲突已然不可避免，我们现时唯一能够对抗野猪獠牙的攻击性武器便是几把斧头铲，这种铁铲由淬火不锈钢制作，厚达五毫米，一个边沿磨出刀刃，另一个边沿做成锯齿状，最前端是一个尖锋，因此可刺、可劈、可铲。响马和大家商议武器的用法，我们手上有六把这样的斧头铲，将其中三把的手柄延长至一米半，其余三把作为手持短武器使用。另外我们将剩余的手柄连接在一起，装上自带的尖锥，成为一把长矛，现在我们手上就有了七把武器。我们又评估了所在石台的防御性，这里大部分地方野猪是跳不上来的，能够跳上来的地方只有三处，有一个豁口还能够一次上来两头，所以对我们而言，受到野猪直接攻击的风险非常高。

如果我们这个时候撤离，有一个问题是，我们没办法拿上百十斤重的物资在夜间爬上山岩，现在开始往上吊时间又不够，而将物资留在原地的话毫无疑问都会被野猪咬坏。

于是，我们改变了作战策略，首先，三位女生在牧民的帮助下，沿着之前选好的路线继续往上攀爬，尽快爬到岩画处躲避。其次，石台留守五个人，另外安排两个人爬上高一阶的石台做接应工作，如果下面形势转为有利，则立即赶下来帮手，如果前面的队友要撤退，那么接应队友后，负责断后工作，也就是且战且退。

我们又将六七个大背包叠高捆绑在一起，又与周围的石

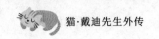

头捆在一起，封锁住石台那处最大的豁口。然后将准备用来点火的衣物淋上煤油，准备给这些家伙来个出其不意的火攻。接着解开几个帐篷的绳索，准备到时候投下去，起到阻吓的作用。另外在三个豁口，我们打开蓄能电子灯，把这片区域照得通明一片。

就在我们紧张准备的时候，野猪群逐渐走近了。它们摇头摆尾，一副不慌不忙、十拿九稳的样子，显然，数千年以来，这个地盘便是它们说了算，所以养成了骄横跋扈的性格。

大伙又暗中商量，我们有两套攻防方案。一是，集中所有的兵力一次性开火，即同时来一套迎头铁铲痛击和抛出火球的组合拳。好处是通过展示出我们最大的威慑力，达到吓跑它们的目的，不利之处在于这样很可能便将我们的实力暴露了，后续很难再有跟进的战术。第二套方案是逐渐展示实力，让它们摸不清我们的套路。动物的疑心非常重，对于弄不清楚的情况一般不会贸然采取行动，这样我们可以坚守更长时间，不利的方面是万一形成僵持的局面，天亮后对我们相当不利。我们反复权衡的结果是采用第二种方案。

事实上，这再一次证明了我们民主协商、集中决策的正确性。因为那头大野猪，根本就是一头老奸巨猾的家伙，它一直没有走在最前面，而是蹲在猪群后面观察和发号施令。看来在没有将它打倒或者击溃它的信心之前，其他野猪是不会善罢甘休的。

然后我们听到了野猪王仰天"嗷——呜"的一声，似乎是吹响了进攻的号角。最先上来的野猪为了争得头功早就等得不耐烦，举蹄在地上刨了两下，随即快速向我们冲来。当这头野猪在一个豁口向上跳的时候，八戒毫不迟疑拿起长矛奋力向它的头部刺去，结果很顺当地深深扎入了野猪的脸颊，我们甚至还能够听到长矛刺穿野猪牙槽或者下颚发出的咔嚓声。野猪"嗷"地惨叫一声，瞬间后撤。八戒还来不及拔回长矛，被后撤的野猪一带，一下子失了重心，幸好撒手得快，加上旁边的独狼眼疾手快地拽住了他的衣服，他才没有被带下去。饶是如此，八戒也是跌了个鼻青脸肿。

野猪带着长矛跑开了，但其他野猪只是后退了一步，我们之间对峙的局面就此形成。野猪不动，因为它们认准了我们防守的地方必然就是它们攻击的地方。我们也没有动，防守方采取的是以静制动的策略。

第二头野猪似乎是漫不经心地走来，忽然，它发力向着第二个豁口跳跃起来。这时候乌鸦嘴站了出来，就在野猪的前脚要落地的一刻，打横挥出斧头铲往猪脸全力砍去。"咄"的一声，斧头铲也是结结实实剁在猪鼻子上，野猪随即干号一声，但是这头野猪凶悍异常，吃痛后并没有退却，反而把獠牙猛然向上一挑。乌鸦嘴刚砍进去的斧头铲被野猪的骨头夹住，匆忙间拔不出来，被獠牙一挑，手臂瞬即被深深切了一道，痛得他闷哼一声，不得已只好松开斧头铲，急速向后退去。随即另外一名团友赶上来又是狠劲一刀斜劈下去，野猪一低头，这一劈没打到野猪，却砍在了岩石上，"当"的一声响，碰出一束火星。团友震得手掌发麻，斧头铲拿捏不住，"哐当"一声掉了下去。这头野猪眼看自己势头没了，不敢恋战，于是带着鼻头上的铲刀快速逃了回去。

野猪退下后，独狼立即上前为乌鸦嘴查看伤势，但见鲜血很快浸染了衣袖。这一回合，双方各有损伤。

灯光下看到这一幕，我家主人在岩石顶坐不住了，立即顺着岩石翻爬下去，黑暗中动作之敏捷、娴熟让我大为诧异。

眼看主人亲自出征，我也坐不住了，急忙跟在主人身后往下跳。到达石台后，主人当即在帐篷中翻找出药箱，然后用双氧水仔细清洗乌鸦嘴手臂上的创口，再涂抹药膏，又扎上绷带。整个过程虽然不太熟练，但很专业，我直到现在才知道原来主人还懂这么一手，难怪她喜欢探险。处理完伤口，主人扶着乌鸦嘴攀上岩壁，换了另外一个人下来。

在第一回合的较量中我们便损失了三把武器，现在手上只有四把武器了，而野猪的獠牙并没有缺少一根。响马提醒大家，说野猪皮糙骨硬，不能硬搏，为了避免再损失武器，尽量采取点刺攻击，而且只能打脸，最好是剁猪鼻子。

这群野猪眼看两次攻击都没有讨到便宜，才意识到它们遇到了强劲的对手，最后面的大野猪显然有点坐不住，伸出后腿猛踢几脚自己的猪头后，收起了蛮横的态度，自己向我们走来，但没有走得太近，然后站稳仔细观察。这时我也看清了，这头野猪脖子间一圈猪鬃毛像钢针一样刺出，看上去颇为威猛。猪眼睛特别小，与一张大脸十分不相称，然而却是精光四射，显然有些底货。

可是我们都隐藏在明亮的灯光下，它无法判断我们的实力，这种情形对我们实在很有利。大野猪将脑袋晃来晃去也没有看出个所以然，于是打声招呼，其余野猪都蹲坐下来。我们估计野猪是要等到天亮后再发动下一轮攻击，这样对野猪作战更有利。

一股带着冷雨味道的旋风当空刮过，顿时飞沙走石，远处雷鸣电闪渐行渐近，敌对双方做好了雨中鏖战的准备。

就在这个僵持阶段，响马和独狼突发奇想，将一顶空帐篷推了下去。野猪群一阵骚动，然后一头野猪红着眼睛，发疯般向着帐篷冲撞过去。来势十分骇人，即使前面站着一头水牛，想必也会被一下顶翻过去。独狼用衣物点燃一个火球，开始等待最佳的时机。只见这头野猪一头撞向帐篷，结果撞了一个空，于是连同帐篷一起狠狠地撞在岩壁上，头一歪跌倒在地上，但是根本无事一般翻身而起，开始疯狂地撕咬帐篷。有这么一刻，野猪穿过门洞把自己拱进了帐篷内，独狼等的就是这一刻，于是立即对准帐篷扔下火球。火球碰上帐篷瞬间引燃，然后变成一个巨大的火球，里面的野猪估计是吓坏了，在里面乱叫乱跳起来，然后一个转身，带着火球跑了起来，结果慌不择路，一脚踏空从悬空的岩石上摔了下去。野猪震天的惨叫声回荡在深夜荒野的岩壁间，让人不寒而栗。

这下变故实在是出乎野猪王的意料，只见它烦躁地支起后腿猛踢一阵猪头肉，接着站起来追着自己的小短尾转了两圈，心有不甘地朝我们的位置看来。这时，我正好站上一块岩石顶，俯视着野猪群，见到野猪王望过来，便压低前爪，龇牙向它咆哮起来。野猪王看到我现身，倒是一怔，抬起前脚往我的方向望空嗅去。

便在此时，一道炫目的闪电如同弯刀般当空劈下，当即炸雷震荡，岩壁跟着嗡嗡作响。就在响声逐渐衰竭之时，岩壁间突然发出猛虎的咆哮声，"嗷呜……"，蕴藏其中的王者之威散发开来，声震四野，摄人心魄。

野猪王顿时缩到地上，犹豫片刻，忽然急促扇动起短小的黑耳朵，鼻孔仰天发出"嗷"的一声，似乎在说 GAME OVER，便带着子孙循原路离开了。

赶走野猪群后，我们没有丝毫松懈，继续保持着严阵以待的状态，幸好野猪再没有跑上来。

关于这道虎啸声，显然不是我发出的，据响马推断，他

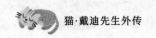

认为我们所处的红褐色巨大岩壁富含铁氧元素，如同磁带一样，在某种特定气象条件下能够记录环境的声响甚至图像，而在类似的气象条件下，能够还原此前记录的信息。这片岩壁应当是记录了老虎的吼叫，所以会出现今晚的效果。响马还说，在紫禁城中，由于墙壁都刷了厚厚一层同样富含铁氧元素的红色灰泥，易出现磁带效应，所以在某些雷雨天便会莫名出现人声甚至哭声，不明就里的人会认为出现了灵异事件。

午夜时分，随着一阵狂风扫过，天空终于淅淅沥沥飘起雨来。估摸着这种天气野猪不会再来骚扰我们，于是除了值班人员，其余人员都撤回到帐篷中歇息。

而我也跳回到主人的帐篷，跟随主人进入了梦乡。

岩画探秘五：狸猫

雨越下越大，到了清晨光景，已是大雨倾盆了。我们毫无办法，只能继续龟缩在帐篷中，聊着昨晚的遭遇，等待老天放晴。

大帐篷中，响马说起昨天在岩壁上看到的一幅画着老虎的岩画与我们昨夜的经历似乎有点相似，大家回想起来都说有趣，于是说等雨停后再上去观摩一番。

然而直到下午，天色依旧没有放晴的迹象，但雨势却已缓和下来。我们于是趁着微雨，撑起雨伞走回到岩壁处。我们很快便找到那幅岩画，再次观看时大家的表情均是十分诧异。图中长着獠牙的野兽便是野猪，在古人中有两个举起长矛向外刺击的人，一胖一瘦，形象与八戒和乌鸦嘴像极了。响马在上面点了人数，不多不少十一人，和我们的人数一样。至于那只大老虎，大家议论一番，依旧不得要领。我这时从主人的背袋中翻出来，跳落到地上，伸长了身子趴在岩壁处往上看。忽然主人目光闪动，说道："这只大老虎，不就是我家小猫咪吗？"大伙一听，都是一副恍然大悟的表情。

解开了一个谜题，另一个谜题便跟上来了，古人这是在预测天机吗？我们在议论纷纷中回到营地。此时雨势时大时小，响马说此地不宜久留，鬼知道天黑后那群野猪会不会杀个回马枪，于是大家决定立即卷铺盖走人。

牧民打了一个长长的呼哨，他的马便从远方的树丛中嗒嗒嗒地跑了回来，回到牧民身边亲热地蹭着他的肩膀，尾巴左右乱甩。牧民则拿出一把刷子，帮他的马梳理鬃毛，显见二者感情深厚。我们收拾行装后立即启程，路上一切顺利，到达破庙的位置时刚好是太阳下山的一刻。

到达营地后，大雨已经完全停歇，但几乎所有人自腰部以下都湿透了。卸下行李后，我们立即搭起帐篷，并在庙外收集大雨中折断下来的枯枝断树，堆成小山一样，淋上煤油，然后点起火来。火势很快便蹿了上来，柴枝烧得噼啪作响，所有人都靠近火堆，开始烤干身上的衣服鞋帽。我被主人保护得很好，所以基本上没有被淋湿，但是我也待在火堆旁，享受火光融融的温暖。

正当我被柴火烤得有些昏昏欲睡时，听到远处传来几声轻轻的猫叫声，我一下子清醒过来，爬起来循着猫叫声一路走过去。没多远，我便看到有两只之前形容过的猫——这里暂且称为狸猫吧，站在破庙旁，似乎正在等我。我站定观察，没有发现危险，而我对它们的地盘没有兴趣，所以应当不会

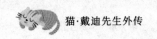

起冲突，于是便走近了些。两只狸猫问我从哪里来，又去过什么地方，我一一答复了。然后又问我有没有看到厢房里面的连环图，我说看了，但是不知道前因后果。于是，它们便跟我讲了如下的故事。

它们很多个祖辈以前，有一只叫作方寸的狸猫，它出生后不久，便在一次乡间发大水中与父母失散，从此流落街头，靠吃些残羹剩饭为生。当时正值兵荒马乱的多事之秋，处处强盗匪贼出没。

有天晚上，一名浑身是血，脸上带着长长刀伤，胸膛被刺伤的侠士行至此处，因为失血过多，倒在街头昏死过去。方寸发现后，便在附近的田野边找到些用于止血的草药，衔来堆放在侠士的身边，然后狠命去咬侠士的手臂。这是因为此地晚上冰寒砭骨，侠士一旦不能苏醒过来便很可能会在昏迷中死去。

侠士吃痛转醒后，看到一只猫正盯着他看，并且身边有一小堆草药。他很快便明白过来，然后试着自己将草药嚼烂，敷在伤口处。没想到真的起了效果，伤口很快止了血。

侠士知道是狸猫救了他一命，心中感激，便问狸猫愿不愿意跟他行走天下，狸猫也很高兴，环绕在侠士脚边不愿离开。于是，侠士便给狸猫取名方寸。从此侠士行走江湖，身边就多了一只同甘共苦的狸猫。他们既如知己又如爱侣，在冰天雪地里互相取暖，在崎岖旅途中相互扶持，在孤灯独影下相互慰藉。

侠士因为脸上留着长长的刀疤，于是为自己打造了一副猫形面具，从此不再以真面目示人。

后来侠士从狸猫的潜伏、潜行和出击的动作中悟出了一套武功。接着，就发生了厢房连环图上的故事。侠士将皇子救下后，又辅导皇子习武，而皇子和狸猫也成了很好的朋友。皇子登基后，便要封赏侠士，侠士只是要求，等他死后，皇帝能将此处庙宇赐作他的墓地，并将他和狸猫合葬在一起。

后来，皇帝履行了承诺，将侠士和狸猫一并安葬在此处，并且立了一块功德碑，记载了侠士和狸猫的种种江湖奇事和社稷功德。不过，这块功德碑原本安放在主殿下，现在被坍塌的主殿压在下面，也不知道将来有没有重见天日的机会。

它们都是狸猫方寸的后代，远祖的故事一代代流传下来，让子孙们深感荣耀，所以，它们不愿离开这里。

我问它们为什么要跟我讲这个故事，它们于是把我带到破庙主殿后一处靠近山墙的位置。这里同样荒废破败，杂草丛生，所以上次我和主人并没有走到此处。我走近一看，山墙下修建了一个白色的大穹顶和一个黄色的小穹顶，大穹顶还好，只在底部有些破损，但是小穹顶已经裂开了，露出了里面的黄土。狸猫告诉我，大穹顶下面是侠客的埋身之处，而小穹顶便是它们的祖先——与侠客有着半生缘的狸猫——的埋葬之地。他们生前相依相伴，行走天涯，死后亦同葬一处，九泉之下相伴相随。

因为地处偏僻，此处已有数百年没有人来过了，即使有人路过，也不会去留意这样两个古冢。本来古冢早已年久失修，这段时间又碰上大暴雨，损坏得更加厉害，因此，找我来是看有没有办法找人将古冢修缮一下，好护佑它们先祖的在天之灵。

我闻言后立即跳了下来，一路小跑回到主人的帐篷，以主人熟知的喵喵叫的联络方式，把主人喊了出来，然后在前面引路，带着主人便往庙里走去。不过主人看到破庙一片昏黑，便回到帐篷，拿出一只手电，又叫上八戒，才跟着我来

127

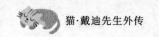

到破庙中。我把他们带到两处古冢处，主人有文化，辨认出大冢前的墓碑上刻着"义侠天堃之墓"，小冢前的墓碑上刻着"义侠狸猫方寸之墓"。

主人和八戒回到帐篷后，便召集上次一起在厢房看连环图的几个团友，将看到的情况跟大家说了。大家一路推敲，最后得出结论，叫天堃的侠士，便是连环图上救出皇子，后来辅助皇子重登宝座的那个人。而被称为方寸的狸猫，应是这名侠士养在身边的一只猫咪。连环图上将他们两个形象合二为一，成了狸猫人。

这时候一直站在旁边默不作声的响马开口说道，这两天他在做同样一个梦，梦中的情景到现在还很清晰。说他自己回到前朝，身边带着一只不知名的小兽，在江湖乱世中仗剑而行，但见不平，拔剑相助。后半生寄宿到一座庙中，与青灯为伴。描述的情形竟然与我刚才从狸猫处听到的故事可以相互印证，足见托梦非假。

响马语气平缓，显非做作，大家听后便有些默然。

最后主人说，既然我们获知了侠士的故事，看到他埋身之所，也算是有缘，我们想个法子，将他们的墓室和厢房一并修整吧。大家当即表示同意，于是立即凑足钱，叫了牧民过来，把我们修墓和修缮厢房的计划告诉他，然后委托他办好这件事，我们另外给他不少酬金。牧民是个老实人，不住地拍着胸脯点头，看来靠得住。响马又特别叮嘱他回家后立即着手去办，做好后将图片发送给我们。牧民一一应承下来，他说办这件事也是给自己积阴德，并且他本人也懂得泥水活，这件事他一个人便可以办得妥妥当当，多出来的材料钱他会如数奉还。我们听了也十分高兴。

说真的，其实最高兴的还是我，我完成了狸猫们的嘱托，做了一件对得起它们祖宗的大事，我得意地感到自己身上也带有几分侠气了。

岩画探秘六：过溪

昨夜不知道从什么时候开始下雨的，起身时候帐篷外又是白茫茫一片，地面上盛开着无数细小的雨花。大约在十点，我们利用雨势小一点的间隙，迅速整理行装后出发。

到了下午，我们看到前方出现一条小河，河水翻涌奔腾，颇为壮观。大家都有点发蒙，一查地图，原来便是我们之前路过的那条名为"两界河"的小溪，估计是山上发大水，小溪变身为小河了。大家走近河岸，不禁眉头紧皱，河水浑浊不堪，各种断枝碎叶漂流而下，完全无法了解河道情况和河水深浅。

最初，腰粗膀圆的八戒挺身而出，便由他给我们蹚出一条路。以防万一，我们在他腰部捆了一根绳索，三四个人在岸边拉扯着。只见他走了十多步，河水便已经浸到膝头处，八戒的身形开始摇摆，抬起脚就往旁边踩去，谁知可能是踩到石子，重心更加不稳，身体急剧左右晃动，随着他的大背囊向旁边一滑，整个人便跟着跌倒，一下子仰翻在河里。我们马上七手八脚地将他拖了回来，八戒除了嘴巴状若喷泉外，其他无甚大碍。

乌鸦嘴毛遂自荐，说自己水性了得，甘愿为知己者赴汤蹈火，男团友们虽然不知道他口中的知己是谁，但顿时肃然起敬。女生们听到后各自心中小鹿乱撞，露出了羞涩的笑容。

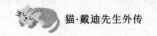

看样子只要乌鸦嘴没有当场捐躯,她们便会争着一拥而上,将乌鸦嘴扑倒在地,再拱他两个翻身。但见乌鸦嘴卸下背囊,潇洒地扔掉外套,摩拳擦掌一番后,便将绳子往身上一圈,昂头挺胸,如同英雄就义般往河中走去。在大家满怀期待的目光中,这小子方才走到岸边,可能是眼神不好使,左脚便踩上一块垫在岩石上的鹅卵石,脚下一滑,随即以相当不雅的姿势跌坐在岩石上,疼得他眼水直冒,有道是"出师未捷身先死,长使英雄泪满襟"。大伙惊得纷纷退后,女生们开始轻拍小胸,继而相拥而……看不清楚,总之一轮花枝乱颤,男生们把绳头一丢,扼腕叹息,只有本猫向乌鸦嘴隔空伸出了友谊的小爪。

在本猫仅余一点的道德心感召下,自诩见多识广的牧民自告奋勇,说由他骑马蹚水过去试一试。这倒是个好办法,之前怎么没想到?大意了。于是我们将马上的行李卸下来,牧民便骑上马,小心翼翼地慢慢下到河中。初时还比较顺利,水面最高只浸到马腹附近,牧民还回头向我们比画出 V 的手势。快到河道中间处,忽然马前足一个打滑,马头猛然下沉,瞬即受惊快速回撤,一下子将与它感情深厚的主人往前抛下了水,然后马在水里高高跃起,掉头迅速跑回岸边,完美诠释了大难临头各自飞的奥义。幸好牧民还紧紧拉住一截缰绳,于是我们一起使劲将他拉回岸边。牧民上岸时满嘴都是松针和树叶,耷拉着的脑袋上还顶着一大块黄绿相间的烂荷叶,整个人像只淋了热水准备拔毛的鹌鹑。这个形象差点没把我们笑死,为了强忍笑意,大家只好背转身去,喘着粗气把目光投向密林深处。

看来强行过河的法子行不通,于是大家纷纷献计,最后决定用最笨也是最可靠的方法:搭桥过河。

我们选了一个位置，这个位置的河道略为收窄，河道中间有几处突出水面的石礁，我们估摸着只需要搭接三段桥面便能够过河。于是，我们便去附近找些高大的树木，用斧头铲砍伐下来，削去横枝，用绑帐篷的绳子将树干捆起来，做成木筏的样子。然后在岸边将第一个木筏慢慢推过去，搭在河道中第一个石礁上。响马踩上去来回试了一下，觉得十分稳固。

第二个石礁露出水面不多，几个男团友站在搭好的桥面上，慢慢将第二个木筏顺水推过去，对接了好几次，完成了第二段桥面的搭建。

眼看工事即将成功，大家兴高采烈，站在桥面上击掌庆贺。

可是掌声未歇，却看到上游河道忽然鼓起一个很大的水包，这个水包急速地顺流而下，正好迎上第二段木筏，"咔嚓"一声闷响，激起一大片浪花，便将木筏冲走了，连带石礁也碎裂开来，沉到水下。

我们一下子都傻了眼，桥面上的男团友如同受惊的野兔般撤回岸上。

此时，天色快速昏暗下来，两界河对岸仅是朦胧可辨，看样子，今天是绝不能过河了。响马带上八戒和乌鸦嘴，在附近转了一圈，选了一处离两界河河岸数十米远、高高凸起的岩石平台，就地扎营。

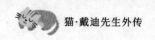

岩画探秘七：界河夜梦

下午的搭桥工程相当耗费体力，晚饭后大伙七嘴八舌地商议一番，眼看夜色阴沉，便各自回营，早早歇息了。

半夜时分，我忽然听到外面传来哗哗的划水声，我便迷迷糊糊地走了过去。不多远，是一条极为开阔的大河，河水一阵接一阵拍打着河岸。河岸边，停靠着七八条小木船，木船上满载着白花花的鲜鱼，我顿时垂涎三尺，撒开四脚便跑了过去。

快跑到河岸边，我忽然留意到苍穹夜幕下，一个光点自远处无声无息地快速扩大，这一下子吸引了我。不久我便看清了，这是一艘宏伟的舰船，船头和船尾高高翘起，通体发出夺目的银白色光泽，船首下方，深刻的条纹形同鲸鱼的口腹部，船身以上，前中后三张斜纹蓝色巨帆高高伫立，每支枣色桅杆上各有一个圆形塔楼，最高处有银灰旗帜在飘扬。奇怪的是，巨舰并非行驶在水面，而是飘浮在距离河面约莫两丈高的空中。

随着银色巨舰的驶近，附近一带的空间渐次变得通透明亮，河边的景物同时也起了变化。我再看过去时，却只见到河岸边漂荡着数条残破不堪的木船，里面灌满黑色的脏水。霉旧的大木箱七零八落地散落在船上和河岸边，有的交叉叠起，有的已被河水冲刷得支离破碎，仿佛在某个年代被人遗弃于此处。我还隐约看到一团黑色之物，贴紧破船，如鬼魅一般潜入水中。

舰船停稳后，从侧面伸出廊桥，搭在河岸边。从舰船上走下来一只虎斑狸猫，看到我后，便向我走来，神色恭敬友善。我看着虎斑狸猫，觉得非常熟悉，而且似乎曾经帮过它一个忙，但就是想不起来在哪里见过。我便问它，这是一条什么船。虎斑狸猫说，这便是喵星·永恒之舰。

我正待走过去，却看到四周幽蓝的天色下，如萤火虫般的星星光点正往这边聚拢过来。定睛细看，原来是猫咪，绝大部分老态龙钟，有的带着严重的伤病，它们身上都挂着一个紫金织线背包，光点便是从背包上发出来的。猫咪聚集到河岸边，无声地排着队走上廊桥。

虎斑狸猫示意我跟着，也登上廊桥。在廊桥与舰船的连接处，有一只猫正在仔细核对登船猫的身份。

进入舰船，这里光线柔和，静谧安宁。我走过一排船舱，舱室有大有小，船舱顶部的紫水晶熠熠生辉，发出神秘光线。虎斑狸猫告诉我，从凡间历练后回到星舰的猫，如果深得主人喜爱，或者立下非凡的功绩，分配到的房间便会更大一些。而紫水晶的神秘能量可以穿越时空，传递与主人相互思念的信息。

我看到进入船舱的猫，卸下背包，从背包中取出各种物品，很多是我熟悉的，如滚球游乐场、不倒翁、旋转蝴蝶等。一些猫还取出和主人的合照，将照片安放在床头，便依偎在照片边盘起身子，眼神哀伤。

往前走，我来到餐厅，有几只猫正在分配汤水和食物，刚上舰船的猫喝下汤后，眼神顿时焕发出不一样的光彩，毛色也变得润泽起来。

虎斑狸猫带我走进大船中庭。中庭的引路由一段接一段的白玉台阶砌就，顶部是一整块平整的白玉高台，宽敞而洁净，左面一只猫咪正在点燃香薰，右面的猫咪在铺洒芬芳的花朵。中庭上方，万点月华柔和洒落，我伸出手臂，看到银

133

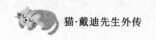

色的毛发根根通透圆润，熠熠生辉。我踏上高台，俯瞰下面银练一般的大河，星光在浪尖上跳跃，涛声如同虔诚的晚祷。此处静谧而神圣，自然而质洁，我内心如一枝睡莲悄悄绽放，灵魂深处生出安详。

虎斑狸猫小声告诉我，中庭后面便是圣殿，里面住着猫族的精灵，名叫希雅娜，她永久守护着猫族的幸福。如果地球人念及这个名字，喵星上的猫咪便会感应到主人的信息，回忆起共度的时光。

流连中，虎斑狸猫推推我，提醒我继续往下走。

跟随虎斑狸猫来到舰船另一边的船舱，这边船舱的猫咪年纪很小，个个精神抖擞，也是背了个紫金织线小背包，正在做下船的准备。

我跟着虎斑狸猫，回到廊桥处。这时小猫咪们正在排队下船，脚步才踏上地面，头顶上方便升起一束金色光线，指引着猫咪往不同方向走去。小猫咪们在幽蓝的夜色中渐行渐远，直至消失不见。

我正想问虎斑狸猫这艘舰船准备开往何处，接引离开的猫是否还会再回来，忽然听到船上传来三下钟声，廊桥便在轧轧声中向上提起。虎斑狸猫脸色大变，一把将我从船上推了下去，吓得我脊毛倒竖。眼看就要跌入河中，我浑身打了一个战，霎时转醒过来。

此时天色已经微亮，而梦境历历在目。我不由自主地直起身，趴在帐篷上往纱窗外望去。天幕下，星河隐约，却有一颗星星显得特别明亮，它的正下方，一个银白色的亮点正迅捷地往星星方向飘去，很快便没入了夜幕中，而星星也逐渐黯淡下去。

这时，天色更加亮堂了，我缩了回来，正准备再睡一觉，耳听得外面轰隆作响，似乎有个巨大的物体从附近滚了过去。

吃早餐时，八戒说他昨晚做了一个梦，梦到他和我们一起在某处海岛旅行，忽然间海岛上飞沙走石、地动山摇，他急忙掉头往回跑，一边跑一边拼命呼唤我们，可是大家都没有理会他，继续往海岛深处走去。他跑到海边，却发现送他们来海岛的船只远远地漂走了，而汹涌上涨的海潮却在往前吞噬着海岛。于是只好回头找我们，见到我们正在爬山，他也拼命往上爬，无奈岩石太滑，爬上去一点又跌落下来，把裤子都磨破了。这时候海潮已经涨到腰间，就在他绝望万分的时候……

"是不是从山顶上面垂下来一条山藤？"毫无预兆地，桃子突然插话进来。

"你怎么知道的？"八戒大惊失色，声调都变了。

看到所有人的目光都倾注在自己身上，桃子有点慌张，吞吞吐吐说："我猜的。"

"不错，"八戒眼神复杂，继续往下说，"果然是从上面垂下来一条山藤，我抬头一看，是桃子放下来的。我，我没有说笑，我本来不想说的。我抓住山藤往上爬，终于和大家在山顶会合了。"

"桃子，你怎么说？"金橘立即逼问道。

"真要我说？"桃子犹豫着，看到我们点头鼓励，银牙一咬，便说开了：

"我在梦中来到一处殿堂。在天上的，周围都是极高大的圆柱子，上不见顶，柱子外便是缥缈的云霞。有位仙风道骨模样的人，是道长吧，给我和一群人讲课，我坐在前排蒲团上，所以没看清其他人长什么样。道长正讲到妙处，手指

135

一捻，便叫我出列，从袖中取出一条山藤交给我，说救人要紧，叫我走到殿堂的边缘垂放下去。我迷迷糊糊走去，将山藤往下方抛去，果然见到，真是不可思议，是八戒爬上来了。"桃子说到最后神情扭捏，声若蚊蚋。

"后来呢？"金橘攥紧小拳追问。

"后来？哦，对了，我听到下面一阵巨响滚过，好像是打了一个天雷，把我惊得一跳，于是就醒了。"

"真可惜。"金橘遗憾道，似乎没有出现她期待的狗血剧情。

乌鸦嘴接着说他也做了一个梦，梦中金戈铁马，他与一支不知道什么朝代的兵士打斗起来。他用长矛奋力刺杀了两名士兵后，长矛折断，被敌将推倒在河边，眼看着敌将手持短剑要刺中心口，他忽然间手上抓到一把钢刀，就像有人在背后递给他一样。他当即提刀格开短剑，并手起刀落将敌将劈翻在地，然后手执钢刀奋勇杀敌，杀得敌方溃不成军。乌鸦嘴唾沫横飞，脸色激昂，在帐篷前顺势摆出手执青龙偃月刀，力劈敌将于阵前的乌鸦大将军造型。

"我真心感谢给我递刀子的那个人！"乌鸦嘴说得情真意切，"这才是男人间过命的交情，如果今世让我遇到此君，我便是勒紧裤带，也要请他上酒楼白吃一个月！"

"那个在你背后捅刀子，哦不，递刀子的人就是我呀！"独狼忽然很不合时宜地高声叫道，刺破了乌鸦嘴苦心营造的壮烈气氛。

"是你？"乌鸦嘴狐疑地上下打量独狼，仿佛独狼刚从地底冒出来。

"不错！"独狼挺起胸膛，"当时，我梦中正在村口大槐树下磨菜刀，看到有个赤手空拳的军士被敌将追杀，我心中不忍，便顺手将菜刀送上，这就是你手中宝刀的来源。"

"果然是你。"乌鸦嘴带着哭音，朝着独狼款款走去。

"是我！"独狼激动得眼眶发红，也起身迎上。

两个纯情少男愈走愈近，目光交接之下火花四溅，现场气氛莫名旖旎起来。

就在二人鼻尖相距不足一个拳头，正待发生不可描述之事时，两人停下脚步，目光深情得一塌糊涂。

"……"

"我呸！"乌鸦嘴的情感表达相当违和，"我上战场冲锋杀敌，你竟然递给我一把菜刀！你当敌军是萝卜、黄瓜啊，起码也得是把杀猪刀吧！"

"可我手上只有菜刀啊。"独狼哭丧着脸说。

"别人都拿着长矛大刀，我只有一把菜刀，呜……"乌鸦嘴真哭了。

大家随即脑补出乌鸦嘴手执菜刀，跳着脚哇哇叫着冲上前与手执长矛、钢刀的铁甲将军拼命的场面，然后齐刷刷摇头，果断掐灭了乌鸦嘴立马横刀的光辉形象。手拿菜刀，骂骂街还可以。

"你请我吃饭的事还算数吧？"独狼试探着提醒乌鸦嘴。

乌鸦嘴一听，当即哭得比上自家祖坟还要凄惨。

接下来，每个人都说自己做了一个奇特的梦，有的清晰，有的不清晰。

主人的梦境是说我在海滩边走丢了，然后她在附近拼命找，最后迷迷糊糊登上一条渔船，看到前面一个白色动物钻入了一个箩筐。她急忙追过来，伸手往箩筐内摸去，摸到一

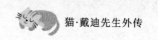

团毛，还以为是我，提起来一看，却是一只怪鸟，把她吓醒了。

我舒出一口气，幸好主人的梦境与他人没有纠葛。

岩画探秘八：回程

大家讲述完梦境便面面相觑，最后一致认为，这个地方处处透露出怪异，还是拍屁股走人为妙。

于是大家将行李捆包好后立即出发。快走到搭桥点时，响马便指着河道中心叫大家看。我一看，昨日搭桥的河道中突兀地出现一块巨大的红色砂岩，顶部平整如同剑劈。

"这是一块石头！"八戒惊呼道。

"兄台好眼力，居然一眼识得此乃石头，真乃人中龙凤。"是桃子满怀钦佩的声音。

大家推断，是上游的巨石借着昨晚的大水滚落到这处位置。真是天助我也！大家都有点小兴奋，于是试着将昨日剩余的一个木筏推过去，这次很顺利地搭接到了巨石上，离开水面也有足够的安全距离。

我们又做了一个木筏，搭住红色巨石和对面的河岸。三段木桥搭好后，响马试走了两遍，来回很稳当，于是我们就你挑着担，我牵着马，快速跨过两界河。我在红砂岩处多看了几眼，留意到石面平整平滑，且切口新净，真像是刚劈开的，绝非天然形成。只可惜诸位大人得意忘形地大步迈过，若做细细研究只怕有惊人发现。

到达彼岸后，我们似回到熟悉的人间一般，欢腾击掌相庆。两界河这边，薄薄的云层下透出了温暖的阳光，再往对岸望去，那里树林景色却依旧裹在一片茫茫的雨雾中，再也看不清原貌了。

我们拾步前行。我蹲在主人身后的背囊中，往来路望去，在涌动的阴暗云层内，我隐约辨认出一尊顶天立地手执长剑的武士人形，衣袂微动，似有不舍之意。随着我们逐渐远离，身形终究消失于无形。

两个时辰后，我们终于回到出发的村子。

回溯这次旅程，大家不免感慨良多，于是决定开刷大餐犒劳自己。席间，在牧民的强烈推荐下，我们点了当地最名贵的草菇炖驴肉。

上菜时，响马很识时务地闭上了嘴巴，牢牢捏紧筷子，聪明人果然是从哪里跌倒，便从哪里爬起来。驴肉锅端来时当真香气四溢，大家正待举筷，乌鸦嘴急叫且慢，说刚才店家交代了，这道菜中的驴肉上菜时半生熟，需要再炖大半个时辰才能入味，那时肉质便细嫩香滑，滋味无穷，所以请大家切勿操之过急。大伙无奈只好转战它处。

过了不久，乌鸦嘴说由他先试试驴肉炖熟了没有，于是夹起一块放入口中，在众人无比期待的目光中，眉头渐渐皱紧，说依旧未熟透，大家十分失望。片刻，乌鸦嘴又夹起一块塞入口中，再次遗憾地摇摇头，说还需火候。旁边桃子满腹狐疑地盯着乌鸦嘴，说最近他牙口不好，不如由她试试，于是桃子夹起一块驴肉，刚合上嘴便目光呆滞。我看到桃子没有咀嚼，肉块如同雪糕般融化在口中，滑下了咽喉。过后，隐隐泛出泪光的桃子扫了一眼乌鸦嘴，缓缓摇头，一副味道果然不佳的表情。

随后有更多的人加入试味道的进程，纷纷叫嚷欠缺火候。

尽管如此，大家夹菜的动作逐渐加快，除了正襟危坐的响马。响马不断劝慰大家，不好吃就再等等，每道菜都有它最完美的时刻。于是大家向他投去感激的眼神，继续埋头试吃。最后，乌鸦嘴用勺子在驴肉锅中深深刮了三圈，打捞起一丁块驴皮，露出亲友即将撒手人寰般恋恋不舍的表情，慢慢送入口，眯缝着眼睛咀嚼，终于满意地点头说，肉，终于熟了。

得蒙大赦般，响马以常人难以企及的速度伸出筷子插入驴肉锅。半晌，他怔住了，如同独守三年空房的怨妇，又听到丈夫新纳小妾，响马开始怀疑人生。

不过我们并非光顾着吃，更在惺惺相惜中得出如下经验：凡徒步探险，必须依靠人多力量大的法则，提前做好风险应对，绝不能依靠几个人的单打独斗，因为对野外突发风险的解决能力的确没有把握。另外，大家对团队成员的组合表示十分满意，我们男团友主动承担对外事务，女团友自觉负责内务管理，猫咪负责……大家一下子没找到最合适的语言，不过大家一致认定：少了戴迪猫那是万万不行的。

第二章　我的小花园

以上是我陪伴主人的一些趣事。下面，我再来介绍一下我的小花园生活。这段时间的事情，发生在主人为我庆祝第一次生日之后。

通幽秘径

我们家住在四楼。有一天，我在客厅的爬架上睡到半梦半醒，梦中一条小鱼正在我掌下徒劳地扑腾，而我正十分得意地注视着它。忽然浴室外传来一阵嘈杂的鸟鸣声，不是麻雀的叽喳对唱，而是喜鹊在斗嘴。原本我不想理会，可是嘈杂声越来越响，简直让我无法容忍。看来要继续做好美梦，务必得赶走这些不知好歹的家伙，于是我来到浴室，跳上窗台。

窗台外下方一米处，突出的水泥架上安放着空调室外机，水泥架与一道窄窄的墙沿相连，墙沿向右侧，也就是主人书房的外墙延伸开去，然后在墙角拐向未知处。这道墙沿我曾经观察过，很窄，外面便是四层楼高的悬空，着实有点怕人，我从来就没打算跳下去。现在喜鹊的吵架声从右边拐角处传来，显然，它们不是在空中吵架，而是站在一处落脚点。我

141

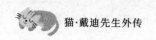

推测，墙角后面可能还有一处平台或者通道，它会通向何处？这让我好奇心大盛，要不要探个究竟呢？

这个念头刚冒出来便一发不可收，我当即决定来一次冒险。首先我从浴室窗台跳到空调机上，接着缓缓地从空调机跳落墙沿，这道墙沿实际上可以并排走两只和我体型一样的猫，所以比我之前观察的要宽一些，这样令我安心不少。

我沿着外墙走到右转弯处，然后小心翼翼探头观察，发现有一截宽敞的横梁镶嵌在墙壁上，一只喜鹊正站在上面高高叼起动弹不得的蝉左闪右避，旁边两只喜鹊扑闪着翅膀昂起头试图抢下这顿美食。横梁上残留着一处处白色的鸟粪，显然这是鸟儿们常来歇脚或者避雨的好去处。看了一会儿，我便走过去，不耐烦地将喜鹊们统统赶走。站在横梁上往下看，下方不到一米处又有一截突出的横梁，我于是跳下去，发现下面还有一截横梁。如是这般，我借助一层层交错的横梁往下走，忽然发现自己已经置身于公寓一层。

公寓外是个相对封闭的内花园，里面一片绿茵茵的草坪，被最外一圈篱笆墙包围着。我跳到花园中绕了一圈，没有找到通往公寓的入口，但有一条之字形仅容一人通行的小道与外部相通，这是园丁打理花园的小道，我在家中已经观察过了。当我小心翼翼地从小道往外张望时，对面忽然走过一只身体强壮的斑纹黑猫，猛然看到对方出现时彼此都吓了一跳，好在各自迅速走开，相安无事。

我匆匆走回花园，心中感到非常高兴，今天收获了最大的探险成果，于是在草坪上打了好几个滚。看看天色，主人快回来了，我吃了几根嫩草，便顺着下来时的秘道走回家中。回到家中，我犹自兴奋不已，这是我第一次单独走出家门，独自面对的世界很精彩，还是充满了危险？我知道自己已经无法抵挡心中那份迫切的渴望。

花园足迹

我隔三岔五下到花园中，之所以不是天天下去，是因为花园里的阳光太充足，猛烈的光线常常把我晃得头晕眼花。我会选择太阳被大片云朵遮蔽的时候下去，此时花园里便十分凉爽。来到花园中我首先会挑几棵嫩草吃，然后找一处清洁干燥的位置，仔细地梳理毛发，完后舒舒服服躺下来，做一个深呼吸，在青草的芬芳中独自享受我的假日生活。

花园中有时候会下来几只喜鹊，在草丛中走来走去，翻找泥土中钻出来的虫子，有时从我身边走过。最初，我们警惕地彼此打量，直到它们确认我身上没有藏着虫子，我也觉得大鸟头上的尖嘴不好惹时，双方才将警惕的视线转开。所以一直以来我们都没有打搅对方的意思，保持着相安无事的局面。

花园外面是一条人行道，早上和傍晚时分，会有不少住户牵着狗狗经过这里。起初我很少走出花园，因为我形单影只，觉得不安全，而且也没啥意思。直到我与黑猫交往，这种情形才有所改变。

下午我会待到五点钟的样子，看到花园中走动的人多了起来，才慢悠悠走回家中。

晚上，我一般不会下到花园，因为主人会在入睡前关上浴室窗户，我就没办法出去了。

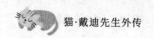

最初，主人发现我身上经常沾着草屑，便觉得很奇怪。直到有个周末，主人出门做美发，拎起上班的小皮包便离开了。而我忘记了这是一个周末，以为主人出门上班，眼看天气不错，就下到楼下玩。结果主人中午就回来了，满屋子翻箱倒柜找不到我，灵机一动，便在书房往窗外搜寻，终于发现我眯缝着眼睛肚皮朝天地躺在草堆中。

主人看到我自己能够下去，又能够准时回家，没有多说什么，便由得我这样了。不过主人有时候会指着我的脑瓜子用充满威胁的语气警告我不可以在外面拈花惹草，否则就将我扫地出门，让我自己找野猫玩儿去。

讨厌的鼠患

某天下午，我正躺在草丛中睡午觉，一楼的公寓内突然乒乓作响，好似有打斗的声音。我好奇地跳上窗台观望，只见一位老奶奶倒拿着拖把，正往沙发底下乱捅。不久，沙发下跑出来一个小家伙，在客厅里乱闯乱跳，老奶奶便跟在后面追打。显而易见，这是一只老鼠。我第一次看到真正的老鼠，心中不禁一阵莫名的小激动。只见受惊吓的老鼠在屋中跑了几圈，然后"吱"一声溜入厨房。老奶奶却还不知道，仍在客厅到处搜寻，最后无可奈何地用拖把柄捶打着地面，一副咬牙切齿的表情。

就老鼠这小身板的动作，在人类看来可能还算敏捷，但在我眼里不过就是慢动作罢了。我并不想管人家的闲事，于是跳回草地，继续午睡。没多久，我眯缝着眼，看到老鼠叼着饼干从窗户溜出来，四下张望后，沿着墙壁慢慢滑下来。在它跳落地上的一瞬间，我从草丛中一跃而起，凶神一般突然出现在它面前，小东西吓得忘记逃走，被我顺势一口叼住，吱吱惨叫。

想不到这么容易得手，我都有些崇拜自己了。正考虑下一步该怎么办时，听到外头响声的老奶奶从窗户里探出头来，看到我口中噙着老鼠，顿时满脸笑容，口中嘟囔着，回去拿了一块鸡肉丢出来，想来是要犒赏我。我没有吃，实际上我对老鼠肉也同样没有兴趣。不过当我将老鼠吐出来后，怎么拨弄老鼠都没反应，原来老鼠已经死了。我还没使上劲，怎么就死了？我十分不解，后来推算，极可能是被我威猛的出击给当场吓死的。

晚上，主人笑着对我说，楼下的奶奶说你帮她捉老鼠了是不是，想不到大D名声在外啊。老奶奶和主人经常在楼下碰面，所以挺熟络的，有几次碰到主人抱着我去做美容，所以也认识我。

过了几天，主人回来说，下面的奶奶想请你去帮她驱鼠，下去试试看吧。于是抱起我便下到老奶奶的家。一入屋，老奶奶便解释，叫大D下来的意思，是想在屋里留下猫的味道，想必这样老鼠就不敢来了。入屋后我初时不敢走动，后来在主人的鼓励下，一点点在屋子里探寻起来，个把时辰后，整个家都被我走遍了。我有个发现，就是老奶奶特别爱吃饼干，从厨房到大厅，从主房到客房，摆满了各式各样的饼干，但是总有几个饼干盒子忘记合上。

老奶奶打开一个鸡肉罐头，说是她今天特地走到宠物店买的，我还是没有碰，我走到主人脚边打转，我想回家了。

此后，当我在花园里散步或者在草丛中睡觉的时候，老

奶奶如果看到我，都会亲热地跟我打招呼，间或我也会跳上窗台跟老奶奶互动一下。

后来听老奶奶说鼠患虽然少了，但老鼠时不时还会出现。一天早上，我跳到老奶奶的窗台上，屋里面的情形使我大吃一惊，餐桌上有一盒饼干被撕开了，拖出来的饼干散落在桌面各处，掉在地上的更是被践踏得破碎不堪。看来，老鼠在老奶奶家果然祸害不浅。

我一时也是束手无策，因为这几只老鼠太狡猾了，吸取了上次的教训之后，它们已经不敢明目张胆地在白天作案，改为深夜行动，而这个时候，我正在主人身边打呼噜呢。

交友黑猫

我在花园时，常常和斑纹黑猫打照面。黑猫毛色油亮，有一对黄水晶般的眼睛，非常醒目，熟络后我就改叫它为黑糖。黑糖也像我一样，从主人家跳出来到处闲逛，不过它住的地方在一楼，很方便。据我平时观察得知，黑糖都是逛到天黑才回家的，我猜想是它的主人很晚才到家的缘故。黑糖常和我说起它和主人的事，它说主人脾气暴躁，动不动就斥责它，完全没有耐心跟它一起玩。所以，它宁愿整天在花园里东游西逛，肚子饿了才回家。

后来跟黑糖相处久了，我发现黑糖脾气挺好的，就是大大咧咧，对什么都满不在乎的样子。有天，我又看到黑糖走路时垂头丧气，便把它叫住，问是怎么回事。它告诉我，因为在主人睡房处尿床，它又被主人狠狠收拾了一顿，这种情形已经是第二次了。我便告诫它，有时候主人斥责我们，并非因为我们犯了不可饶恕的错误，而是对于他们所看重的家庭成员间的信任关系，我们却自以为是，不加理会。好比你认为尿床只不过是留个印记，但这样主人便没办法休息了，休息不好心情自然好不了。第一次主人警告你后，主人还能够打开睡房让你进出，说明是对你的信任，你如果还不将习性改过来，主人不接纳你也就顺理成章了。

黑糖似乎听懂了，于是问我如何跟主人相处。我很耐心地告诉它我的方法：首先，要放低姿态，不能太高冷。然后观察主人的行为习惯，理解主人的生活方式，找一找主人的小孩子天性。接着以猫咪特有的方式，表达自己的情感，试着与主人交流，请求主人的帮助。这样一来，主人发现她的感受和需要被理解了，她就愿意花时间跟我交流。有时候我做错事被主人斥责了，我就卖个萌，很有效。

过些天再见到黑糖时，这家伙情绪好多了，说这几天它啥也没做，主人快到家时，它就走到大楼外面等着，然后陪同主人走回家。主人入屋后，没事就围着主人打转。忽然有那么一个晚上，它的主人开始主动跟它玩游戏了，还把它和他一起散步的照片发到朋友圈，听主人说这让他赚足了面子。

我先是道喜，接着我想到一事，于是跟黑糖说，我的花园里有好些个老鼠，非常让人讨厌，要怎么做才能够一网打尽呢？黑糖听完我的描述，摆出不屑一顾的神态说："说到捉老鼠，你们英国猫不行。跟我来，让你开开眼界。"我半信半疑，便跟它往花园走去。走到老奶奶的窗口下，黑糖嗅嗅地面便说："你看，这里有颗老鼠屎。我们可以通过跟踪老鼠屎的痕迹找到老鼠的藏身之地。"

147

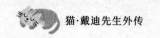

我没好气，说："这个我懂，而且也试过了。问题是，老鼠相当狡猾，它乱走乱窜，故意拉得到处都是屎，让我摸不清它的来路。"

黑糖用鄙夷的眼神看着我，说："就你这种三脚猫功夫还出来混社会？找老鼠要有方法，不是那么容易的。"

于是我就蹲在旁边看它的操作。

黑糖在花园里来来去去边走边嗅着地面，没多久，就打手势让我过去，说："我已经查看过了，你看，花园的西面老鼠屎少，而东面比较多。"

我忽然觉得脑袋中被人拨动了一根弦。

"我们可以沿着老鼠屎最多的位置大致画一下，你看，这是一条弧线。"黑糖指着花园的草坪，继续补充道："然后，我们用这种方法找到弧线的两边。"

我脑海中灵光乍现。

"弧线和两边刚好在草坪上夹出一片扇形，这里老鼠屎最集中，显然便是它们的活动范围。"黑糖在我面前比画出形状，"据我推测，老鼠窝的位置不是在扇形的末端，便是在稍远些的地方。"

我瞬间领悟，立即跑到这片扇形的末端，仔仔细细搜寻起来。果然，在一株粗壮的桃树的两个树根之间有个小小的洞口，洞口四周留有老鼠爪印。另外我还发现，扇形末端靠近洞口的一带，居然没有落下一粒老鼠屎，足见老鼠之小心谨慎，怪不得我之前用的追踪鼠迹的方法会失败。

我对黑糖的侦查技术十分佩服。送走黑糖后，便开始思考捉鼠计策。我跑到老奶奶家，推开饼干盒，叼出一块饼干，然后跑到离老鼠窝稍远一点的地方放下，而我就藏身在桃树边的灌木丛中。

等了一炷香时间，有只老鼠果然忍不住，从土洞内钻出来，鬼鬼祟祟一番张望后，便急促地跑向饼干，就在它兴奋地扑向饼干的瞬间，我一个箭步冲出去，出掌摁住这个家伙，四把尖刀随即深深插入它的肉中，让它无法动弹。然后叼起来，走到鼠窝边，牙尖用力，让老鼠发出最凄厉的惨叫声，最后才将它弄死。接着我在鼠窝处拉了一泡尿，警告它们这里是我的地盘。

本来想把死鼠丢弃在鼠窝边，转念一想后，我叼起老鼠便跑进老奶奶家。老奶奶正在卧室午睡，我将死老鼠放在虚掩着的房门前，这样老奶奶睡醒后打开门就会看到，我就想问老奶奶：惊不惊喜、意不意外？

此后，我就再没听说老奶奶抱怨有老鼠了。

又有一天，我正望着几只低飞的麻雀出神，黑糖问我想不想跟它学习捉鸟。

"这天上飞的鸟你也能抓下来？"我不禁大感惊奇。

"嗯，有挑战，但是难不倒我。"黑糖微笑着说。

于是我们来到一处空地，空地上面有一座棚架，长满了藤蔓植物，开着细碎的黄色小花，空地上落有小堆的花瓣和花蕊。黑糖说："这处地方麻雀常来光顾，我们就在这里试试手气。"于是黑糖带我走到另一边守候着。

不多久，便有好些麻雀降落到这片空地。黑糖说，麻雀和蛇一类的动物，对于固定不动的物体是不敏感的，但对于连续移动的物体会高度警觉。所以，当我们接近时，要紧盯着麻雀观察，它在觅食时，我们便匍匐前进，它在观察四周时，我们就暂时不动，这样逐渐靠近。但麻雀往往是几只一起来，它们之间也会相互警示，所以要瞄准它们同时放松警惕没在瞭望的间隙前进，这个就要考验耐心了。这段时间里，

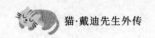

我们还要物色好猎物，选定一只看上去脑袋呆笨、动作迟钝的下手。

于是我便在一旁观摩黑糖捕雀。果然，黑糖依计慢慢匍匐接近，每当麻雀稍有觉察的时候，黑糖便会瞬间石化。与麻雀相距四五米之时，黑糖突然发力冲刺，几只麻雀受惊飞起，但毕竟没有黑糖动作快，只见黑糖飞扑中伸出爪子往空中一捞，一只飞得稍微迟缓的麻雀就被打了下来，落入黑糖的口中。

黑糖跟我说，学会了平地抓鸟，在草地中抓鸟更是轻而易举。于是我有一段时间就专门练习捉鸟，抓到鸟后，多数被我当作点心吃掉，有时我会带回家，将战利品献给主人，可每次都不受主人待见，我估摸主人嫌弃麻雀肉太少，毛拔光后还不够她塞牙缝的。

黑糖是我的良师益友，它给予我野外求生的种种启示并传授我技巧，这些对我今后一段特殊时期的生活起到了至关重要的作用，此乃后话。

外来橘猫一：狭路相逢

一个冬日的下午，我正在花园中低头寻路，想要找出从草坪底下传来的吱吱声的来源，忽然从灌木丛中钻出来一只橘黄色的猫——没有光泽的皮毛七零八落地挂在身上，看得出来很长时间没有打理过了，肚子瘪瘪的，陷了进去，似乎正在挨饿。这一带是我惯常活动的地方，留有我的标识。要从外面进来，都必须是我的熟人，否则按规矩只能绕着外围小路走。这只家伙居然大大咧咧走进来，真让我怀疑它的家庭教育是否出了问题，或者鼻子需要好好修理一番。

于是我竖起尾巴，发出低沉的呜呜声以示警告。然而对面的橘猫似乎不甘示弱，用同样的呜呜声回应我。我们两个越走越近，逐渐放慢脚步，直到之间剩余一个胳膊的距离，才同时驻足。我用余光扫视四周，看有没有好友正在附近闲逛，可惜周遭一片宁静，黑糖也许正在某处四仰八叉地打着呼噜，又或者与某个母猫勾肩搭背调情。看来急切间没有援手，只能够亲力亲为解决问题了。于是我呵斥道：

"这里可是我的地盘，请你立即掉个头，从原路退出去。"

"我不知道这是谁的地盘，我只想从这里走过去，没别的意思。"

"你不能走这边，旁边有的是小路。"我将音调调高了八度。

"我就走了，怎样？"

"我就想揍你一顿。"对这个不知好歹的家伙，我有点生气了。

"你以为你可以打赢我？"

"你不相信？"

"我倒想见识见识。"

"你留意了，我马上就给你一顿胖揍。"我龇牙威胁。

"来呀，我等着呢。"

我们两个就这样咆哮着僵持，可谁都没有动手。我不想出手，原因是如果附近就有我的好友，我的叫声迟早会引起它们的注意，然后便会赶来助我一臂之力，吓也把它吓跑了，亲自动手与这只不知来历的猫打架实在有点掉价。只不过今

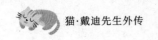

天似乎不是吉日，我喉咙喊破了居然没来一只，这让我相当不爽，回头见了它们几个定要狠狠数落一番，我打定主意。至于对方，不想动手的意图也很明显，毕竟此处不是它的地盘，有所顾忌，另外形体上大小和我差不多，要动手的话讨不了太多便宜。

"你从哪里来？"我问道。

"你不用管。"

"如果我要管呢？"

"那要问问我的爪子答应不。"

"我会把你抓得满脸血。"

"好吧，出手吧。"

"你以为我不敢？"

"别说废话。"

眼看口头威胁不太奏效，加之喊得口干舌燥，我于是改变策略，慢慢坐下来，等待转机。实话说，争吵打架真不是我的强项，虽然古语说得好"老子不发威，你当我是只病猫"，刚才已算是发过威了，所以我有信心是不会被归到病猫一类的。想到黑糖一伙还没赶来，当真见鬼了，我不禁又气得牙痒痒。

忽然，树顶上传来嘈杂的声音，似乎几只麻雀正在打架，我们一直怒视对方，仅仅将耳朵转向了树顶。片刻，随着扑哧扑哧几声翅膀的扇动，两只麻雀从树上一直打斗到草地。看来，我们两个因为仇恨已经石化了的猫根本没引起麻雀的注意。麻雀打斗得很激烈，几片被啄掉的白羽飘上半空，这让我感到有些惭愧，光斗嘴算个啥，咱也是有血性的是不是？正当我胡思乱想的时候，对面的橘猫陡然急速转身，朝向麻雀方向凌空一跃，瞬间就被它打下来一只，摁在地上，伸嘴一叨，然后快速往来路方向跑掉了。

随着另一只麻雀惊慌失措地腾空飞起，我这才回过神来，"这小子身手敏捷，果然有两把刷子。"我喃喃道，然后信步走到黑糖的居所。我抱着树干观察，黑糖竟然不在屋中，这小子去哪儿了？

外来橘猫二：伺机报复

第二天上午，我终于见到毛发闪亮、英姿勃发的黑糖。原来黑糖昨天被主人胁迫去做美容了，可怜把它当场整得奄奄一息。我将昨天发生的事跟黑糖说了。

"竟然有这种事？"黑糖一脸难以置信的神色，随之而来便是气愤。"这样吧，"黑糖说，"如果再遇到它，我一定会让它吃点苦头，让它知道地头猫的厉害。"

中午时分，黑糖召集了附近六个兄弟，我们在一棵栗子树上召开猫会。这棵栗子树树身粗壮，树冠浓密，而且位置偏僻，不会有人打搅。从栗子树根部往上两米多高处，横向伸出四五个粗大的树丫，在树丫和树枝的交会处，天然形成数个宽大舒适的树窝，这棵栗子树是我们召开猫会的指定场所，闲人免进。

我们爬上栗子树，各自选一处树窝坐下。我边舔着手背毛边将昨天的遭遇又描述了一遍，不过我将橘猫最后衔鸟离开的一幕加以改编，变成是慑于我的威严知难而退。

"总而言之，"我加强语气道，"不懂规矩，入侵本猫领

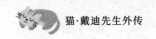

地的行为是不可原谅的，犯事者必须得到应有的惩罚。"我愤然说道。

我一番慷慨陈词果然引起了大伙的公愤。

"我表示严重抗议！"老王家的猫马上表态。

"强烈谴责。""是可忍孰不可忍！"其他猫纷纷附和。

眼看大家为我打抱不平，我自是十分感动。

"如果抗议有用，还要我们这些猫爪子有什么用？"传来黑糖冷冷的声音。

黑糖毕竟是黑糖，一句话便能切中要害。我又很是将老王家的猫鄙视了一番，这个老家伙，除了胡子可以装点门面外还真没有拿得出手的本事。

"这样吧，"黑糖思考一番说道，"下午大家分头找找，如果这个家伙还胆敢在我们的地盘上撒野，我们就如此这般……"大伙对黑糖出的主意非常满意，于是便迫不及待地分头睡去。

正当我睡到半梦半醒，隐约传来两长一短的叫声。我竖起耳朵，忽然想起，这便是大伙中午约定好的暗号。我急忙从栗子树上跳下来，辨明了方向，三步并作两步朝着目标奔去。

不远处一道篱笆外，果然又见到令我生厌的橘猫，这回，橘猫与我们两个伙伴杠上了。我打量四周，果然兄弟们都在附近虎视眈眈，这次我们具备压倒性的优势，所以大伙便如看戏般一脸轻松。随着前面两只猫步步逼近，橘猫终于发现自己处于极其不利的位置，于是开始慢慢后退，本想往侧面走，可是两边又钻出来更多的猫，正不怀好意地瞪着它，于是只好继续往后退。这样，我们慢慢地压上，橘猫步步后退，最后被我们赶到一处草地上。草地三面被池塘包围，只有一个入口。池塘水本不深，七八岁的小孩子走进去也就没到膝盖位置，但对于猫来说，这个深度可是灭顶之灾。

眼看算计得逞，我们便快速跑离，只留下黑糖监视。我爬上附近一棵树上观察，只见黑糖一脸戏谑地看着橘猫，然后撅起屁股撒了一泡尿，事毕竖起耳朵蹲坐下来。时间一分一秒过去，忽然，我们其中一只猫发出了暗号，黑糖听到后，朝橘猫投去一个玩味的眼神，随即转身快速跳离此地。正当橘猫不知所措，也准备离开时，从草坪入口处走来一条斗牛犬，一下子便将橘猫的去路堵死了。

这条斗牛犬名叫八宝，名字好听，实质是"小区三霸"之一，性格暴躁凶残，仗着皮糙肉厚，见到不顺眼的动物便会龇牙咧嘴，露出滴着哈喇子的尖锐牙齿。我们有个伙伴见过它打架，纯粹是拼命三郎的打法，就是不惜自损八百，也要杀敌一千那种，非常可怕。八宝通常由主人牵着绳遛，但在这处位置，由于自成一个封闭的区域，主人便会解开绳套，让八宝在里面自由活动。所以这个地方对于园区内的大部分动物而言，就是个凶地，谁也不敢贸然走进去。

只见屁颠屁颠跑着的八宝忽然停下来，嗅着黑糖刚才留下的异味，瞬间变得烦躁不安，后脚往后踢着草皮泥块，口中发出咆哮。它稍微一抬头，看到正在池塘边瑟瑟发抖的橘猫。八宝仰天一声号叫，也不知道是愤怒还是兴奋，虎视眈眈地朝着橘猫走过去。

可怜的橘猫无路可退，只能冒险冲出去，只见它贴着池塘边缘走，准备选择一条可以快速奔跑的线路。可是，对于身经百战的八宝来说，这种伎俩根本就是个笑话，它就像霸主般一步一步往前走，然而每走一步，都将橘猫的活动范围

155

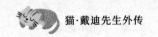

压缩了一块，无论橘猫再怎么走位，所有路线都在八宝的掌控范围之内，这真是令人绝望的一幕。

橘猫没有办法，蹲下来龇牙发出低沉的咆哮，最后，没有选择余地的橘猫终于出手，跳起来挥掌出击。可是形体上的差距实在太大，八宝毫不躲闪地扑将过去，张口便咬住橘猫的手臂，把橘猫带飞起来，然后左右猛甩，一松口，将橘猫抛到池塘中。

半空中橘猫的惨叫余音未尽，便"扑通"一声掉落水中。幸好，它毕竟懂得游泳，于是扑腾着，慢慢游向池塘后方。上岸后，橘猫先是甩了一通水，然后举起被咬的手臂，这里已经渗出一大片红色，橘猫颤抖着，开始舔舐伤口。

我和黑糖密切观察着，看到这一幕，我不仅没有幸灾乐祸，反倒同情起橘猫来，转而憎恨这只出手狠辣的斗牛犬。我和黑糖交换了一个不忍的眼神，似乎都在问对方，我们不会太过分了吧？我跟黑糖说："这样吧，好歹橘猫也领教过厉害了，现在我们还弄不清楚它的来历，它也许是不经意路过的猫，也许是小区新租客养的猫，我们弄清楚再说。"黑糖也是这个意思，于是约好下一步去探查橘猫的行踪。

外来橘猫三：坚守本心

橘猫忍痛自行疗伤后，吊起前肢一瘸一拐地走了。此时天色已经昏暗下来，各处楼房华灯初上。我和黑糖若即若离地跟在后头，橘猫也没理会我们，只顾着自个儿走路。转过一片树丛，过了几个小路口，前面便是小区的热水站了。这个热水站靠近小区出入口，是一幢独立的建筑，周边围绕着厚密的灌木丛，平日里屋顶烟囱总被一团白雾包裹着。橘猫走到热水站入口，便拐进去不见了。我和黑糖站在入口，犹豫着，不过我们实在不想进去，因为门口传出来的味道太恶心了，那是一股混合着煤气、汽油和铁锈的味道。

我们于是绕着热水站转圈，很快，我们便找到可供观察的地方。热水站是个半下沉建筑，工作间大部分位于地面以下，只在上方留有数个透气纱窗，比外头的路面高出约莫一尺，我和黑糖站立起来便能透过纱窗观看里面的情形。

一所房子内，靠墙并列安放着两张简易铁床，对面墙有一排铁柜，铁柜上堆满各种器件和工具。铁柜和铁床中间，有一张饭桌，此时有两个工人在用餐。伙食很简单，不过几个大馒头、一锅炖土豆和几包咸菜。

橘猫正走进房间，奇怪的是，橘猫走路忽然变得稍微正常了，难道它不疼了？装的吧？我嘀咕道。橘猫走到穿蓝格子衬衫的小伙子身边，喵喵叫着，小伙子顺手撸一撸橘猫的头，笑道："到饭点就知道回家了？今天还是没有买到肉，等会儿我倒些土豆汁给你吃吧。"

"这是什么菜，土豆汁也能吃下去？"黑糖一脸不可思议。果然，等到两人吃完饭，小伙子便在地上拿起一个碟子，从锅里舀了一勺土豆汁出来，倒入碟子中，然后走到墙角放下。橘猫看来真饿了，亦步亦趋地跟着小伙子，碟子一放下，马上低头吃起来。我和黑糖面面相觑。

"真的，"我说，"我从来不吃不带肉的东西。"

"我也是，闻到土豆的味道就感到恶心。"

"不过依我看来，这只橘猫还是吃得挺香的，也许从小便吃习惯了。"

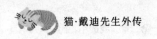

"就这样能够吃饱？鬼才相信。"

忽然我的肚子传来几声咕咕叫，我和黑糖同时感到饥肠辘辘，于是约好晚饭后再来。

我回家享用晚饭后，与主人玩耍了一会儿，趁着主人梳洗，一溜烟又跑出去。等我来到热水站，黑糖已经到了。我正好听到里屋两人在谈话。

"你是一个人来京城找工作的吧？天气这么冷，我估摸着你带的衣服不够。"

"是啊，家里出了点变故，需要我出来赚钱。"

听完谈话，我和黑糖终于了解了事情的始末。小伙子上个月山区老家失火，父母被烧伤，需要一大笔医疗费。还有一个妹妹在念小学，也要花钱。正在念专科学校的小伙子没有办法，只能办理临时退学手续，外出打工赚钱。幸而有熟人介绍，并且因为懂些技术活，便被安排到小区热水站做维护。在这里工作脏和累是免不了的，好处是收入高些。小区负责人对小伙子的遭遇深表同情，给他提前预支了三个月薪水，小伙子二话没说，转头便将所有收入汇到家中。小伙子从家乡带来他最喜欢的橘猫，按他的话来说，橘猫是他在异乡的精神寄托。

话说完，另一个人转身离开。小伙子走到床边小桌前坐下，打开灯，摊开书本。那只橘猫，刚才还在地上舔毛，看到主人开始念书，于是走到桌子底下，摆好上跃的姿势，然后往上一蹿。结果平时易如反掌的动作，今天便不好使了。由于跳起的力度不够，两只爪子刚搭上桌子边，身体便往下坠去，然后看它拼命在书桌边缘乱抓一通，最终还是屈服于地心引力，顺便跌个四脚朝天，发出一声哀号。

"怎么回事？"小伙子急忙从地上抱起橘猫，将它放到桌子上。这时，在灯光下，小伙子显然看到了橘猫左前肢部位一片血红，他倒吸一口凉气，急忙按住橘猫，抬起前肢仔细检查，然后匆匆走到工具架边取下急救箱，从里面找到药水，帮橘猫清洗伤口。那可真是揪心的疼啊，橘猫低沉地发出只有我和黑糖才能体会的呜咽声。完了小伙子剪下一段纱布，在上面涂抹一层药膏，然后将橘猫的左前肢小心包扎好。

"好了，没事了，一定是爬树跌倒的是不是？"小伙子拍拍橘猫，"不应该啊，你身手向来不错，走瓦背顶从没跌下来过，今天栽跟头了？"

"喵——"

"明天不要乱跑了，给我好好休息两天再说。"

"喵——"

"现在不像以前了，我没有多余的时间来照顾你了。"

"喵——"

听到此处，我忽然感觉良心遭受到一万点暴击，如果我还有良心的话。我和黑糖面面相觑，不知道对方做何感想，只能叹口气继续观察下去。

小伙子念起书来。橘猫趴在书桌上，急促的呼吸逐渐平复，然后下巴贴着桌面沉沉睡去。

我和黑糖退出来，商议在接下来的几天，由我们小区猫友会成员负责打猎，每天保证向橘猫提供两只麻雀。

第二天下午，我和黑糖再来的时候，见到左手绑着白色绷带的橘猫抱手趴在热水站门口，眼睛眯缝，神情萎靡不振。我没出面，由黑糖叼着两只半死不活的麻雀走去，放到橘猫的面前。橘猫看到也不客气，估计真是饿坏了，当场摁住麻雀扯起毛来。

159

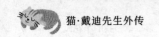

等它吃完，我和黑糖便用温和的话语向它表示了歉意。在我们这些漂亮的话语说完后，敌对变成了善意，猜疑化为了友谊。最后我们邀请橘猫加入我们猫友会。这件事情发生后，我常常想到，虽然我们猫族和主人的世界不尽相同，但我们也能成为主人们抚平伤口、坚守初衷的精神力量。

第三章　海上经历

一段时间以来，受啦啦的主人静怡小姐姐的影响，主人喜欢上了露营。主人说，星光下露营可以让她平复心里不安和躁动，解放渴求自然的内心。另外，主人尤其偏爱大海的波涛声，说是能让她回想起一些往事。于是主人找到了一处最让她满意的露营地：秦皇岛翡翠岛。这个地点，离家只有三个半小时高速路车程，想什么时候去就什么时候去，几乎可以随时拎包出行。到翡翠岛后，主人把车停好，步行到海滩搭帐篷，不消十几分钟时间，再不用背着大背囊行军几里路，所以相当便利。

每次去翡翠岛，主人都会把我带上。白天牵着绳遛猫，晚上将我关到帐篷内，防止我到处乱走。其实来了几次后，我对这一带地形早已熟悉，但由于海滩上露营者很多，为避免意外，所以主人采取一些防范措施也是应该的。

海滩露营

这个周末，主人又驱车来到翡翠岛。晚上，主人像往常一样，将猫砂盆放在帐篷外面，临睡觉前，牵着我进去便便，完后将我拉回帐篷，然后系紧门帘拉链。

今晚不知道为什么，听着海边传来缓和、低沉的波浪声，我一直睡不安稳，站起来看看主人，她已经打起了小呼噜，一脸满足的样子。于是我只好在帐篷内走来走去，找找有没有让我感兴趣的东西。忽然，我察觉到帐篷透气纱窗的一角略微动了一下，我急忙走近细看，发现原来是窗纱的底边没有拉上拉链，被海风轻微扬起一角。我于是往上一跳，双手搭住纱窗下沿，再一挣扎，头和手都出去了，整个纱窗也被我撑大不少，然后我向前一翻，打个滚便落到帐篷外。

一阵海风吹来，夹带着轻微的海腥味，这是天底下我最喜欢的味道。我顿时觉得神清气爽，外头果然比帐篷内舒服多了。我向四周望了望，都是一片沉寂无人的空旷，远处角落亮着几盏路灯，指引着夜行者的脚步。我信步过去，发现路灯下面有一堆篝火，那是昨晚一群少年狂欢后留下的，柴火已经燃尽，剩余一缕缕细微的青烟相互缠绕着往上飘去，融入夜色。我没有找到什么，于是继续朝海边走去。

我忽然听到，海边传来了轻微但是非常密集的声音，这一下子激起了我的好奇心，于是我快步跑过去。原来是很多小螃蟹，趁着夜色从小小的沙洞里面钻出来，都在海滩上横行无忌。其中一些还背着螺蛳壳，跌跌撞撞地走，非常有趣。我就站在沙滩上用爪子逗弄它们，把它们弄得四仰八叉。偶尔也被后面偷袭的螃蟹钳住后腿，不过我只需一抖腿，它们便化作一道弧线，消失在黑暗中。我曾经试着去品尝新鲜螃蟹的味道，可是只要一低头，便会被蟹鳌夹住鼻子，传来针刺一样的疼，次次如此，我只好放弃了这个想法。

海鲜是品尝不到了，而且我也玩得有点累。我发现路灯的远角处，摆着一大堆箩筐。我当即决定吹着海风，在箩筐中睡一个晚上，早上起来再找主人相会。

登船出海

天才蒙蒙亮，我就被剧烈的晃动弄醒了。发现周围聚集了不少人，正把箩筐一个个叠起来，放到拖车上。我立即想到要逃离这个是非之地，可是已经太晚了，"啪"的一声，一个大箩筐从天而降，一下子将我压到底下，幸好箩筐不能压到底，否则我很可能会被压死。我手足无措，只好趴在箩筐底，从箩筐的缝隙处观看外面的动静。我和所有的箩筐一起，被堆上了拖车，拖车便从海滩一直开向渔港码头。路上我看到主人的帐篷，呼喊了两声，情知无用，只好作罢。

一路颠簸到渔港。拖车驶近一条渔船，把所有箩筐卸到渔船后甲板。当天际出现鱼鳞一般的红霞时，渔船长长地鸣笛一声，离港出发了。我看到离港的渔船一接一艘，排成一列，我乘坐的渔船位于中间。

我在箩筐中，心中涌起苦涩的滋味，不仅茫然，而且害怕，本来生活得好好的，怎么突然就要与主人分别了呢？我还没准备好跟主人分手时说的话呢。然后我又想到，这艘船要去哪里，去做什么，要去多久？正当我焦虑万分的时候，突然想起，渔船不就是出海打鱼吗，打完鱼便会回来，而且，可能今晚就会回来，这样，我就可以与主人重逢啦，这个念头确实使我觉得好过了些。我现在需要做的，就是保持足够的耐心。

离开港口，渔船便在海洋里晃来晃去，而且是前后晃，左右晃，上下晃，弄得我非常恶心，总想呕吐。

这时候太阳在东边的云彩上已经露了头，金灿灿的阳光铺满了海面，起伏的波浪好似一匹微风下抖动的丝绸。回头

望向海港，海港一带还笼罩在暗淡的晨雾中，看不分明。主人大概刚刚醒来吧，不知道找不到我，会有怎样的想法呢？大概会以为我出去玩一阵子就会回来吧，真希望主人不要心急。我就这样一动不动地看着逐渐远离的海港，眼中噙满了泪水。

就在我神思恍惚的时候，走来几个肤色黝黑的男人。先是打开水泵，冲洗甲板上的杂物，然后整理渔网，将渔网上的扣环一个个串起来，挂到一条长铁上，接着清洗箩筐。我非常高兴，不过也很紧张，高兴的是可以不用像龟孙子一样憋一整天了，紧张的是渔民会如何对待我这个不速之客，会不会将我当作鱼饵扔到海里面钓鱼？我的小心脏一直扑通扑通跳着，如同等候最后的审判。

忽然，我听到一个渔夫兴奋地叫喊："这里有只猫哩，啊，真是一只漂亮的猫。"这道声音当即把周边的人都吸引过来了。渔夫轻轻提起箩筐，然后伸手将我抱了出来。"是啊，真漂亮，哪里来的？让我也摸摸。"渔夫们的声音此起彼伏，充满了惊奇的快乐。"可能是昨天晚上自己跑进来的吧，这才看到。"渔夫回答，"你们先忙，我去给它喂点吃的，它看起来好像饿坏了。"渔夫好像怕别人从他那里夺走宝贝一样，急急忙忙将我抱到船舱。

我一着地，立即紧张得全身紧缩，躲进一张椅子下面。渔夫笑嘻嘻的，走到饭桌边拿起一条小鱼，放到我面前，然后找到一个碟子，往里面倒了些清水，同样摆在我面前。我没有进食，只是紧张地环顾四周。这间船舱（为了与其他船舱区分，我且把这里称为"大船舱"）摆了不少桌椅和非常简单的床铺，想来是渔夫们休息、吃饭的地方。舱顶四周，挂着各色风干的鱼和腊肉，而在我的周围，塞满了橙红色的救生衣。

这时候我看到二十多个人一起进入大船舱，一个貌似头领的人发话了："这次我们捕捞马鲛鱼的地点选在依米岛海域，离海港有两千公里，来回需要三个星期。出海的事情，我再重复一遍，我的命令必须得到绝对服从。我的要求很简单，大家尽职尽责，事情做足之后可以商量。我丑话讲在前面，如果船上有人偷懒或者胡作非为，我绝对不会跟他客气。现在，大家有什么要报告？"

带我讲船舱的渔夫报告说："船长，今天船里面进来了一只猫，这几天我可能要花点时间照顾它。"接着将我捧了出来。船长瞪着我看，严厉的眼神逐渐带了些许笑意，然后说："放在这里太邋遢，你先将它放到我的舱室中。现在所有人，开工！"

就这样，我被送到船长的舱室，这个舱室位于驾驶舱后方，地方宽敞而且布置得相当舒适，有张大床，有写字台，甚至还有一个书柜，上面插满了书。渔夫将我放在地上便出去了。我扫视一圈，一下子就跳上床，找到最中心的位置盘坐下来，思考后面几个星期该怎么对付。过了好久，船长满头大汗地走进来，看到我蹲在床上警惕地望着他，于是展颜笑道："小家伙真是老实不客气，上来就霸占了主人的铺位。"随后想了一想，转身出去，回来时给我带来一盆鱼干和清水。

船长年纪约莫四十，体格魁梧，目光坚定，脸色冷峻，一看就是惯于发号施令的人物。船长非常勤奋，只有在午饭和晚饭后，才会回到船舱歇息，泡茶看书，而后上床入睡。而在凌晨时分，还要外出巡查，半个小时后回来继续睡觉。

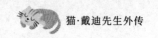

今天是上船的第一天，我在船长舱室睡了一个上午的觉后，焦虑的心情略微平复下来，觉得是时候出去看看环境了，于是我从船长舱室的小窗户跳进驾驶舱。驾驶舱有两人在操控，他们都没有理会我，我径直走出门去。这里是渔船二层甲板，地方依然宽敞。我信步走去前甲板，正巧看到船长口叼香烟，在甲板上来回踱步。

今天天气不错，我站在船头，但见碧波浩渺，海天一色，周围再无其他景物，连之前列队出海的其他渔船也消失无踪。渔船正破浪前行，被船首切开的海浪，有力地拍击着船身，发出轰轰的声音，时不时高高溅起雪白的浪花。我感觉时而抛起时而下沉，正如我的心情起起伏伏。我在船首站立片刻，便转身往后甲板走去，在船长舱后面，还有一个高级舱，后来才知道，是大副、二副和轮机长住的地方。后甲板两侧各停放一艘小艇，中间位置存放一盘盘粗细不一的缆绳。我在后甲板发现一处楼梯，顺着楼梯下到一层的后甲板，也就是我被搬上船的地方，这里水手们在各忙各的事，看到我后便会打个招呼。

我顺着下层甲板往船首方向走去，首先看到一座巨型的仓库，后来知道是个大冰库。冰库后是供普通船员歇息的大船舱，再往前走便到了一层前舱，前舱包括食品舱和工作舱，共用面海的一道大门，在两个仓库之间有道铁门相隔，工作舱包括厨房和特殊的舱室。舱室再往前就是一层前甲板，因为被海浪打湿，所以我没有走过去。在一层甲板的中间，有道铁梯可通往下一层，估计便是机舱了，底下发出很大的噪声，传来浓重的柴油味。

我一个下午都在摸索，终于摸清了渔船的大概情况。傍晚，当我回到船长舱的时候，发现入门处多出一个木板箱，木箱中垫着好些碎麻布，我猜是给我便便用的。

晚上，我又下到一层甲板，这时候，渔夫们走过来我便没那么害怕了。他们有时候想捉住我，不过都被我灵活地避开了。几乎所有渔夫都会将晚上的时间打发在大船舱中，打牌打麻将消遣，而我就蹲在没有人的桌子下面闭目养神。夜深的时候，那个捧我出来的渔夫会给我弄来新鲜煮好的小鱼，让我吃到饱饱的，我吃完后就回到船长舱找地方睡觉。

我晚上睡觉的地方选在船长大床前的写字台上，船长总会打开一本书，书本的味道我是十分熟悉而喜欢的，所以正好成为我的睡窝。

旅居船上

就这样，我在渔船上暂时定居下来。尽管时常为离开主人而伤心，但我还是能在眺望晨起的旭日和跳动的金波时，找到平静和慰藉。毕竟，虽然离主人越来越远，可生活还要继续。

大家都对我很不错，尤其是船长和那个渔夫——所有人都叫他阿东，他会经常给我弄些"私房小菜"。阿东上船还不到半年，七八年前，他从农村去城市，凭借理发手艺谋生。他说自己在城市中拼搏多年，但仍旧觉得自己一无是处，而城市对他们这一族"边缘人"最是冷漠无情，他感觉自己就像孤魂一样在城市各个角落徘徊，没有温暖的问候，看不到笑脸，要找到知己更属奢望。

半年前的一天，阿东决心要彻底改变生活，于是来到海边的朋友处，尝试渔民的生活，体味最强烈的辛劳和苦楚，看能不能重新找寻到自己人生的方向。这艘渔船，是他的朋友买的。朋友鼓励他，说如果阿东有志向做渔商，那他不介意和阿东共同投资一艘更大的捕捞船。

船上工作虽说简单但十分辛劳。船长和大副的一项主要工作便是监视船员在规定作业时间内有没有偷懒，哪怕是坐下来点根烟，也算作偷懒。偷懒会遭受惩戒，被派发被人嘲笑的工作，诸如刷马桶，所以船员要一刻不停地找事做。但船上确实有着做不完的杂务，比方说修补渔网、检查缆绳和修缆绳、给各种转动部件添加润滑油、船身除锈与喷漆、冲洗甲板上的鸟粪、维修座椅和木柜等等，有些是每天做，有些是循环着做。所以整条船从甲板到船舱总是被收拾得干净整洁，十分符合我的品位。船员休闲的时间安排在午饭和晚饭后，可以打打牌什么的。

第二天，我跳上驾驶台，惊喜地发现这是一处非常理想的歇脚地。这里正对着渔船的正前方，有着绝佳的海景视野。驾驶台上还有顶舱，所以不会晒到也不会淋雨，而且空间开阔，我可以任意伸展。于是，我决定今后想看海时便蹲在这里。船长来到后面色却十分古怪，因为他看到的情形是这样的，一只稳稳蹲坐在驾驶台上的猫，神情专注地目视大船前进的方向，大屁股向着驾驶员，垂下一条毛茸茸的银白尾巴如同汽车雨刮器，在仪表盘上扫来扫去。

船长正想把我赶下来，旁边的大副急忙拦住，说这样也挺好的，然而船长看了看他的身材，皱眉不语。大副离开驾驶舱，片刻后取来一块厚木板垫在地板上，然后若无其事地踏在上面操纵方向舵。船长正想走开，忽展颜道："这个主意不错，省得别的船以为我们船是无人驾驶。"从此，他们开始喊我"领航员"，简称"领领"或者"铃铃"。其他轮班驾驶的船员也都乐意接受这种改变，因为他们可以一边驾驶，一边正儿八经地撸猫。

后来的事实证明，我并非浪得虚名。

灭鼠立功

第四天傍晚，我经过食品舱和工作舱时，发现厨师正艰难地撅着肥大的屁股在地上寻找什么，换了一个位置又一个位置。厨师长得五大三粗，络腮胡子又满脸横肉，看上去极其凶悍。我好奇地走过去，厨师见我进来，便堆起脸上的横肉，也不知是高兴还是懊恼，拿起一个土豆，指着上面缺了一块的位置对我说，食品舱里有老鼠。我闻了一闻，果然一股老鼠骚味。抓老鼠是我的本行，责无旁贷！于是我打量一番周围环境，然后跳上一个不高不低的储物柜。厨师见我显然准备抓鼠了，便拍拍我的脑袋，带着放心的表情走开了。

想起之前我在小区抓鼠，是通过追踪鼠迹而手到擒来的。我想故技重施，于是跳下来，在食品舱寻找了一圈，这里堆成山一样的食品，包括一袋袋的土豆、番薯、大米和面粉，还有大批脱水蔬果。然而我发现食品舱到处都留有鼠迹，没办法嗅出老鼠的行走路径，于是只好又跳上储物柜。我想，那就玩玩猫捉老鼠的游戏吧，看谁能耗过谁。

于是，从傍晚开始，我便耐心地守候在高处，也不须看，只是竖起耳朵监听。到了深夜，传来轻微的声音，果然有只

169

老鼠，从土豆堆里探出小脑袋，小心翼翼地侦探着，确认四周没有人后，便整个窜了出来。我没有动，因为老鼠所在的位置易逃难抓，打草惊"鼠"就不好了，我继续等待最好的时机。没料到，这却是一只侦察兵，落地后转了一圈，然后吱吱叫唤，随后土豆堆又溜出来一只更大的，原来是两只老鼠团伙作案。我忽然有点为难了，要捉一只不难，要同时捉住两只就有难度了，思索一番，我决定继续耐心观察。

两只老鼠东扯西咬，毁坏了不少东西。我干脆眼不见心不烦，在柜上缩回了脑袋，但老鼠的动静依旧听得清清楚楚。两只老鼠吃饱了，便开始玩耍起来，你追我赶的，得意忘形之下呼地从食品舱跑到对面工作舱。我等的正是这个时机，我马上跳下来，几步跑过去便将工作舱的门口堵死。两只老鼠忽然发现天降神猫，吓得吱吱乱叫乱跳，可为时已晚。工作舱虽然开阔，但收拾得整整齐齐，所有物资都放在层架上，好像哪里都可以藏身，但是哪里都是敞开的，所以我只要守住工作舱门口，等第二天厨师或者其他人来收拾它们两个即可。

天才微亮，厨师便来了。见我蹲在工作舱门口朝里面喵喵直叫，忽然醒悟过来，打开灯，便看到两只老鼠挤在一起，头挨头趴在一张凳子下瑟瑟发抖。满脸横肉的厨师露出仇恨的表情，犹豫片刻，然后离开了。

我不明所以，正在猜想，忽见厨师走了回来。只见他头上扎一条红绸带，右手拿一根粗铁棍，左手握一把大铁锤，表情狰狞，杀气腾腾，一副要找仇家索命的架势。厨师把我让出去，从里面掩好工作舱门，展开了他的剿灭行动。

我守候在门口，听见里面传来阵阵激烈的铁器碰撞声，不久之后，发出沉闷"嘭"的一声响，似乎有重物掉落地面，随后归于沉寂。我静候佳音，然而工作舱内始终毫无动静，于是我按捺不住，用手小心推开舱门，往里面张望。

在地板一角，我首先看到两只老鼠依旧抱在一起吱吱叫着，看来完好无损。那么厨师呢？我往前一看，便大吃一惊，在一个变形的货架前，地面一大堆杂乱的零件中，厨师庞大的身躯仰面倒地，头上长出老大一个包。

阿东正好经过，我便拦住他，让他看看里面发生了什么事。

阿东进去后，艰难地将厨师扶了出来，让他躺在甲板上。厨师脸涨得通红，额上汗珠滚滚，举起颤抖的手指着工作舱，拜托阿东先去清除掉里面的老鼠。阿东见厨师无甚大碍，便走进工作舱，在里面随手抄起一把铁尺，三下五除二，便将两只老鼠打翻在地。

阿东倒提着两只老鼠出来，拿到厨师面前，厨师一看，顿时哆嗦不止，用大手捂着眼，叫阿东赶快扔掉。

后来我知道，别看厨师长得煞神一般，最大的弱点就是害怕老鼠蟑螂一类的动物。他所在的厨房，从来都是经过彻底灭杀的地方，别说蟑螂，连个蚂蚁都找不到，这也是船长请他上船做厨师的原因之一，可以节省不少粮食。

原因之二是厨师身手竟然不错，手中锅铲以精钢淬火打造，铲头有常人两个巴掌大，入手沉重，当年江湖人称"一把锅铲闯关东"。又因为随身自带一个厚铁锅，行走时背在身后，所以又得外号"背锅大侠"。一铲一锅，可攻可守，把够胆对他炒出来的菜式假以辞色的同行揍得哇哇乱叫。

眼看任务完成，我便跑回船长舱睡觉了。

我是被一阵扑鼻而来的烧鱼香味弄醒的，眼睛还没睁开，张大嘴巴一口便向前咬去，果然被我咬着一块香喷喷的鱼肉。

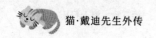

睁开眼睛一看,原来是船长回来了,正拿着一条烧鱼逗我呢。船长哈哈大笑,随即夸奖我立了大功。

后来我了解到,渔船出海,对于老鼠是十分忌讳的。因为它们不仅糟蹋粮食,还会咬坏缆绳或者渔网,最危险的,就是会带来可怕的传染病。海上的气候条件复杂多变,船员身体若有不适,很容易出现病理反应。有些时候,一次小的感冒便会导致高烧呕吐,随后便会在船员中迅速传播,所以自身携带多种病毒、细菌的老鼠危害极大。而我,及时帮助他们处理了这个棘手的问题,赢得了大家的信任。

船长的秘密一:书信

隔几天,船长便会在床头翻出日记本,因为里面夹了好些相片和信纸,这个日记本颇有些厚度。船长斜靠在厚枕上,静静地拿着日记本看,眼睛不知不觉中浮出一片迷蒙的湿润,呼吸也慢慢粗重起来,显然日记本中藏着船长的心事。

有个晚上,船长正在看日记,忽然收到船员报告,放下日记本便匆匆离开。我立即跳到床上,刚好看到日记本打开的地方有张信纸,信纸折痕很深,可见被反复打开了很多次。信纸内容如下:

你曾给我一个温暖的眼神,就温暖了我冰冷的内心。从此我思念靠在你身边那份温暖,贪恋你衣服上那份味道。

从认识你开始,我便喜欢上海面飞舞的海鸥,我多么希望我能够变为海鸥,无拘无束,去追随你的旅程,跟你到天涯海角。我喜欢上在傍晚观看海上的落霞，猜想着轮船的去向，直到夜色无情地将港口笼罩，我才会不甘心地收回视线。

我已经向上天表示了感激，让我在最美好的年华里得到你的陪伴，使我不至于成为尘世的匆匆过客，活得苍白而无知。我也向月老诚恳地致谢，使我从此不必独自在黑夜中慢慢疗伤，不再让寂寞和空虚啃噬内心。

我的心已经交给了你，今后的日子，我要追随你的足迹，听海浪的和音，听海风的吟唱，我要在风浪搏击中给你信心，在挫折困顿中给你慰藉。

我曾经患得患失，无法面对别人投来的责备目光，它让我如此的惶恐不安，尽管我已拼尽全力去适应。我也曾努力去热爱一座城市，但这座城市却抛弃了我，让我卑微而无助地在势利中奔走。我曾经强忍着夺眶而出的眼泪，只为了能够坚强地站起来。

直到我遇到了你，我才有了倾诉的朋友，有了可以相信的人，有了活着的意义，这个世界在我面前才有了精彩。于是我渴望周游名山大川，渴望创造自己的新天地，可是我仅有的一点要求还是被上天忌妒了。

凤凰山的一切是我的最爱。它曾经属于我，我更属于它。但以后它却离我那么的远，明天我要离它而去，希望它不会觉得孤寂。

放得下的，是采单枞茶的背篓，放不下是你给我万般不离的思念。你到茨坪村的那天下了雨，我真的好幸运，因为我终于留下你的信物，一件带着你的气味的雨衣。你知道吗，这几天晚上我是抱着你的雨衣睡觉的，楚淳是不是很傻？

我已经努力将我最美的一面展现给了你，以后不会再有

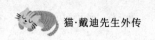

人看到了，花儿既为蜜蜂而开，离开了蜜蜂，花儿亦注定早早凋谢。恳请你永远记得我最美的一面，它只属于我的爱人。

终究，我还是要跟随命运的脚步，走到你无法遥望的彼岸。

让我沉睡在你的日记中吧，这里的时光不再无情地流淌，世事也不再变迁。在这里我们依旧可以看到彼此，可以听到彼此的呼吸，你可以继续给我讲大海的故事，而我愿意做一个最耐心的听众。

风雨中我们永远不再分开。

楚淳

我看完这篇日记，又翻到下一页，这页粘贴着两张相片，相片中的女孩子靠在男子身上，笑靥如花。这个男子，虽然我知道就是船长，但我还是辨认了一阵，才和现在的船长对上号。那时候的船长，脸虽然有些黝黑，但是皮肤光滑，目光温和，而且带着浅浅的笑意。有一张照片的背景是在翠绿色的大山前，还有一张照片的背景在渔港。再翻过一页，这页贴着一张照片，我看到船长和女孩子面对面坐在雅致的咖啡厅中，中间摆着咖啡杯和点心，女孩子怀里抱着一只猫，这只猫的品相和我几乎完全一样。怪不得船长第一眼见到我便有了笑意呢。

我正想再往后翻，可惜这时候船长回来了，我不想打扰船长的温柔时分，于是跳回写字台上。等下次再看吧，反正机会多得是。

惊人的暴风雨

第七天晚上，船长动员所有的船员做好准备，因为收到预警，有一团巨大的积雨云正朝我们这个方位赶来，预计凌晨一点会迎上我们的渔船。于是，所有人都紧张地动起来，各就各位，有的去收网，有的去检查外围紧固件，有的下到机舱调整阀门，有的到货仓去捆扎货物。

对于我，船长没有忘记，将我放入一个与地板固定的铁笼子的中间层，就在渔夫们住的人船舱内。到了晚上，我逐渐听到大风吹过船舷和舱室发出的悲鸣声，而且声调逐渐提高，就像魔鬼吹着哨子。透过窗户，我还看到墨黑的云层下散布着骤闪的光斑。渔船开始不规则地起伏，像被一只大手逗弄一般。

午夜时分，外面更是暴雨倾盆，雷电交加，我感到船身急剧地摆动，发出惊心动魄的钢铁被扭曲时的吱吱嘎嘎声。舱顶灯忽明忽暗，我惊恐万状地喵喵直叫唤，可是大船舱内没有一个人。正当我站起试着平衡身体时，我感到船身传来一道剧震，仿佛遭受到一次重击，我被突如其来的力量顷刻甩到笼子的另一端，这显然是一个巨浪拍中船身的结果。这个浪头力量如此之大，整艘船被拍得大幅度倾斜，舱内所有没有固定的桌椅全部滑到一边，发出各种可怕的碰撞声和碎裂声。这样的姿势保持了好几秒钟，就在我绝望地认为渔船就要彻底倾覆时，船身猛然回转过来，重新跌回平衡位置，然后迅速下沉。海水随之从船舱的空隙处潮水一般涌进来，有的地方如同喷泉一般，瞬间便浸没了地面。幸好，渔船只是跌入了浪谷，随着另一个巨浪从船首方向涌来，我觉得自

已像被一只大手从底下托起来，瞬间向上飞起，一段滞空时间后，又像是跌入无尽深渊，我的小心脏也同时停摆了。好不容易降落下来，尚未喘息一口，随即又感受到船底被硬生生地向上拍了一下，我当即如同一张风干的狐狸皮一样呈"八"字状平摊在笼底。

我对当晚暴风雨肆虐情形的描述不及实际威力的十之一二，大家可以想象这是一次怎样的恐怖经历。直到次日早晨，看到天际处泛起鱼肚白，这场暴风雨才告结束，而我，已经被撞得浑身散了架，英俊的小脸布满铁锈，珍爱无比的胡子更是折断了数根。渔夫们在此期间，一个都没有回来，想必都在坚守岗位。暴风雨虽然过去，外面依然一直下着雨，而且天色阴冷，让我感到一阵阵的寒意，浑身非常不舒服。

船员们陆续回到大船舱，个个浑身湿透，脸色苍白，目光涣散，有的还带伤，拐着脚进来，如同一群刚在大雨中被缉捕归案的在逃犯。原来是船长发出广播，召集所有船员回大船舱讲话。船长首先清点人数，幸好一个不少，最后还看了我一眼，船长铁青色紧绷着的脸才略微放松。然后船员逐一报告灾损，总体来看，除了船顶的雷达设施严重损毁，已经基本报废外，其余设施只是发生了一般性的破损，可以修复。船长点点头，便吩咐先做早饭，吃完饭后大家安排轮值和修复作业。

散会后，船长将叫作阿华的年轻人留下来，劈头盖脸训斥一番。因为他竟然在暴风雨中未得到许可便跑上船顶抢修雷达。这种近乎不要命的做法在船长这里不仅得不到表扬，还会遭到最严厉的警告。

我没有被放出来，幸而早饭倒没有忘记我，阿东让厨师单独给我煎了一条鱼，给我压压惊。不过依我看，需要压惊的倒是他，我看他早已筋疲力尽，两条腿发寒热病一般直打哆嗦，挤出来的笑容比鬼哭还难看。但这小子脾气还挺倔的，就这副德行，他还主动要求当值第一班。不过，其他船员还是坚持让他先休息。他一倒在床上，便立即昏睡过去，可是没睡多久，又做起了噩梦。先是尖叫着仰起头，好似是被浪头抛起一般，接着又瘫软着倒下去，感觉像沉没到海底，发出最悲惨的哀号。最后一次发作差点把刚进舱来的轮机长吓出心肌梗死，"他真的太累了。"我叹道。

　　傍晚，暴风雨终于彻底停歇，天空中又出现了繁星点点，我也被请了出来。大家都在议论这次风暴，说最庆幸的是船长亲自掌舵，如果不是技术高超，反应敏捷，只怕我们早已跟随渔船葬身海底。大家说跟一位优秀的船长出海便是一种福分，于是大副提议，晚上开烧烤 party 庆祝一下，也正好暖暖身子，船员一致欢呼叫好。

　　厨师随即拿来火盆和木炭，就在大船舱内烧起炭火。船上可以拿来烧烤的东西品类丰富，除去各种新鲜的鱼类，冰库里的冻鸡腿鸡翅，肉肠排骨应有尽有，连土豆茄子也都齐备。烤好第一轮，便有人将烤串送到当值的船员处。船舱里头大家兴高采烈，吃肉喝酒，唱歌讲段子，闹到深夜才兴尽而散。我当然也很满意，因为所有烤好的东西，都不会少我一份，总有人一脸讨好地递给我，很快我的碟子上便堆起一座小山。我很高兴渔民们已经完全接受了我，并把我作为他们的一员。

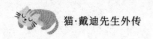

海上交易

第九天。中午，厨师特地为我烧了两条沙丁鱼，然后把盛着烧鱼的碟子放在船舷边开阔的甲板上。我正胡子一耸一耸地舔着鲜美汤汁的时候，忽然瞥见旁边站着个浑身雪白的大鸟，看上去倒也风姿绰约，只可惜小脸乌青，它肯定忘记在脸上涂防晒霜了，正歪头斜眼地往我的碗里窥视（后来厨师告诉我这便是贼鸥）。我最讨厌吃饭的时候别人在一旁窥视了，于是停下嘴，静待贼鸥的下一步动作。贼鸥看到似乎有机可乘，立即走近两步，低头便往碟子啄去。我正等得不耐烦，见来得正好，于是伸出爪子一巴掌扫过去。贼鸥反应倒也灵敏，听得风声扑面，将头往后急缩，竟然躲过我一击，不过还是被我的利刃钩下一把细碎的头羽。

贼鸥这才晓得我不是个善茬，急急跳开几步，不过还是不死心地看着我碟中的烧鱼，露出垂涎三尺的表情。我没好气，走过去几个巴掌便把它赶飞了。正当我准备美美享用的时候，看到一个扑腾的影子投落在甲板上，抬头一瞥，又是那个家伙，站在船舷边斜着眼睛瞪我。我没去理它，正待张口咬鱼，忽感尾巴一疼，转头看到贼鸥站在我身后拔扯我引以为豪的尾巴毛。它的意思很明确，我没得吃，你也别想吃好。我非常生气，于是开始龇牙咆哮，露出最凶狠的表情。可是贼鸥根本无视我的警告，身上翅膀左右分开，蠢蠢欲动，一副准备跟我干架的样子。我转身冲过去，它又飞到船舷边。

这顿饭没法儿吃了，我蹲下来，准备跟它耗到天荒地老。

　　谁知，贼鸥忽然扭头飞走了，这家伙心太急，果然经不起耗。我很得意，马上叼起一条沙丁鱼咀嚼起来，果真是鲜甜美味，汁水溅得我两边胡子都脏兮兮的，实在有些不够体面。就在我贪婪地盯紧第二条沙丁鱼准备一口咬下去时，刷的刮来一股风，那只贼鸥扑闪着翅膀直接降落在我对面。什么，还来捣乱？我带着怒火望去，只见贼鸥羽毛上湿漉漉的，嘴里叼着两条银色的小鱼，小鱼尾巴还在不停摆动，显然是刚从水中捞上来。随后，贼鸥向我跳来，在我的注视下，把两条小银鱼放到甲板上，然后退后两步，歪着头看我。

　　我当即明白过来，这贼鸥要跟我做交易。望一眼还在活蹦乱跳的小银鱼，再看看碟中剩下的一条沙丁鱼。我进行了一番思想斗争，尝鲜的念头终于占了上风，毕竟这种鱼我是第一次品尝，于是我走过去用爪子摁住小银鱼，然后钩起小鱼送到嘴里。

　　贼鸥眼看交易成功，便毫不避讳地从我身边吧嗒吧嗒走过，直接叼起烧沙丁鱼，伸缩几下脖子便吞了下去，接着拍动翅膀在地上转着圈圈，一副很享受的样子。这家伙，连嚼都不会嚼一下，滋味是啥都不知道便吞了，可惜了我的烧鱼，我向贼鸥投去鄙视的目光。不过，贼鸥带来的小银鱼颜色好看，滋味更属上乘，不仅油脂溢香，体内还有一大串鲜甜爽滑的鱼春。显然我们双方对这次公平的交易十分满意，吃好后便各自愉快地离开了。

　　第二天、第三天，厨师给我做好烧沙丁鱼后，我就眼巴巴等着跟贼鸥做生意。贼鸥很守规矩，差不多时候就会叼来小银鱼，有时候两条，有时候三条，于是我们两个就各取所需，各得其乐了。第四天我们的渔船驶远了，和贼鸥的友情交易才告结束。

变更捕捞地

第十天。上午，我作为一名光荣而优秀的"领航员"，巡视完甲板后，便走进驾驶舱。驾驶舱内侧有张硬木方桌，船长和大副、二副、轮机长正围站在旁边。一张很大的地图铺在桌面上，船长边指着地图边说："再过两天便到达依米岛，正面驶去会有触礁的风险，我们的航线是选择从岛的北面穿过呢还是从南面走？大家议议看。"于是大家讨论起来。

我在下面看到船长的手在桌面上挥来挥去，似乎在赶走什么东西，不免好奇心大盛，"嗖"的一声便跳了上去，原来桌面摊着一张大海图，船长和大副正指着海图某处议论着。我立即走去端详一番，没看出什么门道，于是蹲下来，反正没事就好，我准备开始洗脸。

"船长，你看这……你没邀请它开会吧？"大副有点迟疑。

"小家伙，去，去。"船长毫不客气地将我赶下桌子。

我站在下面，又看到他们几个甩动手臂在上面比比画画，难道海图里会有小怪兽钻出来？我实在忍不住，于是寻机跳了上去。我端坐在海图上，专注地等待小怪兽现身。

然后我又被船长叉起前脚放了下去。

我在下面等了半晌，无法忍受啊，听到上面传来越来越密集的窸窸窣窣的声音，人们的神情更加专注了。看来，小怪兽随时会从海图上钻出来，事不宜迟，我立即又跳上去，可惜，上面依旧空空如也。好吧，我就静静地等，不捣乱还不行？我顺势在海图上躺下来，但是心中焦急，尾巴打得海图啪啪作响。

船长眉头略皱，伸手准备捏起我时，听得大副说："老大等等，我觉得有问题，一个天大的问题。"

船长的手马上缩了回去。

"什么问题？"大家看到大副严肃的表情都有些诧异。

"铃铃已经第三次跳上来压住依米岛，不让我们看到，我觉得这个岛……似乎，可能……我们是不是考虑要……"大副神情非常迟疑。

"你是说，船开过去会有问题？"轮机长问。

大副环视一圈，吃力地点点头。

"你们怎么看？"沉默片刻，船长显然也认真起来，用两个拳头撑在台面上。

其他人望向我，窃窃私语，最后一致表态认可大副的看法。

"好，这样吧，我有个提议。"船长挺直身体说，"大家有顾虑我不反对，但如果这样便放弃依米岛的航程，似乎也不太像话。不如这样，我们现在的位置附近，"船长指着海图上一个地方，"大家看，这里有个岛屿，叫马驹岛。岛屿不大，周围没有环礁，马鲛鱼群一般不喜欢这种地形。我们可以绕过去看看，如果运气实在太差，那么我们再前往依米岛，大家认为如何？"

大家认为船长的提议合情合理，于是一致同意修改航程。渔船稍微转了个弯，直奔马驹岛而去。

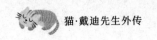

船长的秘密二：相识

晚上，我继续翻看船长日记，记载如下：

这天，我来到海港小城积香镇茨坪古庄拜访老同学，叙旧后，便留在古庄歇息。晚上乘着月色清明，一个人走到古庄外的老街转悠。在附近小铺随意买包香炸鱼皮，方才走过几间老铺，便发现身后有个小黑影尾随而来，低头看去，是一只银白色的猫咪。我并未留意，直到回到古庄，关上宅门前往外一看，猫咪还跟在后面，目光炯炯盯着我手上的鱼皮。我想了想，便拿出鱼皮喂了猫咪。

第二天下午，我在超市买水时，看到一则寻猫启事，我一眼便认得上面的照片就是昨晚跟着我走的猫咪。我记下联系方式后匆忙赶回古庄，银白猫早已不在。等到昨夜我出门的时间，我走到门口观察，果然银白猫又走来了。我喂了鱼皮，趁着猫咪不注意，掐住猫脖子将它装进袋子。然后打电话联系失主。

与失主约定的交猫地点在老街附近一家外观古朴但装饰考究的咖啡馆。失主比我还早到，是位妆容精致、轮廓柔美的姑娘，看到猫咪后整个人仿佛瞬间恢复了精气神，猫咪更是不顾一切地扑到主人怀抱中。待你坐下后，我们便开始聊天，你告诉我最近回乡探访祖居，带来的猫咪对地形不熟，便自己跑丢了。我说我是此间新客，正想到周边采风，只怕也会像猫咪一样走丢。你善解人意，便说抽空带我逛逛景点。

过去数天，我们去了几个景点，你帮我省下不少导游费。你习惯到西餐厅用餐，幸好我坐大海轮去过不少国家，基本的礼仪还能对付，这样才不至于尴尬。不过，从你举手投足的高雅姿态来看，是长期习惯于此，显然自小受过极良好的家庭教养。正因为如此，你的一颦一笑、优雅的言辞，无不带有令我瞬间沉迷的魅力。有两次，你在请求他人帮忙的时候不经意使用了外交辞令，娴雅而不失亲和，使我忽然有种心甘情愿拜倒在石榴裙下的错觉，很奇妙。

我告诉你，我在大海轮上做大副，讲述了海上生活的种种乐趣和不易，经历世界各地的奇妙和风情，你听后兴趣盎然，还央求我带你上船，最好便是环球航行。我说正有此意，你当即神采飞扬。

今天约定我到茨坪找你，造访古迹瑶台村鸡爪岭，也是你的祖居所在。

早上我坐小船到茨坪，抵达时比约定时间早了些，下船后我信步前行。没多远，我便看到竹林前八角亭内，有个女孩子蜷在一角，似乎正贪婪地享受阳光的温度，从别致的紫色外套我便认出是你。我轻轻走去，见你呼吸均匀，便没有打搅。你身旁那只优雅的银白猫，见到我倒是显出相熟的样子，跳下来跟我打招呼。幸好我还记得带鱼皮，吃过鱼皮后猫咪便自觉让出位置。我守候片刻便走开了。

按约定的时间回来，你已站在亭下等我。于是两人一猫，穿过田野，朝鸡爪岭拾级而上。路两旁次第筑有石木结构的两层房舍，这便是瑶台村。房舍历经风雨侵蚀，古老沧桑，但依旧扎实牢靠。

爬高了三四百米，房舍逐渐稀疏。穿过疏密相间的竹林，我们抵达一处地形平缓的山地。你对我说："此地名鸡爪岭，顺着这里望出去，你观察地形便知缘由。"我转身看去，发现从我们脚下突兀升起三条山脊，从高向低一直顺延到远方，

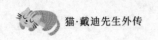

最后没入田野之中。山脊顶部约莫有一米多宽，上面点缀着团团簇簇的黄花。山脊之间的土沟很深，长满灌木一类深褐色的植物。由于地形酷似鸡爪，显然这便是当地叫"鸡爪岭"的原因。

听你说，鸡爪岭的地形对瑶台村极为重要。每逢连月大雨，引至山洪暴发，鸡爪岭能将山洪顺着几处山脊引导出去，使得瑶台村在数百年间仍保存完好。

"真乃大自然的杰作！"我由衷叹道，"但是住在鸡爪岭的人是如何解决饮水问题的呢？"我有点好奇，毕竟旧时没有自来水，总不会在山坡上掘井汲水吧。

"问得好，"你用嘉许的语气说道，"这是瑶台村的关键所在，我们往上再走一段路看看。"

沿着逐渐陡峭的山路上行百米，我们来到一处山坳。山坳一侧是我们的来路，另一侧，出乎意料地有个水面宽阔的山塘。你指点着山塘说：

"村里人喝的水全依赖这个山塘，山塘承接着山野流下来的泉水，所以终年不枯。旧时村民在山坳中掘通暗渠，将山塘水引往住屋一边，便能解决本村人的饮水问题。并且，暗渠还有道阀门呢，可以调节水量。"

"妙啊，开凿这条暗渠有多少个年头了？"我由衷敬佩地问道。

"好几个朝代前的事了，现今的村民都不记得是谁做的，但在山塘边的水口处立有石碑，可以带你去看。"

我们跨过山坳口，走近山塘。拔开乱蓬蓬的茅草，果然看到一面石龟驮着的青石碑。石碑前摆放插满香火残支的竹桶，可见颇受后人崇拜。青石碑正面刻着：

"凤尾余荫，初八正午"

"感思泪下，鞠愿还妻"
但细看落款处并无作者名字。

我回古庄时，你说要顺路看望亲戚，于是便一同登船。

船身很窄，两人一排。你抱着猫咪和我靠得很近，船儿轻摆，我偶然触碰到你美丽温润的手臂，心也像船儿般轻晃起来。我悄悄向你靠去一点，你也没有退缩的意思。偷偷看你俏丽的侧脸，我心中满怀温馨的愉悦。

穿过一座内壁长满青苔的古老石拱桥，船在我的不情愿中靠上古庄码头。

船东在船头和码头之间搭了块约莫三十公分宽的木板，乘客便沿着这晃悠悠的便道陆续登岸。我向你伸出手前颇为犹豫，怕的是我一旦下盘不稳，恐怕连带将你拖下水。直至走上船头，我确信有把握时才转身伸出手，你有些迟疑，但最终还是红着脸将手轻轻放在我的手心中。你的手小而温软，我手心则都是汗水。

踏上码头，我向你道声再见，便往古庄走去。迈出几步，我下意识地回头看你，刚好你也很专注地看着我，彼此眼光一接触，你便低垂了目光。

篇外：关系迅速升温的，还有那只好吃鱼皮的银白猫，从担心我横刀夺爱，每次见面都要故意走在我俩中间充当小电灯泡，到见我走近，便急忙竖尾乱摇，神情亲昵。看到银白猫老往我身上蹭，你便笑了，说此猫被我用几块鱼皮收买，已经背叛了你，可猫咪听到后，眼神中却愤愤不平："哼，这家伙明明是我先认识的，瞧瞧你的眼神，是你先背叛我的好不好。"尽管如此，我严重怀疑，猫咪将我当作能够随时变出香脆鱼皮的魔法师也不一定。

本猫睿评：小小的瑶台村藏有多少感人的故事，只是被时光湮没罢了。

船长的秘密三：凤凰山

晚上，我又偷看了船长的日记，日记中还有其他故事，我就不赘述了，以下是最后一篇。

也许是昨晚月色太过清明之故，招惹来今早阴沉的天色，出门时我明显感到温度比昨天要低五六度，凉风吹来，浑身冷飕飕的。

出门后，我到古庄码头雇了条木船，依约前往凤凰山茨坪村。尚未抵达茨坪，越发低沉的云层终于忍不住飘起了毛毛细雨，以至于凤凰山笼罩在一片白茫茫的云雾之中。肉眼可见的，只是地平线上连片而建的低矮村落、深碧色的毛竹和后面高大挺拔的杉树。

但我很容易就辨认出站在八角亭下的你。一下船，我便朝你奔去，跑到亭下，我早已是"头湿湿、眼蒙蒙"，你赶前两步，递给我一块手绢笑道："没想到今天会下雨吧？"

"真是奇怪，昨天天气那么好，想不到老天爷这么会变脸。"我接过你的手绢擦脸，完后顺手放入口袋中。看着你，你双眼泛红，可能昨晚没睡好吧，我这样想。你的宝贝猫，披一件透明雨衣，头部的雨罩特别大，模样可爱有趣。

你又递给我一件浅蓝色透明雨衣，我迅速穿戴好。你也披上雨衣，便带我往凤凰山麓走去。

"凤凰山是不是经常下雨？"我问道。

"也不是，大概是因为你来到的缘故吧。"

"凤凰山远看俊美挺拔，到身边反倒不肯让我看仔细！"我叹道。

"那凤凰山像不像蒙着面纱的埃及美女？"你笑着问我。

"我觉得像蒙上面纱的楚淳。"

"呵呵，哥，楚淳真有那么好看吗？"

"嗯，美自天然，不加修饰。"

我们顺着山麓曲折的小径开始登山。道边的茅草沾水后压得很低，于是我折下一截松枝，轻轻拍打着路边挂着晶莹别透水珠的茅草，这样它们便让出一条道。你边走边和我聊着风土人情，讲到凤凰山单枞茶树的传说及对本地青年男女的象征意义。

沿着湿润的石板路步步登高，走了个把小时，我们来到山腰一处视野开阔的平台，平台近山坳侧搭有青竹凉棚一间，棚下有高矮竹凳数张。

你找来一张高凳，倒掉积水，用毛巾擦净后，先让我坐下来。又拎来两张，一张给猫咪坐，一张给自己，可是凳子太矮，你坐在上面仰头看着我。

"这里好安静。"我环顾四周。

"今天才下雨，所以没有人上山采茶。"

我抬眼远眺，只觉山色翠微，烟雨朦胧，宛如泼墨山水画。再远处，白茫茫一片浓雾与天色交接，偶然露出群峰一角，云雾随即合拢无迹，明灭幻变，恍如仙境。

我侧耳聆听，没有鸟鸣，四周寂静一片，只有雨点滴落在竹棚上传来的清脆的声音。是雨的声音呢，还是竹的声音？

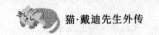

一团细微的雨雾借着山风飘到我脸上，瞬即感到一丝丝凉意。我看向你，你的眼角、眉尖挂着许多细小的露珠，白中透红的脸颊湿漉漉的，是雨水？是汗水？两片小巧的嘴唇一如往常般带笑抿着，恰是一枝梨花春带雨，我看得出神了。

坐了片刻，你说："哥，我觉得有些冷。"

我伸手去握住你的双手，果然有些冷。

我责怪说："这么冷，怎么不早说！"

"哥，我看到你在想什么，我不敢打扰你呢。"

你总是那么善解人意，让我心中又增添了几分怜爱。我握着你的手，把你拉近身旁。我侧身挡着，使你不至于迎面吹到凉风和淋到冷雨。

"哥，你手心好暖，我好想在你身边坐一辈子。"

我心中涌入一股暖流，眼前随即湿润朦胧，看着身边的你久久说不出话来。

回荡的心声，竟是如此动人心魄。

"楚淳，昨晚和同学一家子赏月时我觉得挺孤单的。"

"为什么会觉得孤单呢？"

"因为我在思念楚淳。"我很坦白。

你的脸上飞起红霞，问道：

"你是孤单才想起我呢，还是想我才觉得孤单？"

想不到你还会提出这么深奥的问题，我一时语塞，沉思片刻，我说：

"楚淳，想你就不会觉得孤单了。"

雨势疏落，云雾渐退渐远，我们都脱了雨衣。可是山风骤来骤去，我也觉得有些寒冷，于是说："楚淳，我们继续往上走吧。"

你的身体很温暖，不经意的身体触碰便可感受到。你身上散发出的淡淡的幽香，像往常一样，令我有种迷醉的感觉。有时候我们走得很近，于是我生出一个愚蠢的问题：到底是你主动靠向我呢，还是我主动靠向你？

山道上青苔斑驳，湿滑难行。看着身边的你，我很想搀扶着一起走但又担心唐突佳人，万一你不乐意或者猫咪看不惯要横插一杆，岂非大煞风景？走到一处长满青苔的石阶，你脚底一滑，我急忙轻轻把你托住。正当我自然地缩手时，你柔情地说："哥，你扶着我走好不好？"于是我轻轻搂着你的腰，靠在一起向上攀登。这次，猫咪变乖了，终于不再走在我俩中间。

又走过一段路，猫咪不乐意了，围在我脚边打转，仰头喵喵叫对我抗议。要抱抱的意味再明显不过，我只好用左手将猫咪抱在胸前。

往上再走四五百米，便来到目的地。我这时气喘吁吁，两腿战栗。反观你，跟没事一般，保持了轻巧的步姿。

你带我去看的是凤凰山一株古老的单枞，被半人高的树桩篱笆围起来。你扯落一片茶树叶，对折一下，凑到我面前说："你闻闻看。"

我轻轻一嗅，闻得一股淡淡的水仙花香。你说：

"使用特殊的炒制方式，便会有层次不同的芳香，喝茶的时候，需要慢慢去品，否则，像你喝茶的样子，那是什么都品不出的。"

"你什么时候看到我喝茶了？别人泡的茶我不敢说，但如果是楚淳亲手泡的茶，那我当然会用心慢慢地去品。"我说道。

我心里在想："是不是好的女子也像水仙单枞一样，需要慢慢品尝才能够领略其中丰富的滋味呢?"自此以后,我在喝茶的时候往往情不自禁地想起你这番话,也就终于习惯慢慢喝茶了。

正当我还在细细辨析茶叶的味道时,你手捧一簇花从树后走来,其中一种是野生黄菊,其余我不认得。你挑选了几朵花,然后揉在一起,再找来一段手指粗的树枝,剥去树皮,将花汁涂在上面,递给我说:"你闻闻这个看。"

我一闻,觉得花香味再熟悉不过,却又一时想不起来在哪里闻过。正当我疑惑的时候,一阵风将你身上的味道传了过来,霎时间我恍然大悟,原来你身上奇特的暗香便是由这几种花调和出来的!

你说:"哥,你会永远记得这种花香味吗?"

我说:"这种香味世界独一无二,当然会记得。"

"那么你一定要自己去做哦。"你认真地说。

"我是近水楼台,天天闻着楚淳的味道,还要自己做,岂非太傻?"我答得很洒脱。

"要记得,是两朵黄菊,加上……才有这种味道啊。"你不管我学不学,仔仔细细在我面前又比画一遍,直到确信我完全记住才作罢。

(若干年后,当我重访凤凰山,亲手按你教导的方法做出花汁,细闻之下花香如故,却刹那间令我品味到彻心的悲伤)

最后,我提议效仿当地人,种一棵单枞,你当即表示同意。于是我们在山坡向阳面选了块地,到附近的单枞树林中挖出一株根苗,在猫咪的见证下,虔诚地种下了我和你的单枞树。

"哥,单枞不都是长生的,一年后你要回来看看哦。"

"看了又怎样？"

"如果单枞有一两枝枯了，你一定要重新补种，千万不要忘记了！"

"这很容易嘛，只是不知道怎样找回我们种的那棵，不如做个标记吧。"

你觉得主意不错，于是我们合力拖来两块分量不轻的尖石，在单枞前刨个坑，将两块石头靠在一起种入土中。一切做好后，你拍拍手长长地吐了一口气，我也很高兴："终于大功告成了！"

下山途中，我告诉你，明天一大早我要赶回渔港处理公务，顺利的话我会在半个月后回来。你听了有些吃惊，脚步顿了顿，轻声问我：

"你推迟一两天再走不行吗？我，还有许多话要对你说。"

"有急事呢，这样吧，我会尽快办完事，十天后赶回来。条件够优惠了吧，我的楚淳公主？"

"那么两天后回来好不？我只能等这么久。"你的语气开始有些焦急，声音都哽咽了。

"楚淳听话。"我将要办的要事跟你说了。你说：

"哥，我知道你办的都是大事，还有那么多人在等你，只是，我会很想念你的。"话没说完眼眶已经红了。

"我也会一直想你，而且保证每天都会想我最喜爱的楚淳十次。"说这句话的时候，我凑到你的耳边。"我最想你了。"我以最温柔的声音说，然后吹吹你的耳垂。

你的身体一颤："哥，你抱着我好不？"

"好呀，这就叫作英雄抱得美人归！"

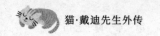

于是我双臂环绕，你马上跌入我怀中，我用身体每一部分去感受轻盈而匀称的你。

这时，我感受到左肩上传来一点点温热，我马上知道是你在哭。你有时候多愁善感，不过分开十多天时间，值得这么伤心吗？我感到些许诧异。

轻轻推开你，只见你睫毛下大颗大颗的眼泪仍在不停往下滴。

"看你，眼都肿了。"我帮你擦去眼泪。"注意啊，你这样子，我会记不起漂亮可爱的楚淳的。"

这句话很有效，你转过身去，努力止住了哭泣。

……

船已黯然离岸。我凝视着岸边越来越小的身影，觉得你孤单而无助地站在岸边。一阵凉风吹过，带走了你留在我身上最后的一丝暖意。我悚然一惊，内心逐渐被某种即将远隔千里的不祥预感所笼罩，离岸越远，这种感受就越真切。

办事中出了点意外，拖了一个星期，也就是在分手后第十八天我才得以从事务中脱身，于是立即乘坐快车星夜赶往茨坪古庄，于晚上十一点抵埠。

匆匆梳洗完毕，我一头钻入被窝，还未合眼，门房便跑来说有封信交给我。有人留信给我？我丈二和尚摸不着头脑。拿过信笺，退回床边读信。

信封是干的，但信纸摸上去就有些潮湿。

如果世间真有心灵感应，那么我再次领略到它的神秘，因为，我刚触摸到信纸便升腾起不祥的预感。

"你曾给我一个温暖的眼神，就温暖了我冰冷的内心……"

本猫睿评：人生不如意事十常八九，非人力所勉也。楚淳的不辞而别，隐藏了太多的无奈，也保存了男人的希望，姻缘既非强求，亦非过客，诸位看官或可期待。

捕捞马鲛鱼

暴风雨结束后的第三天中午，也就是从出发日期起经过了十一天的航行。中午时分，在我们前方出现一座平坦的白沙小岛，岛中央生长着一片椰子树，上面累累果实将树身都压弯了。船长说，这就是我们新的目的地——马驹岛。

船长拿着望远镜扫视远方，然后喋喋不休地指导我们："你们都听好了，我再说一遍，要发现马鲛鱼群，方法是观察海面，出现大量反光点或者气泡的地方很可能就是。这种情况，运气好等个把星期，运气不好就算是白来一趟了。总之大家一定要有耐心，慢慢去找。"

然而我们低头看去，见渔船附近海面泛起一片气泡，于是忙拉过大副来看，大副看后，用手拍拍船长肩膀，指着船下。船长正说得唾沫横飞，被打搅了有点不高兴，然而低头一看，望远镜便跌了下来。船长对自己的判断起了怀疑，便叫先抛一网试试手气。结果一网打上来，沉甸甸的都是马鲛鱼，每条都有六七公斤以上，体型非常肥硕。船长见状眼都直了，片刻后突然手舞足蹈，大叫道："还愣着干什么，都是一群笨蛋，所有的网都给我撒出去，今天能捞多少算多少，谁要敢偷懒，看我当场打断他的腿。"

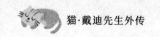

看见船长大人仪态尽失，跳着脚骂人的古怪模样，大伙儿也反应过来，我们碰上好机遇了。

见每打一网上来都是密密麻麻挤在一起的大鱼，大家都高兴坏了。这种鱼经济价值极高，但在沿海一带，由于资源枯竭已经难以捕捉到，有的大渔船出海半个月，顶多捞回来一二百斤，卖相还不好。所以船长才提出到远离大陆的荒岛海域来捕捞，但这样显然也是需要运气的，万一马鲛鱼群已经过境又或者根本就没有过来，那么很可能就会让人失望而归，顶多回程时捞些杂鱼充数。

船员在前头紧张捕鱼，我在后面也没闲着。甲板上顺着水流滑下来好多大鱼，我看到好些鱼扑腾不停，而且蹦得老高，差点便翻过船舷跌回海中。这可不行，煮熟的鸭子怎能飞走？没煮熟的也不行！我跳着脚赶过去，眼看一条大鱼刚从船舷边跌回来，我立即向前飞扑，准备咬紧鱼尾将它制住。没料到大鱼抖起尾巴，爽快地送了我两个耳刮子做见面礼，我脑瓜子登时嗡嗡作响。我忽然想起一句至理名言：柿子要捡软的捏！刚才确实大意了。转眼看到有条小一号的不太安分，我急忙走近，正欲故技重施，谁知鱼儿使出一招金龙摆尾，恰好扫在我腿上，我被当场掼倒在地，湿了半边身子。刚爬起来，没想到甲板湿滑，我又再次滑倒，把另一边身子也弄湿了，眼见诸事不利，我当即识趣地闪到一边。然后抱手蹲在暖阳下，专注地看着渔夫们撒网捕鱼，嗯，与其战天斗地，我更喜欢岁月静好。

从当天的中午，一直不间断地捞到第二天凌晨三点，收网的缆绳都磨断了好几根，直到有船员过来说，冷藏室已经全塞满，大家瞬间炸锅了。这意味着什么？意味着他们这一趟出海的收入，超过别人一年的收成。有的船员争说再捞几网，在船上晒成鱼干也能卖个好价钱，但被船长坚决制止了。

船长解释，我们这种靠天吃饭的人，一定要见好就收，决不能贪多。船长还说，依据他的观察，这次鱼群密度之大远超他的估计，他推测与几天前的大风暴有关，大风暴将马鲛鱼鱼群全部逼到这边相对平稳的海域来，所以我们才有了这次收获。我们的运气很好，但是决不能将运气都用在这里，所以大家就知足感恩吧。

船员们才恍然大悟，于是便以自己的信仰方式，向天喃喃祝祷。说也奇怪，大家完成感恩仪式后，似乎从亢奋中清醒过来，于是按照船长的吩咐，安静有序地收拾渔具。事毕该值班的值班，该做饭的做饭，恢复了往常的秩序。

我朝未关闭的冷藏室里面扫了一眼，鱼真多啊，我一辈子都不能想象会有这么多的鱼。

晚上，我在船长舱室看着船长写日志："某年某日，北纬×度，南纬×度，出现东南方向N级飓风，三日后马鲛鱼群聚于马驹岛以西。"我看了后便觉得船长之所以能够成为船长，确有他过人之处。他善于抓住事理本质，细致总结后还能详细记录下来，如此经过长期积累后便拥有了开阔的视野、具有穿透力的眼光和准确的推断能力，这便是他人口中所谓"运气"的来源。我的目光落到船长厚厚的日志本上，便觉得渔夫们能够跟这样的船长出海是多么的靠谱。

随之我又想到一层，船长无论在船员中，还是在他的女朋友眼里，都堪称魅力十足。这种魅力，背后潜藏着一个男人丰富的阅历和深度自知，一个男人的强大必然来自他对自己的苛刻和淬炼，只不过，这点知者自明而已。

次日早上我刚睁开双眼，脑瓜中便蹦出满满一大船鲜鱼。

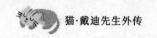

我忽然觉得像是做了一个梦，而我认为这个想法很有道理，我看到的鱼数量太多了，这不可能是真的。

当我走出舱门时，渔船已在往回赶的路上破浪疾驰。

海上暴风雪

返程第三天。云团在空中聚集、翻滚，然后越压越低，时不时吹起骤风，但动静不算大，似乎老天爷正在为该下点毛毛雨还是搞出大动静而伤脑筋。

我没去理会，因为刚才阿东送来一份烧鱼，摆在船长舱门口。我兴高采烈走去，正想低头品尝，忽然刮来一阵风，将碟子往前吹走了几米，我急脚走过去，才准备低头，碟子又被骤风往前送去。我跑了一程才堪堪追上，用身体堵住碟子，正想开吃，猛然吹来一股怪风，"呼啦"一声竟然将碟子吹了个底朝天，而且扣住了烧鱼。我怎么拨弄都无法将碟子反扣回来，不禁大为光火，指着空中骂道："真是岂有此理，弄坏我的猫鱼算什么本事，有本事朝本猫爷招呼！"话音刚落，一棵白色石子嗖地从天而降，不偏不倚打在我的尾龙骨处，我腿脚一软，一跤跌倒。

什么东西？我睁圆眼睛朝甲板上兀自滴溜溜旋转的石子打量，这是一颗透明的水晶球，模样长得倒是喜人，但用来背后偷袭显然便是使坏了！我举起右爪指着老天怒道："你大爷的，明人不做暗事，偷偷拿暗器背后伤猫，算什么真本事？有本事当面来几个试试！"随即半空中"轰隆"一声滚过，好像在说："试试便试试。"

我惊疑不定，果然见到一排明晃晃的水晶石子如子弹般朝我轰来。糟糕，这是玩真的。眼看敌暗我明，好猫不吃眼前亏，老子溜之大吉也！于是我毅然放弃鱼，三步并作两步跑入驾驶舱。刚入门便有种和气生财的感觉，此处果然是我的洞天福地。我神色得意地跳上驾驶台，抬手指着前方的乌云冷笑道："不要以为大家都怕你，现在本猫就在这里，看你能奈我何！"

话音刚落，天色骤然变身，风也略小了些，渔船御风滑行，天地间只有一尾银色小鱼在海上逐波跳跃。事态似乎平息下来，我松了一口气，趴下来舔舔后背毛。谁知眼前一道炽白的电光闪过，一个霹雳毫无征兆地从半空竖劈下来，闷雷一般的巨响当即在船顶炸起。我耳边瞬即嗡嗡作响，脑袋一片眩晕，几乎立足不稳。紧接着一大片冰雹好似特地瞄准我一般狂砸下来，渔船上下顿时噼啪作响，如同擂起了密集的鼓点。甲板上随即到处滚动着透明的水晶球，附近海面犹如煮开了一锅白粥。

我战战兢兢地守着三寸之地，目光惊恐地环视四周。忽然间传来恐怖的玻璃爆裂声，我视线一花，眼看到驾驶舱的玻璃全部炸裂，夹杂着冰雹和碎成颗粒状的玻璃像潮水般席卷而来。我大惊失色，看来这次真是玩脱了，我慌忙跳落地上，夹紧尾巴逃到厚方桌底下，所幸没被砸中。

不会吧，我不过一只人见人爱、诸善奉行的乖猫而已……好吧，我承认偷偷在主人的牛奶杯中泡过爪子，还有一次钻到主人的内衣柜中睡大觉，除此之外，一只猫咪还能有什么坏心眼呢？值得老天爷劳师动众地用牛刀宰鸡？传出去也不怕别人笑话。罢了罢了，对手显然是无比强大而且邪恶的存在，况且这样下去我岂非变成渔船上的公敌？所谓好

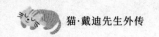

猫不与天斗，于是我对天拱手道："我也不骂你了，你走吧，等本猫心情好时再来玩玩，不送。"

估计老天爷听到我的话了，并且看到冰雹作为帐前大将一击得手，便将冰雹收了回去。然而余恨未消，于是扯开风袋，骤风吹过，鹅毛大雪纷纷扬扬飘落下来。

所有船员都像以往一样坚守岗位，在恶劣的天气状况下反而保持了最佳的战斗力。木匠立即拿来玻璃，顶着扑面而来的风雪更换驾驶舱的挡风玻璃。

我继续盘缩在驾驶舱厚方桌下"闭门思过"。

暴风雪肆虐了一整个晚上，海上波涛汹涌，我们的渔船如同一片漂浮在海面的树叶一般，任由老天爷拨弄戏耍。

当晚，在摇摆不停的床上我做了一个梦。

梦境中，我和主人、静怡小姐姐和啦啦一起，正在穿越高耸陡峭的雪山。我本来蹲在主人的背囊中，不知怎的，自己就跳了下来，主人也没发觉，我便一路跟在主人身后走。途经一处极高的峭壁之下，已察觉到大团的雪片正从上面簌簌掉落，我们加快了脚步。不久后听到头顶上隆隆作响，抬眼望去，只见大大小小的雪球自雪山顶峰向下滚落，一些雪球弹跳着离开雪坡，在湛蓝色的天空划出一道道白色弧线。初时，我看见雪球落地后炸开为一丛丛牛奶般的雪雾，觉得新奇有趣极了。但随着滚落的雪球越来越大，坠落下来的阵势越来越惊人，两位主人露出了紧张不安的神色。

再走过一段路，此时不但雪球满天乱飞，而且厚实的雪坡亦开始崩塌。碎裂的大块冰锥夹带着呼啸的风声向下急坠，撞到地面发出恐怖的炸裂响声，旋即激起大团大团的雪雾，扫得脸上生疼。我紧张地叫唤几声，可是主人并没有听到。

之前，我还能够观测雪球和冰锥在空中划过的轨迹，通过预测落地点的方法而跳跃闪避，而眼下砸下来的冰锥越来越密集，我心中寒意陡增，忽然便有种走到穷途末路的感觉。这时，有几块冰锥已经在我们身边炸开，雪雾冰碴腾空涌起，我霎时便看不到其他人。可是还不容我细想，便看见一整块蓝色的冰，从半空中一个模糊的小点，急速变为一团遮蔽阳光的黑影，朝我猛烈地砸下来。

没救了，我惊叫着，夹紧尾巴没命地往前跑，所幸看到前面贴紧岩壁处有个岩窝，我立即跳进去，然后抱着头蜷缩成一团。

轰然一声巨响，冰锥在我身边炸裂开来，无数的冰晶冰粒向我袭来，如同一支支长矛猛烈地刺在身上，让我痛不欲生。这种情形持续了好一会儿才停下来。我睁开眼，发现四周一片黑暗，而且冰冷刺骨。我急忙活动一下身体，高兴地发现手脚都还能动，于是我奋力往雪堆上爬，幸好雪堆不太坚实，被我刨出来一个洞。我继续斜着向上挖，约莫一炷香工夫便从雪堆顶爬了出来。

此时雪崩已经停止，只有残雪飞舞。可是我左顾右盼，已经找不到其他人了。我记得主人他们一直走在我前面，于是决定继续往前寻去。

绕过雪山下宽阔空幽的山腹，远处梦幻般出现一座绿树环绕的村庄。正对雪山的方位，有间坐落在山岩上的八角亭子，亭子下翘首张望的正是我家主人，我高兴地喵了一声急忙飞跑过去。

贴紧在主人的怀中，我回头看去，只见这边雪峰下却是布满青松翠柏，绸带般的云雾在半山腰处缠绕着，如同仙境一般。

我正盯着景色细看，忽然从主人手上掉落下来，我急忙

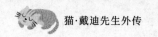

翻个身，这才从睡梦中醒过来，发现风雪卷起波涛还在不停摇撼着渔船，但天色已经微亮了。

阿华的决定

一直到第二天的中午，墨黑的云团终于被阳光融化出一个口子，暴风雪才不甘心地停歇下来。此时，甲板上的雪已经足有小腿深了。

这次雷电和暴雪的袭击造成的后果很严重，听说渔船上烧毁了不少电器。直到晚上，二层甲板和机舱依然漆黑一片，据说发电机也烧坏了。

我踏着雪走入大船舱，大船舱亮着应急灯，看到船员们穿着厚厚的冬衣坐着，船长正在讲话。船长板着脸用低沉的声调说："阿华，你是什么意思？不要命了是不是？你是电工，蓄电池可能会漏电你不清楚？"我看过去，那名叫阿华的船员将脑袋靠在椅背上，脸上一道火烧的伤疤赫然在目，他闭上了眼睛。

"报告船长：阿华当时看到轮机舱断电，便跑过来检查，然后尝试将蓄电池和发动机的电线接驳起来。"一名船员说。

"你懂个屁！"船长愤怒异常，"你在十米的大浪下站起来试试？你还站得住？阿华，你不是不知道这种情况下是不能够做高压电器接线的，稍有闪失便会触电，这是要命的你难道不知道？"

阿华没有吭声。

"你这个混账东西，我早就看出你不对劲了，上一次暴风雨，没有我的命令，你就不要命地跑到船舱顶修理雷达，那次没死成是你命大。你到底是不是想找死？"船长最后一句话忽然提高八度，把所有人吓了一跳。

阿华依旧阖眼保持沉默。

"你他妈想死也不要死在我的船上！"船长真是愤怒了，挥拳砸在铁门板上，在大家的静默中发出惊天巨响，把我吓得一个哆嗦，脖子缩下半截。

"竟然自己找死，究竟怎么一回事？"满脸横肉的厨师手拿精钢锅铲咆哮道，看架势随时准备给阿华当头一记锅铲，如果他还执迷不悟的话。

"快说！"脑门光亮的二副极不耐烦。

"为什么想死？"几个船员忍不住了，走到阿华身边高声质问。

看到阿华被逼到墙角，我心中不忍。毕竟，这次雷击跟我似乎脱不了关系，于是我急忙走到阿华身边，用尾巴缠卷着阿华的裤脚。我一边护着阿华，一边喵喵叫抗议："有话好好说，你们先不要这么凶好不好？"

见我这个样子，气氛便沉默了，厨师缓缓放低了锅铲，船长握拳的手松开了些。半晌后，阿华终于低下头，低声啜泣起来，说："我不想死，我不想死。"

大副走过去，拍拍阿华的肩膀，安慰阿华道："不想死就对了，这里没人会想死。你解释一下，你在船上做五年了，这里都是你的朋友，说出来让大家帮你出主意。"

轮机长也走近说："是啊，大风大浪都闯过来了，还有什么坎过不去呢？跟大家说说吧。"

于是阿华边抹眼泪边讲述他的事。临出海前一段时间，他就时常出现心悸和心绞痛，有一晚心脏疼到死去活来，第二天自己跑到大医院，结果被确诊为先天性心脏病。医生叫阿华找来家人，当着面说，有两套治疗方案，一种是保守治疗，吃药，但可能随时犯病。另一种是动手术，但是阿华这种情况，在手术台上死去的风险相当高。然后让阿华和家人做选择。

阿华想到自己都过了三十岁了，以往仅觉得心脏不舒服而已，于是决定采用保守治疗方案。然而，这次上船前后又发生数次心绞痛，让他痛不欲生，于是他便生出一个念头，横竖一个死，干脆死有所值，家人也好得个保险赔偿。

阿华一番话听得大家直摇头，最后都望向船长，等船长拿个主意。船长拉上大副、二副出门商议，回来说先将阿华控制起来，锁到大船舱的铁笼子里，大家轮流照看。最后，船长望着阿华说："阿华，你怕死吗？"阿华一愣，船长没等回答便离开了。

返程的第五天，天气依旧异常寒冷，我们的渔船像海豚一般在平静的海面上畅快游弋。我闲着没事，便下到大船舱。见我哆哆嗦嗦地走来，阿东便从储物室拿来炭盘，在筛网上铺一层报纸，上面堆好木炭，然后点燃报纸，随即炭盘熊熊燃烧起来。温暖感传来，舒服得让我直哼哼，于是不禁挪到离炭盘更近些的地方躺下。躺了没多久，正当我寻思从哪里传来一股刺鼻难闻的焦煳味道时，一颗火星不偏不倚地落到我头上，惨叫声中，我腾跳到半空，这时才发现屁股后面还拖着一股白烟，显然，尾巴也点燃了，刚才的烧焦味便是从自己身上发出的，Oh, my god！我急忙转身拼命去舔，还好，只是烧煳了一小撮毛。我没想到，火光固然能给我送来温暖，但太靠近也能让我吃个大亏。

　　我的动作引起了大家的哄笑，连锁在铁笼子里的阿华也笑了起来。这小子其实平时心态挺好，不是那种钻牛角尖的人，所以即便失去了自由，他也能理解我们的行为，所以有空就和大家聊聊天，大家也和他逗乐。

　　忽然，阿华大声喊出来："我想通了，不错，横竖都是死，我连死在海上都不怕，我还怕死在手术台上？我受够了，与其这样天天担惊受怕，痛不欲生，活得连只猫都不如，我还不如搏它一搏！"

　　听到阿华的决定，我们都很高兴，连忙告诉了船长。船长听到后长长舒出一口气，但依旧坚持不放阿华出来。

　　后来听二副说，船长跟船东联系过，只要阿华能够挺过手术台这一关，船长和船东便会帮助阿华在海鲜市场租个摊位卖鱼。

海盗一：求救

　　返程的第六天。这天早上，海上泛起了轻雾，远处一片朦朦胧胧。吃完早餐，我就继续做我的领航员，而船长站在后面手拿放大镜研究海图。忽然，阿东跑进来，说他在船尾处听到了呼救声，还隐约看到求援信号。船长立即拿出望远镜，走到后甲板，向远处瞭望。我紧跟出来，跳上了船舷观看。船长对身边聚集的船员说，是条小渔船，船上的人正在打信号求援，我们驶过去看看。

　　"后舵，六十度。"船长皱起眉头通过对讲机下达命令。渔船掉头向求救的船只驶去，相距五十米时，船长叫停船。

203

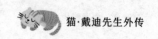

我们船员和对方隔空喊话，对方只懂得几句生硬的汉语，反复说他们出海捕鱼，半途小船坏了，被大风吹到这里，希望得到我们的救助。船长用望远镜仔细打量后，于是叫把船再开近一些。

到了两船相距二三十米的时候，我已经看清了，小渔船上坐着七个人，身材都很瘦削，看样子确实挨过不少苦日子。还有一个人平躺在船底，嘴边满是鲜血，不知是死是活。

"告诉我们，你们需要什么?"船长问。

"食物、淡水、药品、汽油。"对方七嘴八舌。

"你们不能靠近，我们留些食品给你们。"船长喊道，于是转身叫人去拿些食物和淡水，用塑料袋打包好，便吩咐将包裹抛下水去。

我看见他们用桨叶设法将包裹打捞上来，拆开后一顿狼吞虎咽。不过，我发现他们一边吃，一边偷偷侧眼打量我们，而且还低头窃窃私语，这种模样让我很有些不爽。吃完后，他们对我们表示了感激，然后说，他们有名伙伴发生了严重的意外，跌断了胸骨，快要死去了，希望得到我们的医治。

船长答应了，于是通知驶近小船，并下令船员将轮吊放下来，上面挂上几根缆绳。我看到对方费力地抬起一个担架，担架上躺着那个不幸的伤员。然后他们用缆绳系好担架四个角，再将缆绳套上轮吊的挂钩，于是挥挥手，示意我们可以起吊了。

我就从船舷边端详着这名因痛苦而嘴角抽搐的伤员，突然，我察觉到他的眼睛睁开了一条细缝，一道阴戾残暴的目光忽闪而过，嘴角还带出了得意的弧度，脸部神色瞬间发生了诡异的变化，又迅速恢复如初。这种转瞬即逝的神情变化，人类根本不可能察觉到，却没能逃过我的眼睛。随着一阵毛骨悚然的感觉扩散到全身，我脊背毛随即炸开，我压低身子，大声向下面怒吼起来。

这真是出乎很多人的意料，因为我平时除了被踩到脚或者尾巴而发出尖叫外，从来没有出现过类似状况。正在指挥的船长显然也注意到了我的异常，见我对着下面的担架怒吼不已，沉思片刻，忽然高高举起攥紧拳头的右手，大声喊道："收——停。"轮吊随即"咯吱"一声停在半空。

我们船上和小船上的所有人都怔住了，揣摩着船长的意图。船长凝视着担架沉思片刻，命先把人放回到小船，我们重新准备一辆滑车接应。于是有船员便大声跟小船里的人说了。船长实际上并没有叫人去找滑车，而是用秃鹫一般锐利的眼神盯着这个伤员。等担架下到和小船水平时，船长就声称吊缆摆来摆去，非常危险，叫小船的人先把伤员卸下来再说。初时，他们并不同意，坚称他们的同伴受不了这样的折腾，甚至可能会立即死去。可我们的船长坚持他的做法。他们嘀咕几句后，开始解开担架上的缆绳。就在他们已经解开担架两个角时，船长突然举高右手，低沉地发出命令："全速起吊。"

缆绳"呼啦"一声绷紧，突然扬起的担架旋即将伤员甩到小船的一角，然后直挺挺的在众人诧异的目光中快速吊了起来。才提到半空，我们这边所有人都看到了，担架下面竟然藏着两支短枪，还挂着一袋好似小菠萝一样的东西。

"全员卧倒，全速驶离。"船长沉着地下达命令，并一把将我从船舷边撸了下来。所有的船员都立即意识到发生了什么，迅速俯下身子往后方撤退，同时做好了执行命令的准备。

"阿图、纹龙，高压水枪准备！"船长继续发布命令。

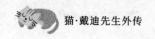
"是!"

"七喜、马太，不间断观察，随时报告情况!"

"是!"

"全员按海盗事件处置，各就各位!"

"是!"

我们立即掉转船头全速驶离，后面倒没有发生我意料之中的枪战，大概看到我们有所准备，海盗便放弃行动了吧。渔船继续破浪前行，温柔的海风依旧拂面吹过，仿佛什么事情都没有发生过。

海盗二：对战

晚饭时，船长特意来到大船舱，把缴获的枪支也带来了，"啪"的一声放在桌子上，然后叫大家坐好，听他讲些事。船长说，海上救助遇难的船只和船员是每一个海员的天职，是每个水手最起码的品格，但是先得学习如何保住自己的性命。继而船长介绍了几起海上劫掠事件和得到的沉痛教训，并教大家如何判断。事关切身安危，所有人都聚精会神地听着，也在认真思考，大船舱里安静得只听见浪涛拍击的声音。

船长还解释，正是因为留意到我的情绪出现突变，他这才怀疑到对方的动机，进而预判海盗的行动。然后船长拿出短枪，当着众人的面，向海面"砰"的开了一枪。正当大家不明就里的时候，船长说："这一枪，是为铃铃放的，我代表船上所有人，感谢它对我们的帮助！"大家听完后立即向我掌声致意。

我有点受宠若惊，但对我来说，与其得一点荣誉，倒不如吃顿烧鱼更能让我陶醉，于是我继续趴着啃咬我的烧鱼。这两天伙食改善了，厨师居然特地给我做了红烧三文鱼，不过，三文鱼烧熟了还真不好吃，他们不知道鱼生更有滋味吗？我要想个法子让他们知道。

我忽然记起家中小主人给我做的三文鱼刺身，或者说，是主人切好一盘三文鱼刺身后我们两个一起大快朵颐的情景，主人还尽量让我多吃。想着想着，我的情绪变得十分低落，于是也不吃了，转身走了出去，沿着甲板一路走下去。

我走到后甲板，这里微风习习，正是安抚小情绪最好的地方，我跳上船舷，蹲下来，默默地望向远方的深海。

我心绪不宁，琢磨着返回渔港后怎样回家的事。此时船长和大副一路聊天走来，看到我孤单地蹲在船舷边，两人便停下脚步。这个位置，刚好是今天船长指挥大家抵御海盗的地点。

船长将我的尾巴一撸，然后说："你看看铃铃，好像心事重重的样子。"

大副摸着我的头说："想家了。这次行动还真是多亏它，它好像有先知先觉的能力。"

船长说："的确，猫的感官很灵敏，它肯定发现了被我们忽略的一些细节。真没想到这一带会出现海盗。"

大副说："这伙海盗不知又到哪里去祸害渔民了，唉。"

船长说："这条航线已经不太平，我们要保持警觉，千万大意不得。"

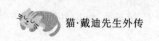

　　大副说："我就觉得奇怪，我们出发时没遇到海盗，回程便碰到了，他们似乎盯上了我们的货物。"

　　沉默半晌，船长忽然问道："你说他们抢不到东西，会不会善罢甘休？附近还有没有同伙？"

　　大副说："我已经加派人手值班，几个歪瓜裂枣成不了气候。"

　　船长又问："你不要小看了亡命之徒，里面也有聪明人。如果海盗有接应的船怎么办？"

　　大副耸耸肩说："他们追踪不到我们的航线，除非有我们的定位。"

　　船长点点头，思索片刻，然后将头探出船舷，仔细观察下方的船体。接着问大副："你以前留意到我们船体上缺了一块油漆吗？"

　　"没有。我来看看。"于是大副从腰包掏出强光手电，打开后也探出头去看，"是个黑色的物件，之前肯定没有。"大副说道。

　　两人对视一眼，表情逐渐凝重。船长随即吩咐大副找一名船员来，然后在他身上绑一根绳子，慢慢将他吊下去。船员上来后，将黏附在船体上的黑色物体交给船长。船长接过来一看，脸色随即阴沉下来，将黑色物体递给大副。大副检查后惊恐地睁大眼睛，整张脸慢慢变绿了："这……这是个GPS定位器，毫无疑问，是……是这伙海盗乘着我们低头避让的时候弄上去的，那么意味着……"

　　"我们被一路追踪了！"船长接过话头，"通知所有船员到后甲板集中！慢，先叫阿东立即向附近海域的海警船发送求援信号。"不到半分钟，船上的高音喇叭响起了召集广播。

　　船员很快到齐了，大家面面相觑，一脸茫然。这期间船长和大副已经商量妥当，正当船长准备开口时，大副拍拍船长的右肩，指一指远处。船长转头看去，远处隐隐约约传来一束微弱的光线。船长点点头，立即用最浅白的语句向所有船员说明了当前形势，然后着手布置船员的行动。

很快，除了几个舱室保留灯光外，其余包括甲板上的灯光全部熄灭，渔船继续保持着稳定的航速。

船长将我抱起，藏身到渔船顶舱一处隐秘的位置，这是一个特殊的隔层，四面都有瞭望孔，从外面看就是很普通的气窗。船长一边用望远镜观察远处的小光点，一边通过无线对讲机向各处的船员通报敌情。半小时后，已经可以辨认出是一艘铁皮快艇，行进速度非常快，上面至少有十个人，手持轻武器，分两排坐在船头。铁皮快艇此时关掉了发动机和所有灯光，利用船速潜行逼近。

我们的渔船继续保持着稳定的航速，只有驾驶舱和大副舱保留着灯光。

铁皮快艇悄无声息地迂回到我们的船尾，靠近，两个钩锁抛了上来，"啪嗒"一声钩紧船舷，随即从后甲板爬上来两个人。

这两个人鬼鬼祟祟观察一番后，手执武器弯着腰向前舱摸去。

就在他们快要离开后甲板时，船上突然发出轻微而清脆的木条断裂声。瞬即，一张大网从天而降，两边再一扯，将网内两个海盗掀翻在地，海盗发出的第一声号叫还没有结束，两名船员已经冲至身边，抢起铁棒便朝网内猛砸，一阵噼里啪啦的闷响后，后甲板又归于寂静。

海盗艇意识到情况不妙，快速离开渔船后舷，驶到渔船中部位置。随即传来突击步枪"嗒嗒嗒"的清脆响声，驾驶

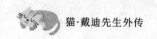

舱和大副舱的玻璃被全部打碎，里面站立的数人当场被步枪击倒，鲜血喷溅到窗口外。

渔船随即开始打转，海盗艇上传来哇啦哇啦的欢叫声。

海盗艇退回到渔船后甲板，又爬上来两人，这两人打开头盔上的照射灯，然后拿起步枪往前方胡乱扫射，将甲板尾舱打出一片蜂窝，事毕，带着得意的神色招呼更多的海盗爬上来。这次陆续上到甲板的共有七名荷枪实弹的海盗。比画一番后，海盗分左右两组往前甲板包抄，留下一名海盗在后面把风。海盗一边肆无忌惮地胡乱扫射，一边摸索前进。

第一组三名海盗畅通无阻地潜入驾驶舱，正在翻找物件时，吊顶处忽然传来爆裂声，浓稠的白色粉末随即喷洒下来，整个驾驶舱顿时白烟滚滚。海盗发出惊呼声，急忙捂着眼睛跑出去，出门才迈出两步，便开始发出痛苦的闷哼声。两个海盗捂着眼睛，仓皇间撞在一起，同时跌倒在地。还有一个扼着自己的咽喉，痛苦不堪地边咳嗽边跟跟跄跄地往后舱跑去。

白色烟雾中冉冉升起一口墨黑色的铁锅，沉重的黑光散发出凛冽的杀气，让人心生一片冰冷。看真了，是背锅大侠，我们的厨师。原来厨师背着铁锅戴着面罩从厚木方桌下的桌布中钻出来，随即手执精钢锅铲朝门外两个倒地海盗的身上拍下去，登时传来令人毛骨悚然的惨叫声。等到后甲板的自动步枪开始扫射，厨师早已退回驾驶舱中。

就在停留在后甲板的海盗惊疑不定的时候，一束白炽强光忽然自尾舱顶部亮起，照射到海盗身上。这名海盗也算身手敏捷，一个侧身倒地，然后端起自动步枪便往强光灯处扫射。可惜迟了那么一点点，从顶舱传来一声清脆的枪响，一颗子弹击中海盗的右肩，巨大的冲力将他撞到船尾。然而这名海盗相当强悍，仓促间轮换左手持枪并扣动扳机，一梭子弹便往刚才的射击点射去。

没有将海盗当场击倒也是出乎船长的意料，幸好船长反应不慢，眼看海盗并未丢弃枪械，便迅即趴低身体。说时迟那时快，惊人的爆裂声在耳边炸响，船长站立处的后方立即布满一排冒烟的弹孔，可见这名海盗实力和反应能力非同寻常。然后又传来玻璃破碎声，强光灯同时被打掉了，随着光线快速暗淡下来，如怪兽般的黑暗重新吞噬了后甲板。

就在强光灯还剩下一点余光时，船长从另一个瞭望窗看出去，只见海盗用左手支着地面将自己移到船尾钢铁绞盘架后隐藏起来，架起步枪，不时伸出头用阴鸷的眼神来观察船长的位置。船长眉头紧皱，压低了枪口。

从右侧巡查到货仓的三名海盗，听到后甲板短暂的枪战声后迅速后撤，但当他们看到后甲板灯火再度熄灭时，随即停住了脚步。

就在他们不知所措的瞬间，从货仓的夹层中抛出来一个蛋形物体，随即在半空中炸开，同样炸出漫天的白色粉末。三个海盗猝不及防，没走几步便捂着眼睛痛苦不堪地委顿在地。忽见两个身影从货仓闪出，手执铁棍便砸下去。一名悍不畏死的海盗，隐约看到眼前身影晃动，端起步枪便扣动扳机，冲在最前面的船员不幸被击中，但在倒地的瞬间还是将铁棒扫到这名海盗的身上，把他手上的步枪击飞到海上。

第二名船员毫不迟疑，冲上前一棍劈翻一个。一名倒地的海盗竟然飞身扑向船员，把船员撞翻在地，随即掏出匕首，往船员身上狠命扎去。电光火石之间，之前被子弹击伤的船员亦已拔出尖刀，狠狠刺入海盗的腰身处。海盗吃痛之下手

一抖，没有刺中前面船员的要害部位，被船员反手一棍，直接敲打在脑壳上，当即瘫软在地。

第一组最后一名被白粉呛到咽喉的海盗几乎窒息，只得就地举手求饶。至此，船上除位于船尾的一名海盗外全部被清理干净。

船长通过对讲机与各处船员沟通，随即除后甲板外其余甲板的灯光渐次亮起，但保持一片静默。渔船边，海盗艇依旧漂浮着，上面唯一的海盗缩进了船舱。

后甲板对峙的局面并未维持多久，远海处传来了我方海警船的警笛声。躲在船尾的悍匪眼看抵抗无望，在绞盘架后用左手慢慢举高自动步枪，然后将自动步枪抛到甲板上，站起身来以左手抱头的姿势站到前面。

海盗三：处置

船长依旧留在顶舱，继续用望远镜扫视海面，时不时用对讲机吩咐着。

大副提着枪走出来，已经有十多个船员拿着铁棍在各处监视瑟瑟发抖的海盗。大副走到受伤的船员旁查看伤情，两颗子弹从一名船员的大腿肌肉上洞穿而过，幸好没有伤及大动脉和骨头，一名船员正为他清洗伤口。另一名船员被匕首在屁股上扎出一个口子，伤情不算严重。

大副回到船舷边，举枪便往海盗艇扫出一梭子弹，里面的海盗很识趣，立即往外抛出枪械，高举双手半蹲着走了出来。大副连续扣动扳机，只见海盗掩面倒了下去，似乎被当场击杀。然而我们却看到海盗艇两个发动机中的一个被子弹打爆了，冒出一股青烟。

眼看布置停当，船长这才抱着我走出来和大副会合。两人并肩走入驾驶舱，这里已经是一片狼藉，碎玻璃和木屑飞溅得到处都是。船长从地上扶起一个木头支架，笑着说："你这个布置还真是精彩！头发和衣服都很逼真，难怪海盗会中计。"大副也笑了："我在储藏室好不容易找到几个番茄，剁碎了加上水，这样泼出去就更像了。"说罢两人哈哈大笑。

一刻钟后，影视剧中永远姗姗来迟的正义之神——海警船——终于驶近渔船。

警长带着几名下属登上渔船，船长和大副迎上去，船长介绍了事件的经过。

就在此时，甲板上忽然传来哭号声。船长望过去，见二副蹲在甲板上痛哭流涕，船长以目光示意大副。大副走过去，片刻后走回来，脸带悲愤之色。

大副说，二副正在检查海盗的装备，不料从海盗的手指上发现一枚观音玉石戒指，这枚戒指二副认得，是他三年前出海打鱼时失踪的弟弟所佩戴的，这就证实了他弟弟的不测，不是由于渔船自身失事，而是为海盗所害。

警长面色阴沉下来，吩咐海警对海盗逐一搜查。我看到海警走到海盗身边，也并未搜身，因为我们的船员早就彻底搜过了，并将搜出来的武器弹药堆放在面前，海警只将海盗的上衣扯开，露出肩胛骨的位置，然后用手仔细探摸。

搜查完毕，海警向警长汇报，说可以断定，这伙海盗全部是他国职业军人出身，并非普通渔民，而最后投降的海盗身上还穿着避弹衣，且有部队番号。

警长叫警员将穿着避弹衣的海盗铐紧双手提来，问他会不会说中文。海盗摇摇头，哇哇两句，表示听不懂。警长叹口气，眼光四十五度仰视上方，旁边的海警忽然挥出一记直拳，狠狠砸在海盗的前腰，海盗当即弓身如同虾米。警长收回目光，面色和善地问了相同的问题，海盗依旧倔强地不发一言。警长又摆出四十五度仰视目光，海警又一记直勾拳重重砸在海盗的后腰。海盗面部当即扭曲，半直起身子，咳嗽不已。警长第三次提问，这名海盗确实够硬气，嘴角渗出鲜血，目光怨毒地看着警长，依旧抿嘴不言。

警长略显怜悯地抬头，目光尚未到达四十五度，警员已然旋身飞起一脚，皮鞋尖直接踢中海盗的侧腰。海盗闷哼一声，翻身倒地，全身痉挛不止。踢出这一脚后，警员对自己能在警长和众人面前表演潇洒至极的拿手招式感到非常满意，搓搓双手，似乎便待脱下帽子讨赏。

警长等海盗终于能够喘上一口气，便蹲下来，依旧耐心地提问。海盗终于熬不住，果然能用中文回答警长。警长问了几个问题，听到海盗的答复，警长便露齿笑了。看到警长这种表情，周边几名警员均面色微变，不约而同闭目转头。当即，警长一巴掌扇在海盗的脸上，力度狂暴，海盗的脑袋"咚"的一声猛撞到甲板又弹回来，半边脸登时肿起，口中带血吐出几颗牙齿。

警长掏出手帕擦擦手，骂道："就是你这种混蛋逼着老子破戒的！还想蒙骗过关！"

旁边警员忙不迭接过手帕赔笑道："不知道为何今年碰到的硬茬子特别多，这不，叫您老隔三岔五破戒打人，分队还真是过意不去，回去我们全员给您做检讨。"

"我说李队啊，刚才那一个旋踢不是这样子的，动作弧线拉得太明显，这叫拉风。对方有的是反应时间，比如这样，"警长比画出一个用膝头近身截击的动作，"你的腿就废了。"

"警长指导的是，我回去再琢磨。小王！"

"在！"

"回去就安排庆功宴，不，是金盘洗手宴，炖一盅辽参汤给咱们老大消消火。"

审讯完毕，警长招呼船长和大副走到一边商议。警长说，海盗团伙这次有组织集结在依米岛，准备干几票大的，这伙海盗便是其中一支分队，意图半路打劫。船长和大副听到此处，大眼瞪小眼，忽然便打了个冷战，露出难以置信的神情。

警长又压低声音说了几句，船长和大副对视一眼，然后缓缓点头。警长使用对讲机发出指令，两名披挂装备的海警随即跳上海盗艇，钻入船舱。不久后走出来，向警长比画出OK的手势，随后收集海盗艇的武器回到海警船。

大副命两名尚未受伤的海盗将其余海盗搬运至海盗艇。渔船上的海警收缴了所有武器，接收我方的重伤员后回到海警船，鸣笛离开了。至于海盗艇，出乎所有人的意料，警长并不理会，让他们自己开走了。

我们的渔船并未立即起航，船长安排好善后工作，便与大副、二副并肩走回驾驶舱，而我则在后面紧紧跟着。二副情绪依旧激动，愤愤不平地抱怨海警的处理方式，说这是放虎归山、养虎为患，早知如此，刚才便应该提前在船上将匪徒解决了。船长没有搭理二副，冷静地问大副：

"现在几点了？"

"快了，还差五分钟。"大副看着表说。

"好，时间快到了，我们出去看看。"船长拉上二副，与大副一起走出驾驶舱，站在甲板上往深海处瞭望。

二副有点莫名其妙，然而见到船长和大副脸上露出严肃的神情，也就不再多言，努力顺着他们的眼光望过去。

忽然间，远方黑暗的深海处，迸发出一团耀眼的红光。红光迅速扩大，顶上升起了一朵蘑菇云，蘑菇云顶部青灰色，下部与蘑菇柱相接之处呈现五彩之色，形状相当漂亮。约莫过了一分钟，才听到轰隆声自蘑菇云处传来。

看着蘑菇云逐渐暗淡下去，船长叹口气，拍了拍二副的肩膀，脚步沉重地走回驾驶舱。

发生这件事后，我们持续戒备，两天两夜后才解除警报。第三天晚上，船长提出召开庆功大会。

船长把我轻轻放上桌面，举着酒杯郑重说道："第一天，如果没有铃铃的预警，我不会察觉到对方的狼子野心。第二天，还是铃铃给了我和大副灵感。说句老实话，我真没想到海盗会偷偷留下跟踪器。"

"既然铃铃立下大功，大家说说，我们给铃铃什么奖励？"大副迫不及待地跳出来说。

"给它升官。"

"做二大副如何？"

"赞成，就从领航员升级为二大副！"大家一致附和。

"我明天给它做个漂亮的猫窝。"

"就你住的地方像个狗窝，还能给铃铃做猫窝？"

"给它做一顿好菜，我出钱。"

"我要负责给它铲屎，你们都别跟我争。"

"别的就算了，天天都是我给它铲屎的，没有我，它……有那么聪明？"

"开什么玩笑，我天天给它做鱼吃，吃了我的菜，才会变聪明。"

"天天吃你的菜，怎么没见我聪明？"

"你的脑袋跟牛筋一样，吃啥都没用。"

嘈杂的气氛颇让我头痛。对了，我忽然记得船长室的小抽屉里头，好像还存有些香煎鸡肉丝，滋味那是相当不错的，是船长这个家伙上船夹带的私货，我不吃，船长就会自个儿干掉，我这就去找找看。就在大家兴高采烈的时候，我施施然从桌子上跳下，在大家愕然的目光中跑了出去。

"阿东，还有马太！你两个说话声音太大了，看把铃铃吓走了，明早起来罚洗厕所，一直干到回渔港。"看到关键时候主角不辞而别，很不给他面子，船长颇为恼火。

就在我趴在船长的枕头上开始打盹的时候，船长兴冲冲大踏步走进来。在床底下哐哐当当翻找半天，摸出一支铁塔形状的洋酒，凝视了片刻，露出送战友上战场般不舍的神色，一咬牙，狠狠撸了我两把，才大步跨出舱门。

这家伙，仗着自己有权发号施令，以卫生条件为由，伙同大副一路没收船员夹带的私货。之前连阿东刚拆封的一包油焖黄花鸡都抢走了，然后两人躲在大副船舱中大快朵颐，被我当场撞见了，大副便招呼我坐上桌子，撕下一块肉给我当封口费。我仅存片刻的良心不安在闻到香味后烟消云散，当即表态愿意同流合污，下不为例。于是两个男人和一只猫，脸上露出你知我知的坏笑，满嘴油光地拆光了整只鸡。完了船长满足地剔着牙，叮嘱大副继续留意阿东，他认定阿东藏有不止一包鸡。

船长不准别人夹带私货，可自己明明就夹带了不少。看在船长和大副每次分赃时都留有我一份，我也就不去告发了。

片刻后，听到下面传来一浪浪热烈的喧闹声，我忍不住

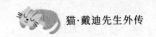

又走回大船舱，看见里面已经开起了炭火 party，大家都在为这次航行的收获和胜利大声欢呼，互相敬酒。

过了一天，我才知道他们是如何表彰我的。原来，他们在手机里选了我一张目视前方、洒满阳光的侧脸，打印在纸上，下面写上"我们的幸运神——领航员和永远的二大副"，船员都在上面签了名。然后将纸用线缝在一块长方形的麻布上，最后把麻布做成旗帜，贴在驾驶舱的后壁上方。另外，木匠还帮我做了一张精致的小吊床，里面铺着用新棉布做成的被子，不过想到坐在上面左摇右摆不符合我一贯沉稳内敛的个性，跳下来还有当场翻车的风险，我便敬而远之。

回到渔港

返程的第十三天。入夜时分，我们远远看到了海港一线灿烂的灯火，大家又是一阵的兴奋，几乎所有人都拿出手机，与家里人通话，告诉他们平安回来的消息，船长的脸上更是一直挂着满意的笑容。但我却觉得自己不受控制地时而兴奋莫名，时而忧伤低落，好像发寒热病一样。

在外港办理好所有的海关手续，我们的渔船才长鸣一声，缓缓驶入港口。此时已是午夜时分，港口一带已经没有了白天繁忙的气息，码头幽暗冷清，只有几个人在夜色下幽灵般拿着手电巡来巡去。我的心情和期待，也随着渔船靠港，像远处逐渐熄灭的灯光般慢慢低落下去。

渔船停泊后当即放下高高的后尾板。不知从哪里冒出来多辆冷冻货车，向我们行驶过来，依次停靠在码头边。又有两台叉车，直接驶上船尾。船长指挥船员，将一筐筐的马鲛鱼从冷冻室里拖出来，放在叉车的长臂上，叉车满载后转运到岸上的货车中，循环往复地作业。

我早在船上已经做好了这样的打算，一旦到达码头，我便立即离开渔船，想办法回到主人身边。此时，渔船上繁忙嘈杂，所有人都有事情可做，这正是个好时机。我趁着夜色的掩护，溜到后甲板，在一筐马鲛鱼的遮掩下，我走到叉车边，然后跟随着叉车移动的阴影走到岸上。

要离开这里了，我不舍地回望着渔船。那里，船长每天晚上会为我摊开一本书，让我在上面睡得更香甜；阿东每天早上帮我打理卫生，更换尿布；木匠曾花了一整个下午为我做一张精致上乘的小木床；胆小实质细心的厨师单独为我做美味的烧沙丁鱼，这种待遇连大副都感到忌妒；马太为我做了一床暖暖的小棉被，布料是他从自己的一件衬衣上裁剪下来的；大副宁愿垫高自己被人笑话，也不愿意把我从驾驶台上赶走……太多了，太多的事情值得我去回忆了，我眼前一片朦胧。

我这样离开，没有告别，没有安慰。船长看到空空的驾驶台，也许会感到失落吧；厨师在烧沙丁鱼时，某一天或许会怅然若失；阿东肯定会有一阵子的伤心，他昨晚跟我一起坐在船头，面对空阔平静的海面，跟我说出了他的决定，上岸后便与朋友合伙买一条大渔船，然后把我接到船上，和我一起出海钓大鱼。

我何尝没有感伤，且让这一份追思和惆怅，留待日后的空闲日子，慢慢去品尝吧。告别了，可爱的船员们。

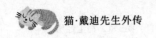

家在前方

我顺着渔港码头走上休闲海滩的道路，也就是我被压在箩筐中运去渔港的路，碎步往回小跑。约莫一个小时后，我找到与主人一起露营的海滩。这时天气转冷了些，海滩上支起帐篷度假的人少了很多。我凭着记忆，七转八转便来到主人搭帐篷的地点，但这里已是空无一物，我在地面嗅了很久，可再也找不到主人的气味。

这些情况虽然让我觉得遗憾，但并没有让我感到特别的失望，因为这种情形我早有预计。我本不是一只喜欢活在假想中的猫，这样会患得患失，进退失据。主人为了找我肯定尽了她自己最大的努力，但主人不会一直守在这里等，她还有很多重要的事情要去做。那么现在我要做的就是，抬头望着深邃的夜空和闪闪亮的星星，深深吸一口清凉而湿润的空气，然后坚定地对自己说："找到回家的路！"

没有犹豫，没有迟疑，更没有人陪同和鼓励，我就在这样一个黑漆漆的夜晚听从内心的呼唤启程了。

从京城的家走高速到这里，有近四个小时的车程，这样算算，就有几百里的路程。幸好我和主人多次自驾游来此度假，每次坐在车上，我有空都会趴窗口，沿路看看地形、环境，所以我现在唯一能够倚仗的，便是自己对方向感的把握。旅途上可能我会迷路，也可能绕个大弯，但是，只要知道家的方向在哪儿，我的脚步就不会停顿。家，就在前方。

第四章　回家之路

我深知路途中一些人为的风险，所以，我会尽量避免通过人口稠密的地方或者车流密集的公路，我会依据我们猫族独特的方向感，试着寻找荒郊野外或者偏僻乡村的路线行进。依据不同情况，我有时走得快，有时走得慢。原本我以为能够在个把月时间内走回家，可实际上我足足走了一年多。

我曾走在雨后城市的马路边，被飞驰而过的车辆溅了一身的污水。我曾在深夜的乡村集市，守着最后撤档的老人，就为了等待一片丢弃的面饼。我也曾在某处荒郊，被一群野狗围追堵截，抱头鼠窜。也曾得到一位下课的女学生最悉心的照料。

我在隆冬时节见过老迈的女人瑟缩在河边的岩石上搓洗衣服，身边没有任何人的陪伴。我看到烈日暴晒下，依然有赤身露体的孩子在马路边捡拾大车掉下的煤土。我也看到有情人终成眷属，相互依偎走进花和甜蜜的礼堂；看到功成名就的男人挥金如土，出入声色犬马的场所。

有时候我会无缘无故感到焦虑不安，那一定是主人遇着了烦心事。每次主人遇到不开心的事情，总是找我玩一场捉迷藏，然后就能改变心情；有时候我感到一阵莫名的惆怅，那肯定是主人静静地躺在床上，思念我的缘故；有时候我会觉得一阵的恍惚，眼前的景物变得不再真切，那必定是

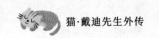

主人正在左右为难，我不在主人身边，主人会不会拿不定主意呢？

我曾在主人给我做的生日上许愿，要和主人一生不离不弃，这就是我能够坚持下去的信念。下面，就让我叙述这段艰难的旅程吧！

新鲜的肉球

走了半个月，我已经穿过好几座丛林，翻过好几处山岭。我依据黑猫教我的方法，加上自己的一点悟性，找寻到食物倒也不会太难。

这天，我正穿越原始森林，眼前出现一汪泉水。我走到泉水边，清澈的水面倒映出我的面容，我发现脸庞上的毛发已经发黄，那是尘土的封印。而下巴毛发黑，应该是没有人为我擦拭嘴巴的缘故。好在胡子还是条条笔挺，眼神中闪耀着坚忍和不屈。"你真的很不错。"我对自己点点头说。

我低头喝水，泉水冷冽，甘之如饴。环顾四周宁静安谧，我决定找棵树上去休息。梭巡片刻，果然被我找到一棵枝繁叶茂的大树，叶子有巴掌大，估计上面栖息一头豹子都没有人会发现。我立即跳上去，在第一个树杈旁，我便发现了一处平整干燥的位置，于是伏在上面沉睡过去。待我睡醒，太阳已经快要落到山的那一边了，紫红的天色正逐渐黯淡下来。

我饥肠辘辘，寻思着去哪里找些昆虫做晚餐，头顶忽然传来一片叽叽喳喳的声音。我立即竖起耳朵，显然上面有个鸟巢，听叫声，还有好几只雏鸟。

我不禁喜出望外，便悄无声息地顺着树干往上爬去，一直爬到叫声传来处的上部，然后才伸出头来向下观察。下面一个树冠的顶部果然有个鸟窝，里面五六只嗷嗷待哺的雏鸟正张开大得不成比例的嘴巴讨吃，站在巢边的是一只黑色红冠的大鸟，正不断从嘴中吐出小虫喂食。我正在犹豫有多大把握可以战胜这只大鸟而不是被它啄伤或者推下树跌个半死时，鸟妈妈"呼啦"一声飞走了，估计又出去寻吃的了。

好机会，我当即跳下树丫，快步窜到鸟窝边，不由分说就叼起三只运气显然不佳的雏鸟，然后快速逃离作案地点，刚落到地面，上面又开始鼓噪起来，显然鸟妈妈又飞回来了。我没有理会，这个当头可是解决我温饱问题的时候，况且我还留下两只呢，很够意思了。如果鸟妈妈下来寻仇，在地面上我也不怕。吃过美味新鲜的肉球，将粘在嘴边的鸟毛全部擦干净，我又爬上树，这下终于可以舒舒坦坦地休息了。

我再次醒来的时候，已到夜半时分。四周虫鸣声此起彼伏，远处传来睡得不安稳的鸟儿的呱呱叫，估计我就是被这种声音弄醒的。我发现一束柔和的光线从树梢顶降落下来，正好照在我银白色的毛发上，晕出微微的光晕。抬头一看，一弯皎洁的明月悬在半空，温柔的光华穿过树梢细碎地洒下来。

我低下头，却惊奇地发现树下面也有个月亮，我留神凝视，这才想到下面是我喝水的泉眼。我想起主人曾经给我讲过的故事。每座森林都有汪镜子般明亮的泉水，泉水边总有穿着白色雪纺裙的女孩子在轻轻叹息。我很后悔刚才睡过头，过了晚上十二点，女孩子肯定已经离开了。她一定长得跟主

223

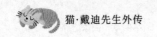

人一样漂亮、一样温柔吧，会不会也喜欢我呢？对了，一个温柔的女孩子怀抱里怎能没有一只毛色光滑的乖猫？我记得月宫中的嫦娥仙子总是抱着玉兔的，那个玉兔肯定还是嫦娥仙子的守护神，否则空阔寂寥的广寒宫说不定会有坏人骚扰的。不过嫦娥可没有泉水边的女孩那么幸运，听说在森林中某种奇异的奏鸣曲响起之时，青蛙王子便会恢复为英俊的少年，走来与女孩相会。现在女孩离开了，我下去看看，或许会找到女孩子留下来的水晶鞋。

我正想下去活动一下，忽然附近传来不知名动物发出的啸叫声，还有穿梭在林间的脚步声，我顿时清醒过来。我想到，毕竟森林的夜晚不同于城市的夜晚，生活在森林之中的啮齿类动物或者恶心的昆虫，会在夜色的保护下出来觅食，而以它们为捕猎目标的夜行动物，也会在这个时候出来狩猎。我这时下去很可能会遇上不必要的麻烦。某位哲人说过，避开危险是比战胜危险更好的方式，所以还是等到天亮后再说吧。于是我继续闭目养神，直到看到第一缕曙光投射在枝头上，才跳回地面，喝了点仙子泉水，继续往前赶路。

恶斗雉鸡

穿过茂密的丛林，踏进前面空阔低矮的灌木林。显然，这里不会出现山林猛兽，危险的因素少得多，这让我感到十分欣慰。正当我低头走路时，听到"呼啦"一声，前面路上突然打横窜出来一个五彩斑斓的大家伙。我吓得跳起来，尾巴毛顿时炸开，像支鸡毛掸子。

定睛看去，原来是一只山雉鸡，花冠、小眼、大红尾，正怒气冲冲地看着我。这是要拦路打劫还是想打架？在体重上，我估计自己和对方不相上下，但是这个家伙不仅双爪锐利，头上还自带锋锐武器，要是被这个嘴硬的家伙啄那么一下，估计连皮带肉都会掉一块。现在不是斗气的时候，我更不想惹事，于是我识趣地退后两步，准备绕过这片是非之地。

还没有走出两步，灌木丛中又跳出一只毛色相似的家伙，这只雉鸡眼光更加锐利，但是头顶有点秃，屁股毛稀疏，显然是个老家伙。老家伙都是很难对付的，好汉不吃眼前亏，我当即考虑从原路退回，可眼睛向后一瞟，后边不知何时又冒出三个小脑袋大身体的家伙，正迈开大步朝我这边扑来。

我低伏下来，心中盘算，难不成我误入了野鸡巢穴？糟了，现在它们鸡多势众，绝对不会给我好果子吃。特别是那只首先出现的红尾鸡，老拿不怀好意的眼睛往我身上瞟，似乎将我看作一顿美味的肉条。真是岂有此理，你们不去刨地抓虫子吃，难道非要与森林之王争斗？我不禁从喉咙中发出低沉的咆哮，将爪子中的利刃伸出肉垫外。

所谓虎落平阳被犬欺，我一只猫，落到一群蛮不讲理的雉鸡手中，当真有苦难言。形势是这样的，我的右边有两个对手，而左边有三个。讲和吧，敌众我寡，这个时候没有道理可讲的，除非乖乖就范，好坏就看对方的心情了。跑吧，这里地势开阔，雉鸡不仅会跑，而且还会飞，变身飞禽后战斗力至少翻倍，所以我边打边退必定吃亏，弄不好还会首尾难顾。好吧，既然无路可走，老子唯有跟你们拼了。我尽量压低身子，做好积蓄力量的准备，眼睛在两个鸡群中来回扫视。

　　对峙的局面持续没多久，左边一只大鸡忍不住咯咯叫着冲杀过来。我依旧没有动，直到这货冲到面前，后仰脑袋，不顾一切向我凶狠啄来时，我瞅准时机，猛然间起身直立，居高临下，一个巴掌扫过去，这手经典招式来自母亲亲传，势大力沉，后发而先至。"啪"的一声闷响，不偏不倚，正好结结实实打中雏鸡的脑门，我感到钢爪的尖锋传来划破皮囊的畅快感觉，知道得手了，于是迅速伏低身体。只见这只走霉运的雏鸡脑门处炸飞出一团细碎的絮毛，还没有看清楚伤势，整只鸡便如同发了瘟一般，歪着脑袋跌跌撞撞倒在一边了。

　　我电光火石般的出手瞬间凝固了空气，它们绝对没有想到我竟然够胆辣手摧鸡，于是偏着头重新审视我，似乎正在考虑新的战术。我知道，遭遇战中一旦一方出现损伤，那么真正的恶斗已不可避免，现在要准备的，唯有勇气和机智了。

　　一分钟，两分钟，右边秃顶老鸡率先发难，咯咯怪叫着冲杀过来，接着红尾大鸡扑打着翅膀尾随而至，左边两只大鸡也同时发动，瞪着充血的小眼珠扑杀过来。

　　我的鼻头渗出了汗水，瞳孔放大到极限，就在四只雏鸡即将形成合围之势的最后一刻，我的小宇宙终于爆发，我像子弹般向前弹射，迅速地窜出了包围圈。就在我以为计谋成功的当头，尾巴突然传来一阵剧痛，半空中扭头望去，原来是被急追上来的秃顶老鸡死死啄住了一丛尾巴毛。我想也不想，空中出脚后蹬，正好踢中老鸡头，老鸡在空中翻了个跟斗便跌落尘埃，同时我的尾巴传来又一阵剧痛。

　　后面三只雏鸡撞到一起，正跌在地上打滚。现在可不是讨回公道的时候，眼前形势依旧对我不利，脚掌落地的一刻，我立即发力狂奔。我想到，只要老雉鸡敢追来，我便会转身来个单打独斗，力求在最短的时间内解决对手，然后再想办法对付其余三只鸡。幸好，我跑了一阵，发现身后并无异样，显然秃顶老鸡还是比较奸猾的，懂得见好就收的道理，这样好活得长久一些。

这时我已经疼得忍不住了，急忙蹲下来检查伤势。我舔开尾巴毛，发现尾巴中段连皮带毛去了指甲大小一块，舔上去让我疼得直打哆嗦。唉，都怪我，只顾护着身体逃出危险，却忘记长尾巴还留在屁股后面未收回来，这真是一次深刻的教训。

蛇鼠一窝

又走了好几天，前面是一片广阔的草原，这里视野开阔，我走得比较畅快。正自顾自走着，前面草丛中跑过去一只肥硕的东西，定睛一看，原来是只豚鼠，两只前爪好像还捧着一把什么东西。看着这个家伙，我忽然听到腹中传来一连串冒气泡的声音，豚鼠在我眼前幻化为一个刚撕开封口的肉罐头，冒着热气，散发出诱人的肉香味。"哪里跑，喵——"，我欢叫一声，没等脑袋下达指令，身体便不由自主追了上去。

豚鼠忽然惊觉，匆忙将手中的东西往后一抛，头也不回地向前狂奔。我走到跟前嗅嗅，原来是些花生米，弃卒保帅？想得美！于是我继续往前追赶。我边跑边估量，这只豚鼠长得肉墩墩的，足有小半斤之多，至少能解决我两天的伙食，吃剩的还可以打包上路，我越想越兴奋。

227

没想到这只豚鼠异常灵巧，它奔跑起来时，密集的草丛对于它来说也如同一马平川。而我，对眼前这片草丛却不太适应，草丛生得团团簇簇，草叶很硬，直接踩在上面不仅不受力，而且还会割伤皮毛。我必须找到草丛在地面上的间隙，然后踩着点像兔子一样连续跳跃，才能前进。这样一来，豚鼠是直线飞奔，而我却在草丛中腾挪跳跃，结果双方的距离一直没有拉近。

我打定主意，不管怎样，老子今天定要把你当成点心。前面不远处，草丛渐渐稀疏，地上冒出一个个黄色的土丘，像一堆蒸包子挤在一起，附近稀稀拉拉长着不知名的坚果树。机会来了，我分明看到豚鼠朝着土丘的方向飞奔，我不禁暗暗冷笑，你这只愚蠢的豚鼠，竟然跑离有掩护的草地！我奔跑到土丘群的边缘，看到此处地形之奇特，每隔三两米，便有一个土洞，一眼望过去，足有一两百个之多，整片土丘如同蜂窝一样。

我停住脚步，狐疑地打量周边环境。然而前面的豚鼠见我没有紧追不放，竟然站起身子向后瞭望，伸出两只小爪子向我比画着，口中发出"吱吱"的声音。岂有此理，我竟然被一只黄毛豚鼠嘲笑，那可是生平第一遭。我再次飞扑过去，豚鼠又继续向前跑，但是我跑得更快，前面十米，五米，三米，一米，到手了！正当我伸出利爪，准备一击毙敌之时，豚鼠忽然低头向下，朝一个洞口钻了进去，"嗖"的一声便消失了。

糟糕，老子竟然没有想到这家伙还有这种脱身之法，我走到洞口边打量，这个洞很深，洞壁横叉出草根或者树根，不好下去。我只好坐下来，不过我很快想到，豚鼠本就生活在洞穴中，那么下面估计不是一只，而是一窝，大的小的，老的嫩的，哈哈，老子全包了！你不出来是吧？我跟你耗上了。我打定主意，心中乐开了花。

正当我半眯着眼，开始有点犯困的时候，前面几个洞穴传来窸窸窣窣的声音。哎呀，看来出来的不是一只，而是好几只。来了，散发着热气的美味要端上来了。我前世到底做了什么好事，直让老天爷这样奖励我？我叹了一口气。于是我做好准备，右手拿刀，左手握叉，只可惜脖子上没有系上崭新笔挺的餐巾，显得有些美中不足。

令我大感意外的是，从洞口钻出来的脑袋不是圆圆的，而是尖尖扁扁的，还吐着舌头。定神一看，妈呀，那是一条蛇。我惊呆了，这是魔法表演么，说好的午餐肉呢？

爬出来了，的确是一条金环蛇，盘起身子冷冷地逼视着我。面前又有几个洞口爬出了金环蛇，左右、后面，同时传来了鳞片与土块摩擦的声音。这情景吓得我全身汗毛直竖，尾巴像蒲公英一样膨胀了一大圈，似乎只要吹来一阵风，根根猫毛便会随风飘去。

我瞬间萌生了退意。不过表面上没有示弱，我压下身体，做出准备要攻击的姿势。然后用余光打量四周。但见四周的洞穴中都出现了毒蛇，正摇摇摆摆向前伸出身体。群蛇中站着不少豚鼠，这些豚鼠正左右磨着突出的门牙，小脸蛋上堆满幸灾乐祸，攥紧两只小手胡乱比画，就差没有向我扔石子了。

要跑出包围圈是不可能了，因为只要是奔跑，便很难防备脚下洞穴中毒蛇冷不防的袭击，哪怕只是咬上一口——先不论是否会被毒死，我便会带上绝不松口的毒蛇一起跑，这样只要身形稍有迟缓，就会有更多的毒蛇缠上来噬咬，最后

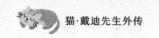

必死无疑。幸好，我看到不远处伫立着几棵坚果树，相信只要爬上树，便能够拖延时间，争取多一分生存的希望。

当时的形势没有再容我多考虑，最先爬出来的金环蛇已经率先向我袭来，只见蛇身在地上交替盘旋，扁得像块老柑皮的蛇头尽量后仰，蓄力将嵌在蛇头上的毒牙向我刺来。说时迟那时快，我直起身子，一个巴掌从上往下拍去，蛇头一缩，我没有击中要害，但还是将蛇头拍得左倾三十度。但这已经足够了，因为毒蛇要展开新的攻击，必须调整姿态，积蓄好力量才能发动。我立即往外冲击还没布置好的蛇阵，我会挑危险性低一点的地方走，也就是找到蛇头直立，或者蛇身没有完全盘曲的地方走，哪怕这里毒蛇再多，遭受攻击的机会也会少一些。

猫蛇争斗

于是我在毒蛇阵中如同受惊的兔子般快速左右腾跃，跑到一棵最高的坚果树下，"嗖"的一下蹿上树，四爪交替爬到树腰处才稍微定下神来。向下望去，只见树下摆着几副啃食一空的骨架，看样子是小型的猎食动物的骨架。而地面上百多条毒蛇已经围成圆环，正左摇右摆地晃动脑袋。不过也奇怪，它们没有再向前爬近一步，所以树下方圆两三米之内没有一条蛇。

我站在树上好像接受群蛇朝拜一般，这种感觉很怪异，不过这不是我该庆幸的时候，我必须先找到活路。于是，我继续往上爬了几个枝丫，才抱紧树枝稍做喘息。我忽然想到，它们之所以不跟上来，难道是把我当作祭祀神明的供品？或者是我误打误撞闯入了毒蛇一族的禁地？又或者这棵树上面有更毒的毒王？想到此处，我稍微安稳的小心脏骤然收缩，全身肌肉瞬间紧绷。

真是多亏了平时和小主人斗智斗勇培养出来的思考习惯，因为与此同时，一个黑影从下面好似竹竿一般直着身子弹射而至，露出两个獠牙的大嘴径直朝我的脸门咬来。在这间不容发的一刻，我本能地伸出右脚向下猛力踢去，恰好踹中蛇脖子，但这仅仅延时一秒，巨大的蛇头稍微顿了一顿然后继续向我扑咬过来，我已经闻到蛇口喷出的腥臭难闻的气味，此刻只要蛇口一闭，便是我毙命之时。

千钧一发之际，我低下头，两个前爪拼尽全身之力向前猛蹬，全身如同离弦之箭扑向蛇头下三寸之处，瞬间我的额头和大蛇往前猛扎还没有合上的下颚撞到一起，"咚"的一下，结结实实发出脆响，随即我听到头顶传来蛇口闭合的吧嗒声，万幸，毒牙没有在我身上扎出两个窟窿。

我的反应速度和爆发力量显然出乎大蛇意料，大蛇一击不中，脑袋立即后撤。我没有给大蛇第二波攻击机会，强忍额头剧痛，顺着蛇头后仰的方向，再次凌空前扑，瞬间紧紧咬住蛇颈。正当我以为得手之时，一条黑影自下而上，搭在我身上。我已经无暇顾及，只觉得搭在身上的东西一圈接一圈，这才回过神来，糟了，大蛇要将我生生绞死。我立即放开抓树的手脚，全力去挣脱，开始是猛踢，但是蛇身很滑，不受力，我于是改为拼力量，四肢抵在蛇身上，试图抵御越来越紧的绞缠力。不一会儿，大蛇全身肌肉骤然收缩，我的呼吸瞬即一滞。

这时我已将所有力量放到牙齿上，不过很不幸，大蛇咽

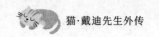

喉的护甲极有韧性，我没有办法将其洞穿，但是我会让大蛇窒息，这是唯一的机会。此时双方到了不死不休的地步，各自在为尽早扼杀对方而拼尽全力。

五分钟过去了，很漫长，漫长到我以为过了一个世纪。静谧中我听到下肢传来"咔嚓"一声脆响，我的心脏往下一沉，完了，我知道腿部骨折了，不过疼痛感并没有传来，估计腿部肌肉神经已然麻痹。但这又能怎样，我唯一能够做的，便是依旧紧紧咬合，毫不放松，这是一场意志对意志的生死较量，力量与力量的巅峰对决！

又过去五分钟，真是地老天荒的五分钟啊。此时，我感到有些狂乱的头脑逐渐恢复了清醒，我首先想到了死，由死又想到了生，我想到了母亲，想到了两个姐姐，想到了还在京城的主人，生活片段一幕幕一闪而过。大概已经到了回光返照的阶段吧，我忧伤无比。

忽然，我发现大蛇的身体似乎放松了一点，然后又是一点，非常轻微，但是我感觉到了。我用眼角余光望向蛇头，只见它原本晶莹透亮的前额已经变得灰白浑浊，眼睛半合上，从中溢出晶莹的液体。然而，我仍能感受到大蛇皮肤轻微的颤动。我其实也已筋疲力尽了，便略微放松牙齿的力量，大蛇立即睁开眼睛，我急忙使上力量，大蛇又闭上眼睛。等了片刻，大蛇明显将盘在我身上的力量卸去了一些。我感到自在不少，于是也减小了咬合力度。这时候大蛇睁开眼，不过，这次连带撤去了缠绕在我身上的力量。我懂得，这是大蛇向我示意彼此同时解除武装，不要再做无谓的你死我活的争斗了。这是动物界的生存法则之一，既然势均力敌，争斗便适可而止，否则敌对双方便会同时沦为牺牲品。于是，我也默契地松开口，然后用两只前爪翻上树丫，站定时发现不仅一只脚不好使了，而且断脚的位置被蛇鳞刮得血肉模糊。

我和大蛇就这样趴在同一条树丫上，默默对视，传递着说不清是怨恨还是大战后的惺惺相惜，一种既复杂又简单的感觉，然后各自喘息着闭目休息。这时候如果有人从树下经过，一定会对这样的情形表示惊奇，一条大蛇和一只猫在同一根树枝上和平共处，而且看来交情亲厚。

共生共荣

约莫一个钟头后，双方精神都恢复得差不多了，大蛇便率先顺着树干盘旋而下，还回头看了我一眼。我犹豫了，眼看附近蛇群并没有退去的意思，这个时候跟下去是有机会离开，还是会再遭毒手？但细想之下，现时大蛇似乎对我敌意不大，这也许是我唯一的脱身机会。于是，我交替两只前爪从树上溜了下来，跟在大蛇身后。只见大蛇所到之处，其他金环蛇纷纷避让，然后伏下蛇头，表示了极大的尊敬，果然这是一条蛇中之王。

蛇王嘶叫了两声，接着盘起身子一动不动，我跟在后面，不知所以，只好也蹲下来。约莫过去了一盏茶的时间，几条蛇嘶嘶地游走过来，一条口中含着鸟蛋，另外几条叼着红色的肉块，放到蛇王面前便退开了。蛇王让开几步，示意我可以任意享用。我正饿得全身发软，于是毫不客气地吃了鸟蛋，来源不明的红色肉块没敢碰，留给蛇王自己享用。此时天色

233

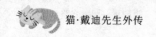

昏暗，我不敢到处乱走，便在大树下蜷缩起身子，等待下一个黎明。

第二天早上，初升的太阳染红了天际淡淡的雾霭，习习凉风如同宽厚的大手般轻拂过草原。我站起时觉得腿部疼痛异常，走远路怕是不行了，便打算在此处再停留一天。

等到阳光足够温暖的时候，群蛇便从洞口冒出头来。我看到金环蛇爬上坚果树，找到挂着成熟坚果的枝条，然后用身体盘起来，将树枝扭断。带着坚果的树枝掉落到地上，等候在树下的豚鼠们将坚果收集起来，储藏在洞穴中。

我还看到，蛇王所到之处，不仅金环蛇，连豚鼠也要退避三舍，看来蛇王确是这里蛇族和鼠族当之无愧的首领。

我中午和晚上的伙食包括鸟蛋和几只幼鸟，倒也算得上丰盛。

待到夕阳西斜，我感觉到腿伤没有那么疼了，便打算在周围稍做活动。行走中，诸蛇先是向我吐出细长分叉的信子，收回口中便立即做出避让的姿态，似乎我身上带有某种特殊的气息。而其他豚鼠见我并无敌意，便不加理会，哪儿凉快哪儿待着。

我来到草场中间的空地，几只豚鼠正在地上挖出粒状的东西，咬开后，双手捧着走到草场边，然后一路撒过去。我好奇地走去细看，原来都是些花生米，就是我见到第一只豚鼠时它手上拿的东西。噢，我明白了，这是一片花生田，但这些豚鼠为何要沿路撒花生米，而非拿回家享用？我狐疑万分，刚好前面有一处繁茂的草丛，我于是钻进草丛静静观察。

夜幕笼罩，昆虫唧唧。草场的一角探出几个胖墩墩的脑袋，循着撒有花生米的小道边吃边跳过来，偶然竖起两只大耳朵，原来是两只野兔。野兔很快溜到花生田，嗅了几下，便即动手刨地。只见泥土翻飞，不久便刨出一串花生，然后继续往前刨，手脚相当麻利。

我继续密切观察。就在野兔刨出了两三个坑，正兴高采烈地捧着花生米开吃之时，突然窜出数条金环蛇，瞬间咬住野兔。两只野兔先是受惊跃起，可惜无法摆脱钳紧在身上的毒蛇，随即跌落下来，在地上拼命蹬脚，没过多久便一动不动了。此时金环蛇才松开口，钻回到洞中，另外几条金环蛇上前拖着野兔的尸体离开。我目瞪口呆地看着这个场面，感到十分不可思议。

我这样推算：豚鼠在草场种下花生，待花生株成熟之时，便用香喷喷的花生米去吸引野兔或其他小动物过来。此时，金环蛇早已在花生田中挖好洞穴，晚上就潜伏在洞中守候，只要贪吃的野兔循着花生株走到附近，金环蛇便会窜出来咬死猎物，这才是真正有实效的守株待兔。

这种了不起的合作方式对彼此是如此的有利，也就是说，豚鼠帮助金环蛇获取肉食，而金环蛇帮助豚鼠打下过冬的坚果。我还想到，如果每年的坚果吃不完，又或者地上潮湿，坚果便会发芽，过几年便会长成坚果树。这些坚果树，不仅源源不断地为豚鼠供应食粮，而且还为金环蛇提供了遮风避雨的好场所。就这样，越来越多的坚果树产出坚果，金环蛇为豚鼠打下坚果，供养着豚鼠族群，而豚鼠族群又能够为金环蛇吸引来美味的肉食，自然界中的生物就以这样独特的共生方式，循环不息。

第二天，腿没有那么疼了，眼看留在此地不是个办法，于是我决定继续前行。走没多远，蛇王便游走到我身边，我停下脚步，望着草原边际线上的远山，然后回过头来看它，

235

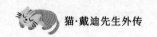

蛇王当即便明白了。于是，蛇王在前面引路，我就像三脚猫一样，吊着一条后腿一瘸一拐地跟在后面。此外还有十数条金环蛇远远跟着，无疑是蛇王的保镖。

茅舍男子一：独居

走在大草原上，烈日当头，其实只比行走在沙漠上好那么一点，最重要的是要及时补充水分，否则很容易脱水而死，这是我在最初进入草原的时候完全没有考虑到的。这片草原下面全是沙化土质，要么即将转变成干旱的沙漠，要么依靠偶然落下的雨水，维持最基本的一点生机。可见，这片地区水源极端匮乏。好在有蛇王带路，它取的线路有点曲折，但是能够行经非常珍贵的水源地，这让我全无后顾之忧。而所谓水源地，实际上就是草原上几处低洼地带，保存了尚未被晒干的一丁点泥水。

我跟着蛇王，不紧不慢地行走了两天两夜，终于走出了这片大草原。这期间，蛇王对我这个伤员还是照顾有加的。在我歇息的时候，它的部下会掏来鸟蛋，或者直接衔来幼鸟供我享用，当然有时会叼来蜥蜴、巨蛛什么的，我就当作没看见了。

出了草原，蛇王指引我走另一个方向，我有些迟疑，不过蛇王耐心地停留在原地等待，也不像有别的意思。于是我决定跟上，毕竟现时战斗力严重下降，身边多个保镖总没有坏处。走到黄昏时分，眼看前面伫立数间木屋，上面的茅草被风吹得呼啦呼啦作响,一副想展翅高飞却又被摁倒在原地,非常郁闷无奈的样子。

走近了些,蛇王便在道口驻足,示意我自己走过去。我于是径直朝着木屋走去,看到屋门虚掩着。我正左右观望时,"刺棱"一声,从屋檐的茅草堆里跳下来三只花猫,大摇大摆走到我跟前吹胡子瞪眼,口中发出威胁的咆哮。我本来不想示弱,但我粗略打量了下这三只猫的身段,心里顿时凉了半截。这几只猫体型都比我大一圈,目光冷峻中带着挑衅,显然都不是善茬。特别是走在最前面的花猫,眼角上方一道三角形的伤疤,已经秃毛了,显然是一场恶战后留下的,更显得它异常凶狠。其余两只猫身上也有数处伤疤,无疑都是悍不畏死的家伙。遇上这种干仗的行家,一只已经够让我头疼了,何况来了三只?加之这处本是人家的地盘,我这样也算是擅闯民宅了,弄出大的动静来显然不妥。

于是,我立即识趣地放松身体,摇摇尾巴,然后转身,装作若无其事地往外走,老子走错了地方还不行?还没有走出几步,迎面便哼哧哼哧地跑来一只灰背狼狗。我顿时惊呆了,这前有狼后有虎的,跑还跑不了,躲也没处躲,这叫人怎么活?罢了罢了,明年今日便是老子的忌辰。

我匍匐在地,做好被撕咬的准备。可是这只狼狗绕开我,径直走到猫群前,作势颠扑前爪,然后龇牙吠了两声。三只恶猫的气焰顿时熄灭,对望一眼,便转身悻悻离开。狼狗走到我面前,用爪子推了我一把,我这才心有余悸地站起来,发现蛇王正盘曲在道口上冲我点头,我这才明白,原来狼狗是它的朋友,是来助我一臂之力的。真是一条送佛送到西的好蛇,我觉得彼此都不亏欠了,便向蛇王投去一个感谢的眼

237

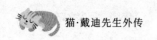

神。随后跟随狼狗走进屋子，最后一眼望向道口时，蛇王已经不见了。

客观地说，自从与蛇王以性命相搏后，我与蛇王之间的确礼让三分，互示善意。但这并非说我或蛇王对彼此有好感。毕竟蛇族属于冷血动物，行为诡秘冷酷。更由于天生本能的血脉相斥，我与蛇族是永远不能成为朋友的。

一进屋，灰背狼狗便朝里屋大声吠叫，震得我耳朵发麻。很快，自里屋走出一个中年男人，约莫四十岁，穿着卡其色休闲装，衣着整洁，看上去颇有学者气派。他亲热地摸摸狗头，然后才发现跟在旁边的我，不禁一怔，道："哦，是你带回来的朋友？还挺漂亮的，是人家走失的，还是私自跑出来玩的？口渴了吧？来吧，这里有水喝。"然后用盆子从缸里舀了些水出来，倒在地上的小碟子里。我一瘸一拐地走过去，大迪大口地喝起水来。男人蹲下，在一旁检查我的伤势，拨开我后腿沾满血污的毛发，细看后说："看来是个新伤，还好没过多久，可以试着治一治。"我喝完水，一阵无法抗拒的疲倦感袭来，于是伏地而睡。

睡意蒙眬中，我感到身上一阵刺痛，让我直抽凉气。扭头一看，却是我的颈部、腰部和四肢分别被扎紧在一个木架上，我拼命挣扎，却是动弹不得。男人正在用一截树枝将我断腿的位置上下各一道扎起来。边扎紧边对我说："还好是后腿脱臼了，扭伤了一点筋骨，不是断了骨头，没几天就会恢复好的。"我听闻后简直喜不自胜，"喵喵"叫了两声，算是表示感激，心想，我大概三两天就可以站起来了吧！

后面几天过得十分不自在，男人一直没有将我从木架上放下来的意思，幸好头还能够转动，也可以自由地甩动尾巴。

男人吃午饭和晚饭的时候，会将一小盘鸡肉粒放在我面前，晚上给我喝一些水。

我经常听到那三只花猫行走在茅屋上，或者在屋外的窗沿跳上跳下。初时，我很担心它们会伺机溜进来对付我，毕竟灰背狼狗并不是时时都守在屋中。后来发现，即使男人不在家，大门也是虚掩的，这几只恶猫也不敢进来。不过，男人对它们还算客气，每天将一些吃剩的鸡肉和骨头丢出去让它们填填肚子。

有天虾皮（灰背狼狗的名字）跟我介绍了这几只花猫的来历，说最初男人来这里时从乡下带来一只猫，是他的女朋友托他收养的，没过多久，这只猫就和本地猫好上了。后来猫繁殖得越来越多，时不时弄坏男人的书本和稿件，弄得他不胜其烦，最后只得将它们统统赶走。只要是胆敢走进屋子的，无一例外会被虾皮虐打一顿后驱逐出去。其中有三只猫，凭着最凶悍的实力，在经历了残酷的争斗后，最终保有了茅屋边上的领地，可以等候男人的恩赐。其余没有分到口粮的，除非甘愿冒着饿死或被打死的危险，否则只能够离开茅屋，走进树林或者草原，成为野猫。

男人看样子是一名学者。上午在后院培育农作物，下午钻在一堆学术书籍中做研究，晚上是他最悠闲的时候。

腿伤好转后，我每天都会跟着虾皮到处闲逛。到了晚上，男人会和他的狗聊聊天，我也蹲在旁边听。有时候述说经历，有时候说说故事，不过我很怀疑他大概是自己跟自己讲话。虾皮很耐心地趴在他脚边，也不知道听懂没有，一副听得津津有味的样子。现在身边多了我这只懂事的乖猫，男人好像话更多了些。我有一茬没一茬地听，总算了解了男人为什么在此清苦独居。

239

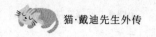

茅舍男子二：红丝带

他的正式初恋是从大学开始的。作为入学新生，那天他走出火车站的闸口，便看到乌压压一片人在闸口外接人，他正有些头疼，忽然听到熟悉的声音在呼喊他的名字，细听之下，不禁惊喜莫名，想不到前来接他的竟是高中时的学姐。才不过一年，学姐变得越发漂亮妩媚了。学姐微笑着，朝他款款走来，不知为何，从此他便将学姐最美的容颜定格在这一刻。

在家乡时，他和学姐从小学到高中都念同一所学校，学姐比他大一级，所以经常给他辅导作业，他真的一直把她当作是自己的姐姐。放学后，她会等他一起走回村子，经过村口边的小山丘时，她有时会跑上去，向着天空挥舞红丝带，这条红丝带，是她十二岁生日时他送给她的。他偶尔问学姐挥舞丝带的缘由，学姐说，因为她有心事想说出来。

有次他跟随父亲进城办事，一个月后回来，远远便看见她站在山丘顶挥舞红丝带，看到他回来，她就跑下来跟他一起回村。

城市里大学一年级的生活对他这个村里娃而言难以适应，但幸好学姐总是给予他恰到好处的帮助。不久后，他发现他不可抑制地爱上了学姐，然而，学姐已经有了男朋友，是一个高年级的学生干部。于是他只能够强压着内心的爱意，默默地怀揣这个秘密长达四年。

到了毕业的时候，他从同学处得知，学姐与男友因为没有谈拢毕业的去向，激烈地吵了一架，最后男方甩手离去，从此音信断绝。学姐表面看来承受得了，但情感失落之痛却一直在折磨着她，他便不断写信去安慰。他毕业时，毫不犹豫地选择了学姐工作的城市。就这样，两人就在同一座城市里各自打拼又相互支持着。

这样过了一年半，就在他以为学姐对自己的好感与日俱增，而他正物色机会进一步表白时，学姐忽然跟他说她喜欢上了她的上司，他听到这个消息心都快碎了。学姐很快便和上司结了婚，可对方却是个情场浪子，婚后依旧拈花惹草，对她的劝告置若罔闻，因此这段婚姻不仅没有给她带来幸福，还让她持续在苦痛中煎熬。

在这样的情感压迫下度过了三年，学姐得了抑郁症，不久，男方的家庭便将她赶出了家门。她离婚后因为身体有病，工作也丢了，于是只能够回到老家养病。此时的他依旧是单身，得知学姐回老家后，他提出回去照顾她，可是被学姐断然拒绝了。又过去了三年，那一年他返乡过春节，刚到村口，他习惯性地往旁边的小山丘上望去，又见到那个熟悉的身影站在上面，手中拿着他最熟悉不过的红丝带。

他匆匆跑上山，可是她却似乎并没有看到他，眼睛呆呆地望着远方，口中念着的却是他年少时的小名。看着她痴迷的神情，他心如刀割。他将她带回家中，从她家人口中得知她得了间歇性失忆症，精神好的时候能够和人说话，一旦发作便会到处乱走，最常去的地方便是山丘顶。看到这种情形，他知道村里谁也帮不上忙，于是回城辞掉了工作，回到村里照顾她。

在她精神好的时候，他会为她讲故事，有时候讲到他在大学时是如何仰慕她，每次有她的表演，他一定会过去捧场。有时候说说城里发生的事，讲述他的发明是多么的有趣而实用。当她发病的时候，他会默默守在身边，给她揉搓双手，

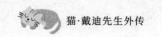

直到她睡去。他听人说，宠物疗法可以缓解学姐的症状，便托人从城里带来一只猫陪伴她。猫很乖，她在床上的时候，会爬上床躺在她身边。

她告诉他，那条他送给她的红丝带，她一直好好存放着，即使只身一人去某地落脚，行李箱内都会预先给它留出位置。

日子过得很快，而她日渐憔悴。自始至终，他没有说出他这么多年一直爱着她，哪怕是一个字。

在大限到来的前一天下午，她忽然灵光闪现，在床头坐起来，拉起他的手让他坐到身边说，她在大学就知道他对她的爱意，可是天意弄人，她没有好好珍惜最疼爱自己的人，这是她一生最大的遗憾，她好希望人生能够重来，永远跟他在一起。

她还告诉他一个秘密，说她早在村里头念中学的时候就喜欢上他了，很多次他出村口玩，她便耐心地站在小山丘上等他回来，而他就像木头人一样丝毫不觉，有时候还故意绕路走，否则的话……她淡淡地微笑了。他呆呆地看着她，嘴边也带着笑意，第一次将她轻轻地拥入怀里。

那天晚上她准备入睡前，说她已经看到了彼岸之花，看到了年少聪颖的自己。她请他将那已经褪色的红丝带亲手给她系在脖子上，还嘱托他好好地照顾她的猫。

第三天早上，她在睡梦中安详地走了。

当天他没有去送别，只是来到小山丘她挥舞红丝带的地方，静静地坐了一天。第二天，带上她的猫回到城里。

临溪抓鱼

以上便是中年男人多年前的往事。听了这个故事，我终于明了他为何喜欢喃喃自语，他不仅说给自己听，也是说给他的灵魂伴侣听，那个他一生一世都放在自己心中最柔软地方的她。

我选择离开男人的日子是一个月后，之所以迟迟未走，是因为我对脚伤是否痊愈没有太大把握。前面的道路必定充满危险，我必须耐心地等候以做万全的准备。我每天都会爬上树测试自己的脚力，直到左右腿的感觉完全无区别为止。这段时间，我每日跟着虾皮到外面转，虾皮是一条热爱生活的狗，每天上午准时去到树林边的溪水里游泳，下午回到院子里享受暖和的阳光。

一天，我正蹲在溪边石头上喝水，只见虾皮推着水游过来，在它面前有条鱼，也往我这边游来。于是我压低身体，等到鱼儿游到石头边，我闪电般一爪子拍下去，四个尖锐的爪尖立即洞穿鱼鳞，钩住鱼身，然后我将鱼捞了上来。虾皮看到这条足有两斤重的鱼，眼睛都发绿了，随即叼起来，屁颠屁颠地跑回去交给主人，于是晚上我和虾皮都尝到了鲜美的鱼汤。之后，我便和虾皮配合默契地抓鱼，方法如前。开始时每天至少抓到一条，后面鱼群学乖了，无论虾皮怎么赶也不会游到石头边，这让我们一筹莫展。

于是我们改变策略，我们找到一片长有茂密青草的河滩，我提前蹲在草丛中守候。虾皮跳进河里戏水，眼见有大鱼经过，便会将大鱼逐渐逼向岸边。大鱼眼看岸边有片茂密的低垂到水面的青草，正好可以躲避，于是毫不怀疑地游了过来。

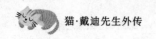

我在草丛中密切窥视，只要大鱼靠近后背转身子，眼睛不再往岸上观察时，就会突然伸出锐利的魔爪，迅速往鱼背上拍去，并立即用力将大鱼压紧在岸边。这时候我爪子上的尖刃已经刺入鱼背，如倒刺般钩紧鱼身，所以即便是大鱼出力挣扎，也很难摆脱我的利爪。

当然，我不会立即将鱼钩上岸，因为鱼儿离开水，必定激烈反抗，弄不好便掉回水里，我就白忙活一场了。在附近游弋的虾皮眼看我得手，便会迅速游过来，从水里叼起大鱼，然后跳上岸。不过有好几次，兴奋的虾皮从水里叼起的不是大鱼，而是一只满脸沮丧的落汤猫，因为虾皮越来越贪心，盯上的鱼越来越大，大鱼受惊后便会一阵乱扑腾，把我也带到了河里。

落水的猫

一天中午，三只花猫中一只剩下半截尾巴的猫——我知道它叫作短尾，跳到木屋外的窗台上，向屋内急促地"喵喵"叫唤。我正做着春秋大梦，本打算不作理会，后来看它焦急得兜来转去，还用头不断触碰窗格，行为有点异常，我只好不情愿地走过去，趴上里屋的窗台，顺便伸一个长长的懒腰。短尾紧张地对我说，它的同伴遭遇了危险，希望我马上过去帮忙。我听到有猫遇险，便毫不犹豫地用脑袋顶开窗格，跳下窗台跟着短尾跑了出去。

忽然，短尾停下脚步，眼巴巴地望着前院做日光浴的虾皮，我立即明白了它的意思。于是跑过去，看到虾皮正曲身缩手靠在墙脚打呼噜，肚皮朝上，睡姿相当的销魂。没办法，我只好龇牙咬了一下虾皮的前掌，情急之下用力稍大，只见虾皮浑身哆嗦了一下，眼神迷茫地抬起头来，看到我比画着"立即跟我走"的手势，而且作势还要再咬上一口，这才一骨碌爬起来，跟着我们跑了出去。

我们三个一路快跑，穿过树林，来到一条小溪边。这里也是我和虾皮常来玩的地方，因此我对地形十分熟悉。这里原本只有一丈阔的小溪，可能是因为山的另一边下雨，一大股水带着残枝败叶冲刷过来，致使溪水快速上涨，此时小溪水面已经有三丈多宽了。

一处我曾经蹲着喝水的石头上，黑斑（另一只猫的名字）正无助地跷起尾巴打转。看样子是黑斑正在喝水的时候，溪水逐渐上涨，等到黑斑发觉，已经来不及撤离了。在这里，只有我和虾皮水性最佳，所以短尾才会找我们施以援手。

我站在岸边，思考出几套营救方案。一是，让虾皮回去拿一块木板，然后拖过去让黑斑抱稳后再拖回来；二是，找一条绳索，让黑斑衔紧，然后让虾皮拉着绳子带回来；三是，我游过去，教黑斑如何下水。我会耐心给它讲解科学常识，水只要漫过脊背，我们猫便不会再下沉，然后只需四蹄使劲后踢，就能够慢慢游回岸边。

正当我反复权衡最优方案时，溪水已经慢慢涨高，很快便没过黑斑的四肢，黑斑不停抖着腿，发出极其凄惨的叫声。"不要动，保持耐心，我们都在想办法。"眼看它一副孬种的样子，我连忙给黑斑送去精神鼓励。

话没说完，旁边虾皮"扑通"一声跳下水，向着黑斑泅渡过去。难道虾皮要驮着黑斑回来？我想到，万一黑斑抓不紧掉下水去不就死翘翘了？虾皮游近黑斑的时候，黑斑还剩

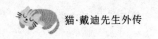

下半个脑袋在水面上，胡子朝天一沉一浮的，早已喊不出声来。只见虾皮向前一咬，大嘴稳稳地叼住了黑斑的后颈，提起后开始回游。成功了！太精彩了！我和另外两只猫都高兴得"喵喵"乱叫。

虾皮游回岸边，放下黑斑，头也不回便走了。此时黑斑已经气息奄奄，脑袋歪到一边，口中不断吐出水来，可见这家伙呛了不少水。过了一阵子，可怜的黑斑才晃晃悠悠站起来，抖干身上的水，一言不发地往回走，我们就陪同着落水猫一路走回去。

经过这次考验，三只花猫就不和我见外了，换句话说，我们之间有了平等对话的基础。我坦诚地告诉它们，我并非流浪猫，等身上的伤养好后，我就会立即离开。

三只花猫也向我大吐苦水，说他们如此排外，也是情非得已，此处生活是如何艰难，日子是多么难过。特别是到了冬季，会出现食物严重匮乏的情形，几乎所有的鸟类，都会带上它们的孩子飞往南边，留下空空的鸟巢。那些在夏天可以抓捕到的穴居动物，在秋季早早就储藏了充足的粮食，除非太过败家，极少会在冬季出来觅食。所以剩下一群同样是饥肠辘辘的狐狸、野猫、鹰等在雪原上相互争夺极其有限的食物资源。

狐狸还好，懂得探寻积雪底下的田鼠踪迹，然后掘地三尺，揪出田鼠。而鹰可在很大区域内搜寻冻死的动物，或者干脆劫掠别人辛苦获取的口粮。最惨的是野猫群，很难狩猎到足够的食物，即使运气好的时候发现猎物，但在狩猎前的埋伏过程中，多会因为抵受不住严寒而当场僵毙。所以一个冬天过去，会饿死或者冻死过半数的野猫。它们三个还算好的，勉强能够分到男人的一点食物，还有几处避寒的茅草窝，可以勉强过冬。

三只花猫和虾皮的关系，好像没有改善多少，至少虾皮对它们依旧鄙视。只要它们胆敢走到屋门前窥视，立即就会龇牙怒吼，毫不含糊。尽管如此，我们依旧认定虾皮是一条内心温暖但保证对主人恪尽职守的好狗。

生物学家

日子过得飞快，我停留在中年男人处不觉已有月余，我身体完全养好了，于是决定离开。三只花猫问我到哪里去，我便跟它们说了我的去向，它们不舍地走过来跟我磨肩蹭头。叫短尾的猫跟我感情最好，说它也想到外面转转，希望跟我走一段路。我想路上有个帮手是再好不过了，于是便同意了。

我来到男人身边，绕着他转了两圈，又抬头"喵喵"叫了几声。谁知男人竟然听懂了，弯下腰摸着我的头说："去吧，希望路上一切顺利，如果遇着困难你还回到我这里。"我又走进院子找到虾皮，也跟它做了道别，虾皮依依不舍地看着我，继续趴在地上没有吭声。眼看天色正好，我便和短尾出发了，方向依旧是远处的高山。

走了不到半里路，身后传来悠长而高亢的"嗷——呜"声，我知道，这是虾皮对我恋恋不舍的呼唤。

我和短尾一路聊天，描述我在城市的精彩生活，短尾听

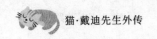

得入了迷。显然，经过我的开导，短尾逐步意识到乡村与城市之间的文明差异，它开始表现出向往城市生活的样子。

这天，远方出现一个黑色的尖顶，看似一所木房子的顶部，上面有几只乌鸦来回盘旋。

快走近的时候，我留意到道边草地上有个敞口的铁丝笼子，笼内有块黑色的肉。短尾正准备赶去看个究竟，我忽然想起，曾经在主人的电脑上看过，这是用来捕捉小动物的笼子。我当即叫住短尾，为了验证我的判断，我找到一根长树枝，然后试着慢慢推入笼中，才碰到肉块，忽然"啪"的一声脆响，从碎土中猛然翻上来一块铁片，严严实实地盖住了敞口。短尾目瞪口呆，然后用一种无比崇拜的眼神望着我，这让我十分受用。我语重心长地告诫短尾，这种来路不明的免费午餐，咱们一定不能碰，短尾听了连连点头称是。

没走多远，看到挂在树枝上的笼子困住了一只猴面鹰，猴面鹰耷拉着脑袋，委顿不堪地站在笼子中。我爬上树，绕着笼子左看右看，最后找到一扇扣着横栓的门。前面说过，对于如何开门我是训练有素的。很快我便用爪子拨开了门闩，拉开门，猴面鹰"呼啦"一声冲出来，在天上盘旋两圈便不见了踪影。

我跳下树，和短尾继续赶路。路上我还放走了一只公狐狸，这只狐狸很可怜，尾巴被当场夹断了，躺在铁笼里面哼哼叫。一只体型略小的母狐狸，守候在笼子外转来转去，徒劳地扑打着笼子，鼻子已经撞出血了。我放出狐狸后，两只狐狸走到我们身边，仔细地闻了一圈，才相约着跑开。

月上柳梢头的时候，我们终于走到黑顶木屋前，远远我便闻到的一股腥臭味在这里更浓烈了。木屋倚靠山壁筑砌，有两进，第一进大门挂着锁头，看来主人外出不在。

　　我正打算继续赶路，忽然听到屋内传来一阵碌碌怪笑，随后戛然而止。深夜时分，听到这种似人非人的声音，我不禁打了一个寒战。我和短尾对视一眼，于是走近木屋，绕到屋后才发现上面有一扇窗，说是窗户也不准确，因为它的底部离地有两米多高，窗口很窄，人是钻不过去的。

　　木屋外墙相当粗糙，我略微助跑便跳上窗户。这是后一进的房子，一面阴暗的墙壁长满青苔，一道道纵横交错的裂痕好似被一只爪子挠过似的。墙下面是一张木桌，上面搁着瓶瓶罐罐。木桌下方有几只塑胶桶，上面残留着刺眼的红斑。桌子右边挂着数把生锈的铁钩，壁架上站着几个动物一动不动……看真了，是动物标本。地面摆着一堆设备、仪器，飘上来呛鼻而古怪的化学药水味道。张望片刻，我急忙跳下来，招呼短尾说，里面阴森可怖，还是急急脚脚走路为妙。

　　正待举步，又听到一声叹息，是从第一进屋子传来的，像是某只动物断气前呼出的最后一口气。我听得心中难受，犹豫着，最终还是忍不住沿边墙走回去，在墙角处探头张望。便在这时，我看到令我毛骨悚然的一幕，一只瘦骨嶙峋的爪，不是，应该是手，月色下惨白的人手，从门洞中探出来，摸索到锁，插入钥匙，摘下锁头后，手就缩了回去，然后从屋里推开门。

　　这是闹鬼？我吓得头一下缩了回来，浑身不要本钱似的起了好多鸡皮疙瘩。不对，这个世界上没有鬼，那么这个白天将自己反锁在屋里的到底是个什么人？她在里面干什么见不得人的勾当？我心里犯着嘀咕。这时，里面的人已经走出来，顺着门前的小道一路走远。从背影看，是个女人，她头发蓬松，木架子一般的身上套着发白的长衫，手中还提着几

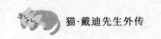

个布袋。我一直等她走远了才敢走出来。这时候，屋里面又发出了几声叹息。

门没有关紧，我朝门缝里张望，确定屋内没有人，才大着胆子走进去，短尾在后面紧跟着。屋里点着一盏煤油灯，照得四周一片惨黄色。右边有张床，床单有斑斑灰迹，呈现出某种花纹褪色后形成的不连续的灰色。棉被颇为破旧，边上棉絮乱蓬蓬地跑了出来。左面阴暗的墙角处杂乱堆放着麻袋和几个笼子，笼子里有三只猴面鹰，还有几只田鼠，开始时惊恐地看着我们，后来眼神中充满了企求。

发出叹息声的是一只猴面鹰，它肚皮朝上，躺在门对面一张长木桌上。我跳上桌，只见猴面鹰羽翼颤抖着，两眼翻白，已经快咽气了。猴面鹰旁边摆放着几支针筒，还有三把手术刀，寒光闪闪，显然锋利异常。

我正细察之时，外面传来咯噔咯噔的走路声，女人快走回来了。来不及出门，我和短尾交换眼神，瞬即钻进墙角的一堆布袋中。

女人入屋后，失望地将空空的布袋随手往我们躲藏的墙角一丢，便坐在桌子前摆弄起来。这个女人颧骨高耸，脸色灰白，实在看不出年纪。只见女人戴上手套，往猴面鹰身上注射了一针，猴面鹰原来还抽搐的翅膀很快变得僵硬，两腿直挺挺地伸出来。接着女人拿起手术刀，熟练地切开猴面鹰的肚子，放血……总之，将猴面鹰整张皮毛剥离出来。然后拿过喷壶，在毛皮上喷了些液体，最后将猴面鹰的皮囊吊起来，完成了她的工作。

我对于杀戮并不陌生，例如看人杀鸡杀鱼，看金环蛇攻击野兔等。不过，深夜里在一所阴森的房子里看着一个女人剥皮，煤油灯满屋子晃动的诡异阴影，加之一阵阵的血腥味传来，还是令我不寒而栗，脊背毛根根直立。

女人收拾了桌面，提着一桶血水走出门外，"哗啦"一声倒在山崖边。短尾和我一样，感到心塞气闷，我们对视一眼，准备伺机离开。可是我们才钻出来半截身子，女人便已经返回，进门后立即从里面锁好门。我和短尾只好缩回去。女人在水盆里梳洗一番，然后爬上床。临睡前女人拿起一个针筒，朝自己的手臂上打了一针，接着全身发抖了好一阵，才逐渐睡去。

这个女人是个生物学家吧，在这里收集和制作生物标本，不过手法太不人道，我默默思索。等到朝阳升起，从屋顶窗户洒进来的几缕阳光减轻了这所屋子的阴郁。女人起床后吃了些饼干和罐头肉，然后出门非常谨慎地检查了房子四周。进门后，我又看见女人从门洞中伸出手去，在外面锁上门。

女人打开房间内门，进入第二进屋。我和短尾还躲在麻袋堆中，没地方可去，便竖起耳朵细听动静。我对自己的耳朵非常信任，因为对猫来说，耳朵比眼睛好使，眼睛比鼻子好使，鼻子比胡子好使。（我们猫族中远距离的侦察依靠的是耳朵的听觉，近距离的攻击和日常行动依靠的是眼睛的视觉，短距离的识别依靠鼻子的嗅觉，超近距离探测依靠胡子的触觉）

只听得里屋传来打开瓶子、倾倒液体、搅拌罐子的声音，然后是打火、熏蒸、加料的动作。随着传来浓烈的化学药水味道和呛人的尿臭味，我猜想女人正在加工某种化工品。

女人做事颇有耐心，除了中午回来吃点饼干外，其余时间都待在内屋，直到将近黄昏，才回到前屋。女人一脸潮红，似有大量血液涌上脸颊，样子怪异地笑着，手上抓着一支针

251

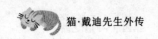

筒。随后，女人提起装有田鼠的笼子放在桌上，随即将针筒扎入田鼠体内，将针筒内的液体全部注入。女人看一看手表，坐在旁边等待。

五分钟后，田鼠开始在笼子中兴奋地跑来爬去，抓耳挠腮，最后竟然在笼中打滚，并且乱翻跟斗。显然，田鼠失去了理智，似乎正受到一种邪恶的魔法力量的驱使，做出各种奇怪的动作。女人发出之前我们听到的磔磔怪笑，显然对自己的作品很满意。然后她又给田鼠注射了一针，田鼠逐渐委顿下来，最后在颤抖中四脚朝天死去了。

我感到腿部不由自主地发抖，因为女人在昏黄的煤油灯下笑得极其狰狞可怖，如果她举起两只枯柴一般的手向我走来，我想我会毫无悬念地吓晕过去。直到月亮高挂，女人又如昨天一样外出收集活物，我和短尾才匆匆跑出木屋。没办法，我和短尾已经饿得半死，先得填饱肚子才有力量去思考问题。

善恶斗法

论野外谋生，短尾可谓高手中的高手，它体格比我强壮，反应又十分机警。此时月色明亮，树林中小鸟叽叽喳喳的声音随处可闻。短尾仅仅转动耳朵，便物色好目标，随即敏捷地蹿到树上。树叶唰唰抖动中，几只鸟匆忙地飞了出来。很快，短尾口中叼了一只麻雀溜下树来，交给我后又去捕鸟了。

晚餐后，我和短尾便商议下一步计划。我们意见一致：

救出木屋中几个无辜的小生命，尽义务后便立即离开这个鬼地方。

第二天上午，我再次跳上那扇所谓的窗户，弄清楚这个女人一整天在搞什么鬼。女人开头的做法我已经猜到，就是调配各种化学药品。后面是我不知道的：只见女人将白色粉末倒入塑胶袋，封好，然后拿过猴面鹰标本，将一包包粉末塞进标本的肚子中，在上面喷些药水，最后用针线将标本的肚子细细缝紧。

我心情复杂地跳下来，找到短尾，描述了里面的情况，无奈短尾听不明白。等到月亮升起的时候，我和短尾便守在屋子拐角处等候女人出去。女人一离开，我们立即跑进木屋，我走到笼子前，开始拨动笼栓。正当我拨得起劲的时候，忽然，大门"吱"一声打开了，一个长长的黑影投射进来。我转头一看，顿时吓得我几乎灵魂出窍。

只见女人手持木棍站在门口，脸部扭曲，阴笑着说道："这两天我就看到周围有好多猫爪印，果然是你们这两只野猫作怪！这次自己送上门就怪不了我了，看你们往哪里跑！"

我瞬间明白我和短尾陷入了生死关头，弄不好，猴面鹰和田鼠的悲惨命运便是我们的下场。站在身旁的短尾眼看形势凶险，对我说："你找机会脱身，我来对付她。"然后身体一弓，毫不犹豫便扑咬过去。"敢咬我？"女人先是吃了一惊，然后顺势飞起一脚，将短尾端开了好几米，不过，短尾的利爪正好一把勾住女人长衫的下摆，"刺啦"一声，把长衫扯裂了一块。女人顿时怒不可遏，拿起木棍便往短尾身上猛敲过去。

我知道这个节骨眼上我是帮不上忙了，只得迅速窜出门

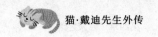

去。回头一瞥，却见短尾已经被逼到墙角，但是依旧举起爪子毫不示弱地盯着女人，口中发出低沉的怒号。我跑出门后，听到里面继续传来嘈杂声和一阵棍棒击打到地面的声音，非常吓人。

我焦急地等在屋外，不断祈求短尾和我一样，可以找到机会逃脱出来，可是直到屋中再次安静下来，短尾还是没有走出来。我的心慢慢下沉，眼中噙满了泪水。我感到非常自责，为什么不首先确认女人走远后才行动？我太高估自己的能力了，这次短尾被害都是因为我的缘故。

就在我痛苦万分的时候，"砰"的一声，屋门被一脚踢开了。苍白的月色下，女人阴笑着走出来，手中倒提着短尾，走到树林边一把扔了出去，然后指着林中某处骂道："看你们这些野猫还敢过来，来一只我打死一只，这个就是你们同伙的下场，好好看看吧。"说完拍拍手走了回去。

我急急脚脚跑过去，在一堆枯叶上找到被丢弃的短尾。短尾直挺挺毫无生气，头部血肉模糊，右边耳朵撕裂了，里面的白骨露了出来，可见头部遭受了致命的重击。我不知短尾是生是死，失神地趴在它身边，缓慢而低沉地"喵喵"叫，痛苦茫然地守护着短尾了无生气的身体。

忽然，我察觉到短尾心房处有些起伏，一股暖流瞬间涌进我近乎冰冷的心窝，看来短尾还没死。我屏住呼吸细听，短尾有了一点微弱的呼气声，然后便逐渐均匀起来。果然，人说猫有九命，短尾也不例外。不过，现在短尾晕厥过去，我该如何是好？头部遭受重创，万一发炎也是活不成。我愁得团团乱转。

忽然，树丛中闪出两条黑影，我定睛一看，原来是之前我放走的那只公狐狸和当时在笼子外守候它的母狐狸，大概是听到我的叫声后寻觅过来的。狐狸来到我身边，闻了我一下，然后"呜呜"叫了几声，又摆动尾巴在我身上轻拂了几下，算是跟我亲热地打个招呼。随后它们看到地上奄奄一息的短尾，公狐狸在短尾头部受创的位置嗅了片刻便跑开，不久后飞跑回来，口中噙着一束草叶，嚼碎后涂在短尾的创口上。小型猎食动物能够在经常活动的区域找到疗伤的草药，甚至能够找到特殊的草药治疗被毒蛇咬过的创口，如羊蹄草什么的。所以，对于狐狸能够找来"祖传跌打良药"，我也不感到太意外。

第二天一早，我刚醒来，便看到几只乌鸦落在我身边不远的地方，正虎视眈眈地看着短尾。短尾死了？我瞳孔猛然扩大，急忙跳起来查看，幸好短尾没有异样，我这才放下心来。两只狐狸去哪里了呢？我一抬头，便看见两只狐狸迎着阳光蹲在一处高地上，清晨的微风扬起了它们蓬松细软的狐毛，而四只吊梢眼正充满敌意地盯着蠢蠢欲动的鸦群，怪不得乌鸦不敢轻举妄动，原来短尾身边有两尊保护神。

到了中午时分，短尾才悠悠转醒。我来到短尾身边，用感激的目光看着它，努力组织语言以表达我对它最亲切的慰问，半晌后我说："你，身子还好吧？"短尾费力地抬起头，望了望皮开肉绽的身体，又看看我，幽幽地答道："你觉得呢？"

此时，两只狐狸拖来了半边野兔肉，让我俩不至于饿着肚子。第三天，短尾可以行走了，狐狸便把我们带到附近一处洒满星星点点阳光的干燥石壁下，不远处有小股山泉水流过，气息清凉，正是短尾疗伤的好地方。

照顾好短尾，我忽然怒从心头起，随即想到一个计划。当天晚上，我带着两只狐狸悄悄摸到木屋边，静候女人外出。

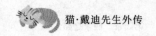

女人外出后，我在后面尾随了一段路，确认女人没有疑心后，急忙掉转头，在屋子外面布置好狐狸盯梢后，以最快的速度跑入木屋，麻利地将困着小动物的笼子全部打开。

等到它们全部离开后，我便跳上桌子，将煤油灯缓缓地推翻在床上，先让煤油浸湿了床单，然后彻底推倒煤油灯。这时，火舌从煤油灯内慢慢吐了出来，引燃了被单。眼看计划成功，我立即跳落地面，三步并作两步跑了出去，叫上狐狸快速撤离。这些计划，是我反复盘算好的，因此做得干净利落。我离开木屋时，估计女人才刚刚开始往回走。

一刻钟后，就在我回到短尾身边时，那座屋子已是火光冲天，缠卷的黑烟猛冲到高空，将银白的月色严严实实地遮蔽住。

短尾的自愈能力十分惊人，或者说狐狸找来的"跌打药"有着神奇的疗效，三天后，短尾的伤口已经愈合，再过三天，便长出了结实的痂，所以两周后，短尾已经活动自如了。看到短尾满血复活，我心中高兴，因为可以继续旅行的时间越来越近了。

我这段时间一直陪在短尾身边，只到纵火现场看了一眼。木屋已成为一片废墟，只剩下些烧得灰白的铁器还留在原处，而女人早就不知所踪了。

这天早上短尾跟我说，它现在已经不想在这里多待一天了。我一听心中大喜，于是找到狐狸两口子，跟它们亲热道别后，便与短尾动身了。

穿过渔港

风餐露宿地走了两天两夜，穿出林间小道后，一条大路横在我们面前，根据道路的宽度，我估计前面便会到达一座小的城镇。

走近城镇，一阵阵海鱼的腥臭味随着海风飘送过来，还传来了轮船悠长的汽笛声，显然附近有个渔港。前面顺着大道的斜坡可以一直走到海边，我们没有往下走，因为走到海边没有任何意义，于是我在坡道上选定一条约莫和海边平行的道路走。走过一个街口，我便叫停短尾，因为此时正值街道繁忙，人来人往的时候，会不可避免出现难以预料的情况，所以我们等到夜幕低垂后过境会更便捷。于是，我和短尾爬上一个僻静的但可以总览渔港的高地，蹲下来等待。

渔港的傍晚总是很热闹的，在天边红褐色暮云的映衬下，一条条闪烁着灯光的渔船正排队进入港湾。这时，码头一带更加喧闹了，被路灯映照得如同白昼一般，一筐筐海货被从船上搬出来，然后装车拉进货场。汽车在货场进进出出，川流不息，隐约传来鸣笛声和人们的吆喝声。我远远看着这些鲜活的景象，流着口水想象今晚或许会有一顿海鲜大餐，不知不觉便睡了过去。

转醒时，海风正在我身上温柔地抚摸着，轻轻撩起了几丛毛发。月亮已经升到半空，远处海港一片寂静，只剩下数盏未眠的路灯照着泛白的路面。小城镇各处微暗的建筑物中透出灯光，偶尔传来的狗吠声，给未眠人添加了愁绪。

短尾已经醒了，正若有所思地遥望着海洋的深处。我抖了抖身上的毛，身体向前用力伸展，然后叫上短尾一起出发。

257

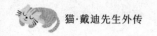

才走过两个路口，我们便惊喜地发现路边有掉落下来的小鱼，而且还非常新鲜。于是，我们就在路边偏着头咯吱咯吱嚼了起来，真是一顿美味的海鲜大餐。

直到再也吃不下去，发觉对方肚子都撑圆了，我们才相视一笑，重拾脚步。午夜的街道显得愈加宽广，一处处古怪的阴影如同蹲守在路边的怪物，正准备吞噬夜晚不安分的生灵。我们两个一前一后走在步行道上，踩着自己长长的身影，只觉得我们特别渺小，就像两粒会走动的芝麻。

正走着，巷子中忽然跑出来三只猫，在前头截住我们。我寻思着，估计是踩进了人家的地盘，所谓要从此路过，留下买路钱，我和短尾没有礼物进贡，看来是要费点工夫才能拿到通行证了。不过，我对于短尾的战斗力可谓信心十足。短尾长期混迹野外，是在生死搏击中混出来的主，面对拿着棍棒的人尚敢上前一搏，足见胆识和实力绝非一般。

眼看来者不善，我想到为好兄弟两肋插刀，义不容辞，便扎稳马步，气沉丹田，准备祭出必杀技：温柔无敌猫猫拳。才比画出半招，忽然想到此招是用来对付我家主人的，招式太霸道了，主人瞬间便会失去抵抗力，我如果用在这里，只怕会搞出猫命。于是我仓促间变招，将出拳改为一记粉掌猫爪功，只要被我近身施为，主人便如遭电击般难受得直哼哼。

正当我手忙脚乱的时候，却听到短尾"喵"的叫了一声，然后见它身形只是略微顿了一顿，便脚不停顿地走到带头的那只野猫面前，几乎是与对方贴着脸怒目而视。意思是：你个王八蛋，你看不清你大爷是谁吧，敢到老子面前耀武扬威？再不走开老子一巴掌拍死你！

那只带头野猫想不到短尾竟有如此威势，吓得后退几步，尾巴顿时缩到屁股下面，口中发出略微低沉的声音，显得有些不甘心。旁边两只野猫见状趴低身体，也跟着退了下去。短尾连哼都没有哼一声，根本无视一般走过去。

眼见短尾突围而出，我急忙收功跟上，顺便看一眼这三只蠢猫，告诉它们幸好没落在我手上，回头最好烧炷高香。我们继续往前走，路上还有三三两两的猫群，都是一副不成气候的样子，我们倒也没遇到麻烦。

走着走着，猛然从后面传来密集的奔跑声，似乎正向我们奔来。我和短尾同时掉头看去，却是一条喷着粗气，舌头甩出嘴巴外的彪形大狗旋风般向我们袭来。我和短尾顿时吓得全身炸毛，贴在墙脚一动不动。幸好这条大狗只是瞄了我们一眼，便如风火轮般从我们身边冲了过去。

"这是一条狼吗？吓死本猫了。"待气息稍稳，短尾这才说道。

"不是，据我看来，这是一条狼狗。"我方才从脑筋短路中反应过来，记起在主人的电脑中见过这种跟狼差不多大小的家伙。

"幸好我们不是它的菜……"短尾还没说完，又见一条颜色相同，身形小一号的狼狗从后面冲过来。

"快跑，不，靠墙别动！"我语无伦次地叫着。

正当我们打算静候大狼狗跑过去后再作商议时，这条狗却在我们面前来了个急刹车，我甚至看见它的脚爪与地面摩擦闪出的火花。它先是用警惕的眼神将我们上下扫视一番，忽然，紧皱起白斑鼻梁，张嘴露出锋利的犬牙向我们逼来。

闻到狼狗口中喷出的热气，我的小心脏顿时一缩，完了，今天免不了有血光之灾，弄不好明年今天便是老子的忌日。

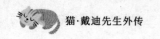

猫·戴迪先生外传

“你们两个，鬼鬼祟祟贴着墙脚走路，一看就不是好东西！”

我和短尾都快流出眼泪了，想说还不是被你们两个吓的。

“两个臭小子，你们从哪里过来的，满身都是鱼腥臭味！”

“我们……在路上吃了几条鱼。”亏短尾还有胆量回答。

“我最讨厌鱼腥味！只有猫才会偷腥。”狼狗的大鼻子快贴上短尾了，鼻孔直冒白气。

“的……的确难闻，你……你……你把狗鼻子挪开一点不好吗？”短尾似乎想调节气氛。

“你们没长眼吗？也不看看这是什么地方。”

“什么……地方？”在短尾面前，我不能认怂，硬着头皮问道。

“这是公安局家属大院区，是你们能够来的地方吗？还不赶快退出去？”

“喵，是这样啊。我们的确走错路了，马上就走。”我对旁边直立着、背脊紧贴墙壁的短尾使个眼色，于是我们两个乖巧地勾肩搭背地缓缓往后退去。

“慢着。”

我和短尾瞬间石化，我的一条前腿和一条后腿还悬在半空，姿势尴尬。

“我叫樱桃，有事找警察，走吧。”说完狼狗便往前跑走了。

虚惊一场，我和短尾对望一眼，立即往狼狗相反的方向发足狂奔。跑没多远，眼看前面一队戴着徽章的警务人员小跑着过来，我和短尾赶忙躲进街角阴暗处一动不动。我耐心地跟短尾解释何谓警察、警犬和公安局。

"人民警察为人民!"我用手比画一下加强语气。

"可我们是猫。"短尾语气中有些怀疑。

"那是一样的，"我有些不耐烦，"总之，被人欺负了或者遇上大麻烦，找警察没错。"我说道。

"……虽然正义总会迟到。"后面这句话是主人常常引用的，我差点脱口而出，幸而终于忍住了，我担心这样说会对短尾的成长不利。

这时我惊喜地发现自己变得稳重了，因为据说要判断一个男人是否成熟，其重要标志是：与好友聊天时，可以将一句话最有内涵的后半截生生咽回肚子。

短尾对我点点头，表示它明白了。

眼看孺子可教，我不禁老怀大慰，猫脸上绽放出高深莫测的笑容。

"江湖险恶，成功要靠自己争取。"我继续说道，我很奇怪自己能够说出如此有哲理的金句。

眼瞅着短尾快要五体投地，我走过去拍拍它的肩膀，表示不用担心，江湖水深，有兄弟我罩着呢。

帮派首领

调整路线后，我们又走过两个街区，前面出现三四层的楼宇和宽阔的店铺，不再是刚入城镇时低矮的平房。街边的路灯，将我照出三四个诡异影子，有长有短，有前有后。

我望空嗅嗅味道，跟短尾说，这里要小心一点，根据我的经验，我们已经走到城镇中心，很可能会有当地猫族大佬出没，咱们没必要惹上麻烦，所以尽量不要逗留，争取快速通过。

话音刚落，"哐当"一声响，街角传来碟子打翻在地的声音，我循声望去，却见一只乌眼猫正在狠命拍打一只小猫。小猫又脏又瘦，已经被打翻在地，皮毛上血痕道道，却还在挣扎着吞食面前散落在地的几颗猫粮。看情形，小猫不知道饿了多久，被好心人发现后，留下一碟猫粮喂食，不幸被乌眼猫发现了，便出现了刚才口中夺食的一幕。

我最看不惯以大欺小，于是跑过去，不由分说挥掌便往乌眼猫脸上扫去。乌眼猫吃了一惊，急忙退开两步，正准备反扑过来，却看到短尾脸色不善地走到我身边，乌眼猫眼看不敌，便灰溜溜地退走了。

看着小猫进食的匆忙样子，我有种心痛的感觉。片刻后，短尾说："还是走吧，你帮得了它一时，帮不了它一生。"我眼睛不离小猫，说："等它吃完了再走，就算帮到这里吧。"小猫捡食完地上的猫粮后，抬起一双绿莹莹的眼睛轮流望着我和短尾，样子倒也精灵可爱。我推了推碟子，轻声说道："趁人家喂食的时候赶紧吃完，不然还是会被抢的，知道吗？"小猫"喵"的叫了一声，走过来用脑袋在我身上轻轻蹭了一下。

我招呼短尾，转身便走。才迈出两三步，小猫跟跑上来，奶声奶气对我说："我不想留在这里了，你带我走吧，我很好养的。"我看了小猫一眼，露出一丝苦笑，我自己连下一顿还没有着落呢，又怎帮得了别人？于是我用爪子将小猫拨到一边，示意它留在原地，便与短尾继续朝前走去。

走没多远，忽然从黑暗中蹿出来一只猫，定睛细看，原来是刚才跑开的乌眼猫，想找打？它哪里来的自信？我和短尾都有些费解。只听得乌眼猫厉声叫道："就是这两个货，刚才自以为是，在我们地盘上抢食的便是它们！大伙儿并肩上。"说话间，前面已经闪出了七八只流浪猫，有从招牌上跳下来的，有从垃圾箱中蹿出来的，有从墙角后走出来的。

这是个谁拳头大谁说了算的世界，所有分辩说辞都是笑话。我俩默不作声，正准备绕开走，这时从路边椅子上跃下来一只三花猫，摇着尾巴不紧不慢地走过来。看这个派头，这只三花猫便是它们的首领。

三花猫的体格看来比短尾还略大一圈，不过有些虚胖，走起路来有点拖沓，估计是长期养尊处优的缘故。几只体格健硕的流浪猫看到大佬亲自出场，立即抖擞精神，向三花猫靠拢过来，目光嘲谑，口中发出低沉的咆哮。

我和短尾心中明了，要是单打独斗，估计每只猫都不是短尾的对手，但是如果打群架相互撕咬，我们便会很吃亏。于是我们不约而同往后退，准备找机会冲出去。我退后几步，便感觉脚下踩到什么软东西，随即听到"喵"的一声，原来小猫跟过来了，被我踩中了前脚。面对群猫的进逼，小猫突然做出最凶恶的表情，拼尽全身的力气嘶叫起来，这可让我和短尾大感意外，这小子身板单薄，却颇有胆量。我还真担心这小崽子会冲过去，连忙将它拨到身后，护着它继续往后退去。

然而，黑帮大佬毕竟是大佬，它瞬即看出了我们的企图，眼神示意下，有三只猫包抄到后面，对我们形成了半月形合围之势。我们退守到一处铁门边，这是一座三层楼房的底层出入口，不过掩上了。我用背脊一拱，关得很严实，推不开。

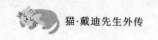

不过这处位置还算不错，至少可以避免腹背受敌的局面，于是我和短尾便打算先在这里死守。

这座房子第三层的灯光一直亮着，透过窗户，灯光投射到路面，刚好照在这群流浪猫身上。而我们守在楼下的阴暗处，敌明我暗，这方面我们占了点便宜。此时，流浪猫也没有轻举妄动，在我们前面蹲着不动，我一数，总共有十只之多，真是一群难缠的家伙啊。我揣摩它们是这样打算的，等到我们松懈，或者被迫自己走出来，它们便会一拥而上，将我们两个不知好歹的家伙咬个遍体鳞伤。

忽然，自楼顶处传来喧闹和嘈杂的声音，听出来是一男一女发生了争执，继而传来摔打物件和孩子哭闹的声音。显而易见，争执升级了。这么晚了，两口子还不睡觉，这是干吗，我嘀咕着。嘈杂声越来越大，街道上投下来的两个影子有些交错，似乎已经动起手来，还听到女人哭喊着说要离家出走。

我还在侧耳倾听的时候，身边的短尾一跃而出，以迅雷不及掩耳之势将带头的三花猫扑倒在地，紧接着便是一阵凶猛的撕咬。这个变故来得太突然，我和其他流浪猫都没回过神来，就这么站在旁边呆看。只见两只猫扭打在一起，互相抱着头，伸腿狠狠踢向对方肚皮。但是我看得分明，短尾利用先发优势死死咬紧了三花猫的脖子，无论三花猫怎么挣扎，如何扑腾，都没有能够甩开短尾的钢牙。

这种攻击显然是致命的，只听到三花猫传来非常骇人的撕心裂肺的叫声，划破了黑夜中近乎凝结的空气。而短尾四脚扎实身形稳定，奋力撕咬中保持了一贯的静默。片刻后，三花猫已然瘫软在地，两腿再也无力踢动。短尾就这样以站定的姿态继续维持着它的王者气概，直到确认三花猫已无力反扑，才松开钢牙。短尾跨过三花猫的身体，站直后舔了舔带血的利爪，目光冰冷地朝其他流浪猫扫视一圈。很明显，短尾发出了夺命邀请，来吧，哪个不怕死的就上来，老子今晚便跟你玩个痛快。

其他流浪猫都已经蒙圈了，眼神游移不定，不知道是走开呢，还是留下来照看它们的老大。就在这时，三楼的窗户被"哗啦"一声推开，继而一个箱子扔了出来，箱子在半空中打开，里面的衣服、杂物全都散开来，随即箱子向下猛然坠落，阵势非常惊人。看到出现变故，下面的猫"呼啦"一声全部散开。箱子跌落地面后发出巨大的撞击声，接着在地上蹦了几蹦，才止住不动。一堆衣服随之飘飘洒洒"降落"下来，七零八落地铺在路面上。

响声过后，二楼三楼好几户人陆陆续续打开灯，推开窗户探头来看。议论叹息一番后，灯光又渐次熄灭了。

楼道中传来一连串急促的脚步声和小孩的哭叫声，我探头看去，见到一个呜呜咽咽的女人拖着不断哭叫的小孩匆匆忙忙跑下楼梯，手上还拎着一个大包。来到楼下推开铁门后，女人放下孩子，边哭泣边在地上收拾衣物，叠好后重新放入旅行箱中。女人抬起泪眼婆娑的眼睛，无神地环顾空旷的四周，思索半晌，带着孩子走到街道斜对面长椅处坐了下来。

昏黄的街灯映照着空寂的街道，夜色更加深沉。显然，现在不是适合出门的时间，我喃喃叹道。

刚坐下来，女人又伤心地哭起来，跟在女人身边的是个四五岁的女孩，也在哭个不停。不知道为什么，女孩的哭声让我感同身受，仿佛是丢失了自己最珍惜的东西，揪得我心痛不已。等了半晌，哭声还没有平息下来，我终于忍不住走过去，来到女孩身边，摇着尾巴"喵喵"叫着。女孩一下便找到声音的来源，见椅子下面来了一只猫，正眼巴巴地看着她，

265

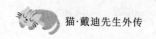

于是稍微止住哭声，伸小手向我摸来。我没有动，就让小手在我身上摸呀摸的。女孩终于止住哭声，她擦去泪珠，从长椅上跳下来，蹲下来好奇地看着我，继续轻轻地抚摸我。

我就是要让小女孩转移注意力，果然很容易便办到了。女孩很快就忘记了刚才的不快，和我在椅子下玩起来，我绕着椅子跑，她绕着椅子追我。捉到我后就捏捏我的大尾巴，然后又让我继续跑，她在后面追。

这时她妈妈哭累了，抬头看到小女孩玩得那么开心，初时有些愕然，后来看着看着，嘴角便不自觉带出些弧度。最后我和小女孩都玩累了，蹲在地上直喘气。她妈妈从包里面找出一块肉干递给我，然后将女儿抱上椅子。小女孩非常不情愿地坐在椅子上，眼光一直没有从我身上移开。

我知道女孩的想法，于是我一跃而上，靠到她身边老老实实蹲下来，女孩立即伸手将我抱住。这时她妈妈也没有那么忧伤了，见女儿抱住我不放，便从包里抽出毛毯，让女儿睡倒后，将毛毯盖在她和我身上。

小女孩显然累了，被子一盖，摸了我几下，便呼噜呼噜睡着了。我没有睡，从毛毯中钻出头来。我能够感受到女人身上的气息逐渐平稳，不过精神仍旧焦虑，两只手捏着毛毯的一角揉来揉去，不时怜惜地看一眼女儿。最后，她也迷迷糊糊睡着了。

这时，我看到对面三层楼处，有个人推开窗来探视，看到我们后便缩了回去。片刻，有个男人从楼房中走出来，穿过马路走到我们身边。灯光下看到他国字脸，嘴边有颗痣。只见他拿出一个鼓囊囊的纸包，塞进女人的大包里面，低头看了一会儿女人和女孩，拾起毛毯一角轻轻拉到女人身上，暗暗叹了口气，便走了回去。黑夜重又恢复了宁静，但男人显然没有入睡，因为每隔一段时间，他的身影便会出现在窗后，探视着我们，直到曙光初照，才拉上窗帘布。

晚上我想了很多，人世间的爱恨情仇到底有没有泾渭分明的对或错？有没有善良和丑恶的划分标准？心无所栖，何处是家园？看着身边的母女，再看看对面的窗户，我不禁有些迷茫。算了，这算哪门子事，是我一个匆匆过客可以理解的吗？我稍微打个盹，便钻出毛毯，舔舔女孩还带着笑意的小脸蛋，从长椅上跳下来。

四周寂静，街上的长椅沐浴着黄色的灯光。每一张长椅都曾经承载着不同的心情，甜蜜与忧愁、喜悦或悲伤。

我走到昨晚打斗的地方，惊奇地发现，短尾正英姿勃勃地站着等我。它的身边，蹲着那只瘦小的猫，二者身后，站着一排花色各异的猫，好像就是昨晚那些围攻我们的流浪猫，不过那个猫老大已不在其中。见我走过来，短尾亲热地迎上来和我打个照面，然后指着群猫告诉我，它现在是这群猫的首领，它们都得服从他的命令。

你一个晚上便将它们全部收服了？我不禁大感惊奇。不过事实就是事实，我看得出这群猫对短尾俯首帖耳，眼神中透露出尊敬和服从。短尾还告诉我，它以后便住在此处，不会再回到男人那里了，这里才是它的家，它的王国。

我由衷地为短尾感到高兴，它敏捷、忠诚、领悟力好，善于作战，本应是一只有大作为的猫，来到这里正是如鱼得水。

短尾带我来到不远处一座半废弃的仓库，里面横七竖八堆放着尚未裁切的松木段和木板，散发出阵阵的松香味，环境干爽宜人。我找到一垛厚木板，跳上去，盘起尾巴倒头便睡。

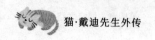

又见故人

我醒来时已经日上三竿，我半直起身子，看到短尾正走来走去，便问它在做什么，它说正在打听情报。旋即一只黄斑猫从外面走来，说在我要去的方向上，在渔港的右侧有条大河，没有桥，要到对岸的话，唯有坐船过渡。至于如何上船，黄斑猫说在伙计中打听过了，没有猫曾经上过渡船，所以并无太好的办法。

我跟短尾说，现在时间正好，我马上出发，到码头后随机应变。短尾点点头，带上两只动作矫健的猫便跟我上路了。

我们绕着一处海产市场走着，短尾忽然止住脚步，警觉地朝空中使劲嗅起来。我一怔，也学着短尾的样子努力闻着，可是，除了令我欲仙欲死的鱼鲜味，再没有其他了。我正待张嘴问，却见短尾示意我跟上，然后快速往前跑去。短尾跑得又轻巧又迅捷，它刚收下的两只小弟在后面贴紧跟着，我跑在最后，虽然很努力，喘着粗气、嘴巴张大到可以塞进一只鹅蛋，还是被远远抛开了。

眼看它们在墙角拐弯处消失了，我加快速度冲过去，正当我以四十五度倾角的身形准备完成一个炫目的飘移时，猛然看到它们三个就蹲在墙角边。我刹车不及，只好任由自己继续飘移，最后用身体刹车，触地后像条刚被抛上岸的鱼一般扑腾了几下。

我急忙爬起来，还没来得及拍去尘土，便向它们三个匆匆瞥了一眼，它们依旧留神地望着前方，这我就放心了。

举脚将粘在肩头的一片烂叶踢开后，我赶忙抢到短尾身边，短尾密切注视着的前方是一家小食店。短尾问我，有没有闻到一种特别的味道。我扬起鼻子往东南西北闻了一圈，然后点头承认，这家店鱼蛋粉的味道的确特别香。

短尾看着我，眼中露出痛心疾首的神色。

"当然，"我急忙补充道，"鱼蛋粉中添加鲜美香脆的炸鱼皮，滋味更属上乘。"

我刚咽下一口唾沫，便看到小食店内走出来一个厨师打扮的矮个男人，急匆匆从我们身边走了过去。从他带起的一阵风中，我突然闻到了一股特别熟悉的味道。我狐疑了半晌，随即眼前一亮，便往短尾望去，短尾点头。我马上确认了这股味道与前面尖顶木屋中可怕的女人身上发出的腥臭味道一样，虽然很淡。

"走，跟上去。"短尾说道。

我点点头，于是我们悄悄地尾随男人。男人走路时快时慢，快的时候火急火燎，慢的时候警觉地左顾右盼，果然有猫腻。我们四只猫则轮流带路，远远地吊在后面，事实上我和短尾只需要闻着这股特殊的味道便不会丢失目标。

走了个把小时，途中男人经过一家银行，在门口的提款机搞了半天，提出大沓百元钞票。最后来到一处不起眼的小食杂店，只见男人进入店面，不久后走出来，肩上扛着一袋面粉往回走。

我和短尾商议，因为从这家食杂店传出的腥臭味道更重，所以我和短尾留下来，另外两个弟兄则继续跟踪矮个男人。

食杂店里面一片昏暗，我和短尾没有走进去，就在附近找个阴凉的地方躺着，留神看着店里的动静。

黄昏时分，终于看到食杂店内走出来一个女人。我和短

269

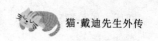

尾都不自觉地竖直身子，这个人赫然就是那个尖顶木屋中可怕的女人。看到这个人，短尾眼中冒出火来。

女人没有走远，准确地说，只是在食杂店外面装作很随意，实际上是小心翼翼地巡查了一圈。女人回店后从里面挂上门板，食杂店打烊了。

我和短尾在外面守候到夜深，确认女人的确就住在里面后，才走回自己的大本营。

回到大本营，之前跟踪矮个男人的其中一只猫已经在门口等候我们。见到我们站定，连忙走来报告，矮个男人路上没有再去其他地方，直接走回到自己的小食店。现时它的伙伴还留在店外继续观察，它回来告知我们消息后，晚上再过去换班。

"做得很好，留意那个男人在做什么。另外，再加派两只猫过去，有情况随时回来报告。"

"喵，得令！"跟班带上两只猫，正准备出门。

"慢，不要只是守在门口，要留意他的一举一动，怎么做自己想办法。"短尾简短地发布命令。

"喵，得令！"三只猫同时应道，立即奔赴小食店。

短尾又派出了另一队猫，前往女人居住的食杂店监看。

我和短尾就在大本营用餐，商议下一步的计划。在我看来，这个女人行事诡秘，手段残忍，绝非善类，得想个法子好好治一治。而对短尾来说，快意恩仇的成分要多一些。吃完饭，眼看夜幕低垂，于是我和短尾又再次走去小食店。

路上静悄悄的，已经没有多少行人，小食店关了门，但从门缝透出亮光。我和短尾走过去，发现四只猫，其中三只在小食店的正面和侧面各找到一个漏光的位置，正眯着眼睛往里面打望。还有一个跳上瓦背顶，正在上面巡逻，颇有红墙卫兵的姿态，只可惜手中没端枪。

我和短尾走去了解情况。一只猫告诉我们，说它看到男人将面粉袋倒进大瓦缸，随后从瓦缸中捞上来一包粉末，现正在捣鼓中。我便和短尾凑到门板的漏光位置，正好看到男人切开一支香烟，从小袋子中捻起一撮白色粉末掺进去，外面再用纸贴好。然后走到后屋，顺手熄灭了前厅的灯光。

片刻后，另一只站在后屋窗台上的猫打招呼让我们过去，我和短尾跳上窗台，微光中见到男人叼着香烟，躺在床上舒服万分地吞云吐雾。随即，从房屋孔隙中又传来浓烈的腥臭味道。男人吸完烟，恋恋不舍将香烟屁股丢入废纸篓，开始呼呼大睡。

我忽然有了计议，跟短尾说了，短尾马上布置下去。

早上起得有点晚。派往食杂店监视女人的猫回来报告，说看到女人切开动物标本，从里面拿出白色的粉末袋，然后埋入面粉缸中。

在小食店监视的猫，果然拿回来我和短尾最需要的东西——矮个男人晚上丢弃的烟头，而且是好几个。它们是在男人出门丢垃圾后跳入垃圾堆中翻找出来的。收下烟头，我急忙捂着鼻子叫它们先出去洗洗。

晚上计算好时间，我和短尾便走到那天碰到狼狗樱桃的地方等候。还是那个时间，樱桃又飞一般奔跑过来，我和短尾突然从阴影中闪出来，这次倒把樱桃吓了一跳，往空中蹦起老高。

"又是你们两个，"樱桃平稳降落后，扭过头龇牙皱鼻对我们说，"上次原谅你们走错路，今天不给我一个合理解释就甭想从本小姐处全身而退。"

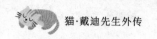

"呵呵，"我努力挤出一丝笑容，"我们找到一些东西，不知您老，啊不，大小姐您是否认得？"于是我示意短尾将叼着的东西放在地上。

"什么？你们这是，这是毒品！"樱桃隔空一嗅便识别出来，随即瞳孔猛然放大，眼中精光闪动，"你们在哪里找到的？"

这就对了，跟我在电视剧中看到的一样，樱桃果然受过缉毒训练。我们找对人了，不，是狗了。

于是，我和短尾将之前发生的事，特别是女人的怪异行径跟樱桃详细说了。

"很好，你们提供了有用的线索，国家和人民是不会忘记……"樱桃有些兴奋，"说多了，你们将矮个男人和奇怪女人的住址提供给我，我马上调查。对了，你们派一只猫在此处等候，我一有消息，便会通知你们。"

第二天没到中午，我正咧开嘴用爪子剔掉一根刺入牙床的鱼刺时，派去跟樱桃联络的猫跑回来报告，说昨晚一队干警带着樱桃出发了，侦查回来的结果跟我们提供的线索是一致的，但是目前暂且按兵不动。另外叫我和短尾马上过去一趟，再商议一些事情。

我和短尾立即出发，来到公安家属大院外。负责联络的猫发出了一长一短的叫声，随即看到樱桃从大院跑出来。樱桃说，可以带我们进入大院，有机会了解一下案情，然后再做安排。我欣然同意，可是当走到家属大院门口附近时，短尾看到一堆打着刺眼闪灯的现代化车辆，忽然就怂了，说他宁愿在外面等我。

M 同志

櫻桃帶我正要邁入大門，門房內忽然閃出一個戴鴨舌帽的過氣老頭，手中揚起一沓報紙便要往我身上招呼。櫻桃見狀立即走上兩步護著我，對老頭齜起了牙。老頭倒是很識相，隨即收回報紙，多看了我幾眼，然後左手做了一個請的動作，咧嘴笑著說："是櫻桃的新朋友啊，哈哈，沒事了，請進吧。"

過了這一關，我就豎直尾巴大搖大擺地跟著櫻桃走進大院。入眼可見一大片油綠的草地，平整如同地毯，保養得非常好。草地右側是籃球場，後面仁立著成排的宿舍。

櫻桃嗅了幾口空氣，然後要我跟上，便往草地中央飛快跑去。

草地上站著兩個人，正在聊天。其中一名女警察，眉宇清秀，英姿颯爽，看得出非常幹練，看到櫻桃跑過來，一蹲身，便將櫻桃抱在懷中。一人一犬，非常親昵，毫無疑問，她便是櫻桃的主人了。

旁邊的男警察對櫻桃也非常友善，蹲下來輕輕拍打著它的背脊。這顯然讓櫻桃十分受用，將毛茸茸的大尾巴甩得像個螺旋槳。

隨後，兩人便保持蹲姿繼續聊天，別人看來還以為在交流擼狗心得呢。

我站在櫻桃身邊，聽女警說道：

"馬警長這樣安排，雖然是一步妙棋，可是風險的確不小。"

"M 同志這個人，做事非常果敢，我看他可以勝任。"馬警長肯定地說。

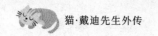

"是啊，他自己也说过'舍不得孩子套不着狼'，他做出了很大的牺牲。"女警说。

"可怜他弟弟被骗进了毒窟，三年前已经音信全无了，估计也就……对了，你有把和毒贩组织头目相关的照片都拿过来吧?"马警长问道。

"是的。"女警警惕地在草坪上环顾一周，然后从口袋中掏出一沓照片。

"这是 A 头目，外号灭霸，非常凶悍……"女警一边出示照片，一边介绍着人物。

"……"

"这就是 M 同志了，长得还挺帅的。"女警说道。

我好奇地瞥了一眼照片，这人国字脸，嘴边有颗黑痣，一眼我便认出来了，他就是那个住三楼的将自己老婆和孩子赶出来的男人，这让我非常诧异。

"虽然是假戏真做，但对他的爱人而言，情感上很有杀伤力。"马警长说道。

"当时情况下，只有表明了态度，他才能够有机会进一步接近灭霸。她的爱人，正准备前往 E 城，我已经暗中安排好照顾，等转移至安全地方，再告诉她实情。"女警接着说。

抓捕行动

"很好，你这几年办案没少学到经验，进步很快。后面这些照片我会分下去，由各分队展开追踪。你还有什么想法?"警长问。

"M同志虽然掌握了几个毒品渠道，但离大买家身份还差些，我估计灭霸现时对他不感兴趣，无法吸引他现身。"

"有机会打掉一些接点，将渠道让给他。"

"领教了!"女警忽然眼光闪动。"手边就有一个。"

"看你的了。"警长笑笑。

警长离开后，女警就站在原地，将队员召集过来分配任务，行动很紧迫，定为一个小时后出发。

出门时我叫上短尾，然后和樱桃、女警同乘一辆普通面包车，不出半个小时便开到距离奇怪女人的食杂店约莫两三家店铺的位置停下。我和短尾下了车，跑进食杂店观察。

一辆踏板摩托车驶近，男的开车，后座搭乘一名女士。停好车后，男人随意地站在路边点着一根烟，女士就在旁边拨弄手机。

大约三分钟，男人将香烟丢下，抬起右脚踩碎，然后和女士走进食杂店。当男人踩碎香烟的脚刚抬起，便看到街道两头冒出来好些人，迅速地布置警戒线，截停往来行人和车辆。食杂店对面一座两层楼高的建筑里，斜向下伸出几支枪管。

我和短尾马上走近门口观察，只见男人与奇怪女人搭讪，突然趁其不备，一个踏步向前，伸出胳膊使一招锁喉招式，迅即将女人朝后拖翻在地。女人正想张嘴大叫，男警右手拿

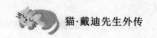

个橡胶一样的东西便往她嘴里塞去，堵住了女人的喊叫。同来的女士掏出闪亮的手铐，三下五除二就将女人的双手扣牢，又掏出黑丝袋罩住女人的头部。女士随即掏出手机，在屏幕上点击一下。

一道刺耳的急刹声响起，一辆小车在食杂店门口点头停下，男人将奇怪女人推上车，小车立即扬长而去。从两人入店到离店，不过一分钟时间，操作过程如行云流水，把我和短尾都看呆了。

这时驶来两辆面包车，其中一辆坐着女警和樱桃，"呼啦"一声人员全部下车，径直往食杂店走去。我和短尾蹲在门口，看着他们戴上白手套小心地切开一袋面粉，果然摸索出几包填充白色粉末的小袋子。

事情办妥，看来已经没我们什么事了，我和短尾便开始往回走，路上商议如何安置小奶猫。

关于小奶猫的来历，小奶猫自己说几星期前和家人一起，坐在主人搬家的三轮车上，驶过水坑的时候重重颠了一下，它被甩出车外，自己往前追去，却走错了路，从此流落街头。我跟短尾商量，奶猫还小，不能总在街边等闲混日子，如果找到愿意收养的人家便是积了功德，于是约定再去找樱桃解决。

晚上我和短尾带上奶猫，找到樱桃，便跟它商量这事。樱桃答应下来，方法是每天抽空带上奶猫到家属区转转，兴许就能找到收养的家庭。

最后我问樱桃，为什么没有赶去抓捕小食店的矮个男人。樱桃的解释是，小鱼抓多了大鱼就不会上钩了。

大河过渡

早上太阳刚冒头，我就起来了。眼看事情办得差不多，也到了我跟短尾告别的时候了。短尾十分不舍，竖起小短尾走过来侧着头蹭我，但看到我眼神坚定，便点点头，陪我一起出发。

我和短尾走在前面，后面跟着七八只猫，里面还有那只我们救助过的小奶猫，它现在颇得短尾的关照。有了一群保镖，我走起路来觉得威风凛凛的。而短尾更是英姿勃勃，举手投足间尽显大哥风范。

在黄斑猫的带路下，我们走到渡口。这是一条相当宽阔的大河，我竖直身子，才隐约望到对岸的码头。渡口仅有一只渡船，来回将人和汽车送到对岸。

我在道路和渡口交界处与短尾依依惜别后，独自走向渡船。渡船有两个入口，一个是给人登船的，另一个给汽车上船。要上船，看来只能够随机应变了。我看到有辆中型货车正朝渡船驶去，灵机一动，立即跑到汽车轱辘旁边，跟着车一路小跑过去。没有任何障碍，我进入了船舱，连我都觉得太容易了。

正当我寻思着找个好地方歇歇脚时，忽然传来震天的狗吠声，转头望去，两条身形健硕的土狗正朝我赶来，满脸横肉，龇牙咧嘴，好像恨不得将我撕成碎片。我一看，当机立断要远离这两个凶狠的家伙，然而，我发现它们左右包抄而来，而我在狭窄的船舱内根本没处躲避，我十分后悔刚才没有钻到车子底下。眼看着大狗向我扑来，我叹了口气，纵身往河中跳去。

277

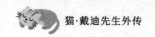

我慢慢游上岸，将身上的水渍甩干。看来这两条狗负责渡船的守卫工作，就是防止我这类动物偷偷上船的，乘渡船过河这条路显然走不通。

我躺下来，现在先把自己晒干再说。这时，我想到了轮渡的旅客入口，此处可能会有机会。于是我开始认真观察，直到下午，看见有一家人往渡船走去，他们身边有个小男孩，正无精打采地跟在后面。我即刻跑过去，来到小男孩身边，一脸讨好地绕在他的脚边"喵喵"叫，小男孩马上发现了我，非常惊喜地蹲下来抚摸。摸了一会儿，起身赶上爸爸妈妈。我立即跟上去，我想把自己乔装成他们一家子的宠物，这样登船就说得过去了。所以他们在办理验票手续时，我就在小男孩身边蹭来蹭去，看上去便是一家人的模样。

这样有惊无险地过了验票这一关，我有点得意地跟着一家人往前走去。然而，我最不愿意看到的情形又发生了，一条目光敏锐的土狗转身发现了我，跑过来闻了一下，然后便趴在护栏上大声吠叫，另一条土狗马上赶来围观，同样也大叫起来，吓得这一家人连连后退。

验票的男人马上走来查看，看到我蹲在地上，于是询问大人我是不是他们带上船的宠物，大人摇摇头。于是这个验票的家伙便粗鲁地叫骂道："讨厌的野猫，即刻给我滚蛋。"毫不客气地抬起脚，便要将我踹下去喂狗。

眼看计谋暴露，没奈何，我只得一个转身，避开一脚后，夹着尾巴跑了回去，第二次登船又失败了。

我就在渡口附近转来转去，然而实在没找到好方法。正当我沮丧地躺在地上无可奈何时，前面走过两个人，一名女子带着女孩。我眼前一亮，她们正是几天前的一个晚上离家出走的母女俩。我欣喜地爬起来，跑到小女孩脚边，"喵喵"

叫唤起来。小女孩看到我，高兴坏了，当即将我抱起来。她妈妈连忙叫她放下我，不过也温柔地摸了摸我的头。

我跑到她们前面，拼命地"喵喵"叫，初时她们不懂我的意思，不过我一边往渡船方向走，一边"喵喵"叫，叫完就走到小女孩身边蹭着裤脚，就这样反复了几次。

聪明的女孩立即明白了我的意思，她跟妈妈说，她知道我想坐渡船过对岸。她妈妈想了一下，于是对女儿说，这样吧，我给你个袋子，它如果愿意钻进去，我们就带它过河。

女孩拿到袋子后，马上在地上打开，我当然急不可耐地钻进去坐好。小女孩提起布袋，挎在自己肩膀上。女孩妈妈也乐了，说那好吧，这么聪明的家伙，我们就一起坐渡船过河。

这次没有再碰到什么意外了。我们通过验票处，然后沿着渡船的旋梯，登上了渡船的二层甲板。这里没有了恶犬，但是以防万一，我依旧待在袋子中没有出来，如果再被迫跳入河心，那可真叫听天由命了。母女两人找了个靠窗边的位置坐下，女孩子开始吃点心，而母亲依旧愁眉不展。我从袋口探出身子，双手搭在玻璃窗口上，正好看到渡轮正解开缆绳，准备起航。

渡口边，我望见短尾和它的伙伴们正蹲坐在河边石阶上，它们显然是看到我平安登船，走来送别的。短尾蹲在最前面，在夕阳光辉的映照下，被勾勒出金色的轮廓。短尾静静地看着前方，目送着渡轮远去，直到渡轮消失在渐浓的暮色中，它的身体也没有移动分毫。

临分别前，我一再叮嘱短尾：凡事三思而后行，不得恃强凌弱，更不可自甘堕落，短尾点头应承。

船上，女孩子掏出绣着金边的小布袋，从里面倒出大小

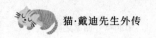

不一、形状各异的水晶石子，在桌子上推来推去，似乎让石子和石子捉迷藏，一边小声地说着什么。

母亲看了半晌，问道："还想家不？"

女孩瞄了一眼母亲，然后回答："嗯，我早就想到二舅家玩了，二舅家养的黑狗，好威风。"

"你不怕黑狗了？上次你还被它追着，一路哭着跑回来呢。"

"可是它不咬我，它就是要吓我，现在我长大了，我不怕它的。"女孩向着空中挥挥小拳头。

看着女儿天真的表情，母亲笑了。

女孩子真懂事，希望他们一家人能够早早团圆吧，我想着。

过渡后，我从布袋中跳了出来，绕着母女俩转了两圈，然后看准方向，迈开小步继续我的归家之旅。

路上我想，从某些方面来看，现在我比母女俩要幸福一些，因为我知道家的方向，知道家中有人牵挂着我，所以即使路途再遥远，都不能冷却我那颗热切期盼的心。而母女俩背负沉重的压力，面对的是不确定的将来，或许还有一段不短的日子才能找回属于自己的生命港湾。

中秋之夜

今天中秋节，我正好穿越一座繁华的城市。大街小巷，衣着光鲜的人们提着月饼盒和各色水果篮子高兴地走着，处处洋溢着节日的气氛。月饼这玩意儿我吃过，准确来说，不能算吃，只是在主人的手中舔了一下，便摇着尾巴走开了。那玩意儿一股浓浓的油膻味，闻起来便知道对健康无益，就不知道主人为什么一边叫嚷着减肥，一边还迷恋这种甜腻至极的怪东西。

不过中秋节很热闹我是知道的。去年的中秋节，主人的父母还专程来到京城，与主人邀请的几个同事一起共度中秋。主人父母亲自下厨烧菜，还特地给我做了一份烧鱼。晚饭后，大伙畅聊各地的中秋风俗，其乐融融。等到圆月高挂时，大家便开始切月饼，吃柿子和木瓜。直到很晚，主人才抱起我，踏着清澈的月色，将同事们一一送走。

当我走上河堤时，天色已近黄昏。此处环境优雅，河堤边护栏一带的花圃浓密而整齐，而河堤上更有几处环绕大树做成的花圃，空气中带着丝丝沁入心脾的植物香味。我于是决定今晚就在这里过夜，顺便欣赏美丽的河堤月色。

我正准备好好打个瞌睡时，发现来到河堤边的人越来越多。初时我还以为是跳广场舞的大爷大妈，却发现来的多数是一家人，也有小夫妻或者恋人，三三两两悠闲地散步聊天，时不时看一眼手表，似乎在期待什么。陆续加入的人越来越多，差不多挤满河堤的每一处空地。头一次看到这么多人聚集在一起，我不禁啧啧称奇，然又十分庆幸自己在人潮挤逼中独享一座花木优雅的庭院。

银盘一样的月亮在夜幕下悄然升高，河对岸，城市天际线灯光璀璨，霓虹闪烁，似乎欲与天上月色争媚斗艳。许多人翘首向天，静静欣赏着明月。而这时我也更思念我的主人了，有人说每逢佳节倍思亲，真是一点不错。

"嘭"的一声巨响，霎时将我吓得矮下去半截。眼看一束烟花在河心处腾空飞起，在夜幕上划出一道斜斜的光线后

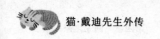

便在天上猛然炸开，化作一把镶嵌着无数钻石的巨伞。紧接着，一束束火花平地升起，以最绚烂的色彩，照亮了焦急等待的夜空。随之一束束美丽的金花银花在天空中不停绽放，然后化作点点璀璨的星光。

我一下子看呆了，这就是传说中的烟火大会？烟花每一次倾情绽放，都引起人们的惊呼和喝彩。天上地下，仿佛成了繁星的海洋，欢腾的世界。

眼前有对父子，父亲戴着金丝眼镜，身着笔挺的毛呢西装，手腕上的名表即便在昏暗中，依旧无法掩饰钻石璀璨的光彩，脚下皮鞋油光锃亮，一尘不染。儿子差不多也是这副派头，只是没戴手表，但手上抓着一个精致的机械狗。

就在他们身边站着一家三口，是父母带着女儿，这家人的着装简朴得多，看上去就是那些蜗居在城市中，绝不起眼的一类人的标本，因为无论怎样去描写，都无法让人留下深刻印象。女孩表情明媚，怀中搂着一只不能再普通的绒毛玩具狗。女孩紧紧靠在妈妈身边，摇着妈妈的手不停地问：

"后面还有没有更好看的烟花？"

"为什么这个烟花跑到天空中那么高的位置？而另一些烟花在地上变为一排毛茸茸的尾巴？"

她妈妈在旁边耐心地解释：

"这里大家越高兴，烟花就会越漂亮。"

"那个高高升起的烟花因为是力量大，所以跳得高，下面胖胖的烟花没力气了，只好在河面上打着转。"

那对父子中的男孩不停望向女孩，露出羡慕和渴望的眼神。

男孩又望着爸爸，自己念叨道，要是妈妈跟我一起看烟花就好了，她就会跟我说，这一朵像金黄色的菊花，那一束是天上银河落下的瀑布，还有很多烟花会变成到处乱飞的萤火虫。

我不知道男孩的爸爸有没有听到他这番话，因为烟花的爆裂声实在是响彻天地。但是，我看到他爸爸的嘴角开始轻轻抽动，眼中泛出晶莹，然后仰起头，似乎怕眼泪会不由自主地滑落。

男孩忽然抬头问道："爸爸，妈妈说过，烟花就像流星雨，这个时候许愿最灵验了，是不是这样？"

"啊，我都忘记了。是的，这时候最灵了，我们都许个愿吧。"他爸爸疼爱地摸了摸男孩的头。

男孩立即虔诚地闭上眼睛开始许愿。

他爸爸低下头，爱怜地看着儿子，眼泪终于还是滴落下来。然后他急忙摘下眼镜，举手擦了擦眼睛，随即也闭上眼，开始了许愿。

男孩许愿后，嘴角终于止不住地上扬起来。

天空划过最后几道美丽的弧线，天幕下绽放出最大最亮丽的花朵，随着漫天星辰逐渐黯淡下来，烟火大会终于结束了。

烟火已然落幕，人们陆续离去，身边的两家人也随着人流离开了。喧闹声声渐远去，秋虫唧唧又登场，强烈的反差带给我一种曲终人散的伤感。习习夜风，送走了浓浓的烟火味道，褪去了天上朦胧的烟尘，在我看来，绚丽的灿烂终究还是短暂的。我感觉身上的暖意迅速下降，而寒凉开始肆意侵袭肌肤。

我自己刚才也许了个愿，我虽然给了小男孩祝福，心中稍觉平静，但随即想到我的主人，一阵落寞便悄然涌上心头。

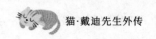

抬头望天，月亮依旧明亮如镜，袅袅升起的几朵浮云，温柔地，渐渐靠向月亮。

月亮躲进云里，我也想钻进你怀里。

临睡觉前，我记起主人有次亲自给我洗澡，可能由于没有吹干毛发的缘故，加之天气太冷，我当时便呕吐不止，还发起高烧，主人急忙将我送到医院。到医院时，我差不多已喘不过气来，把主人都吓慌了。医生看诊后当即给我打了一针，然后送入 ICU 并给我输氧。我躺在里面浑身乏力，而主人懊悔万分地坐在身边。这样过去一个小时，我的心跳才逐渐平缓下来，然后医生给我开滴注。滴注台边，主人眼睛红红的，满脸愧疚的神色。我心中对主人说："其实，只要你一抱我，我就什么都原谅你了。"

女孩心愿一：帮助

傍晚淅淅沥沥下起雨来，不得已，我只好在大街边随意找个有宽大遮阳棚的店家门口避雨。谁知道雨越下越大，一点都没有停下来的意思，没辙，今晚只好在这里将就一晚。我东张西望，发现店门右侧堆放着一垛纸箱，最上面两个纸箱中间有个平整宽敞的豁口，我立即跳上去，此处果然是个舒适的位置，不仅可以避雨，而且还能够遮风，我只要盘起身子便会很暖和了。

天亮的时候，我被街上往来车辆的声音吵醒了，抬头往空中嗅了一嗅，空气中清新的树木味道替代了那种令人不快的浓重的水汽味道，显然雨停了。我伸了个懒腰，发现身上依旧保持着干爽，这让我十分高兴。

笑容刚升到嘴边，便听到肚子传来咕噜的声音，看一眼深瘪下去的肚皮，便有种内疚的感觉，离开渔港以来，我是有多久没有填饱过肚子啊。我舔了舔肚皮上的长毛，无奈地叹口气，走吧，还是先找些东西填一填你这个不争气的肚子，否则再怎么也是笑不起来的。

我跳下纸箱，此时已过七点，往来的车辆在街上飞驰。人行道依旧潮湿，有些地方还有积水，我只好在人行道上小心地绕着水洼走。

正走着，后面传来汽车驶过的轰鸣声，声音很大，显然是汽车贴着马路边开过来。我慌张地正欲往后张望，一大片水波已经像浪涛一般向我没头没脑袭来，我措手不及，身体当即被浇湿了大半，我气得大骂起来。

我正一脸懊丧地甩毛的时候，一名高中生模样的女孩子，快步走过来，然后蹲下来看我。我还在思量，便见女孩从口袋中取出纸巾，帮我擦了擦身体，然后笑着说："真是一只可爱的猫咪，不知道从哪里过来的。"我望向女孩，见她的裙子上也湿了一大片，显然跟我一样，同是飞车溅水的受害者。看到女孩那么热情，我本想也帮她擦一下水渍，奈何手边却没有手帕之类的东西，只好作罢，于是我抬起一只爪子表示了谢意。

女孩子看我懂事的样子，十分高兴，轻轻拍下我的脑袋，便快步走开了。

我还在路边舔着被打湿的毛，只见女孩子又折返回来，半蹲下来对我说："小猫咪肚子饿不饿？要不要我给你找点吃的？"我听闻大喜，急忙竖起尾巴"喵喵"叫了两声。她

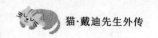

又说："那你跟我来吧。"然后直起身子往我来时的方向走，一边走一边向我招手示意，我连忙跟上。

没走多远，便来到昨晚我栖身的地方，此时店面已经打开了，里面有个女人正在整理物什。女孩走上前说："妈，我看到附近有只小猫，可能是别人家走丢的，它饿坏了，你先给它点东西吃吧，我马上要到学校去，放学才回来看它。"说完，女孩往我一指，便匆忙离开了。

原来我昨晚就在女孩家门口过夜，这么巧，想想也是奇怪。正当我蹲在店门口不知所措时，阿姨端个小碗走来，放到我面前。我一看，里面是条小鱼，还热腾腾地冒着蒸汽，显然才蒸熟，大概是阿姨一家的早餐吧。闻着鱼香味，霎时我口水都流了出来，"喵"一声，立即开吃。

我狼吞虎咽地吃完小鱼，才想起要道谢。抬头看去，阿姨也在边上吃早餐，见我望着她，便对我和善地点点头。

看到阿姨待我不错，我顿时觉得轻松了。我走到阿姨身边，靠在她脚边弓起腰蹭了几下，表达了谢意，然后开始东张西望。这是一间家居用品杂货店，热水壶、杯子、面盆等什么都有，但档次不高。

这时街上往来的行人多了起来，我原本想离开的，但这时候也不太方便，加上女孩子说放学回来看我，我于是在店里选了一个僻静角落，钻进去蜷缩起来。阿姨没来打搅我，自顾自去收拾东西了。

等到黄昏，女孩还没有回来，我于是独自走上街，快到早上遇见女孩的地点，我忽然发现女孩正背靠灯柱站着，一支冰激凌举到嘴边，眼神专注地往马路对面看，一脸期盼的神色。

我没有打扰女孩，于是就蹲坐在女孩脚边。一刻钟后，我看到女孩身子有点紧绷，不自觉放低了拿着冰激凌的手，我知道，她期待的人出现了。我顺着女孩的目光看去，只见马路对面一名穿着白色衬衫、蓝色休闲裤的男孩正迈步走过。可是男孩并没有留意到女孩在看他，依旧健步如飞。

我抬头看看女孩，只见她眼角眉梢带着说不出的希冀神情，眼光一路追随着男孩子，直到男孩走得远了，才轻叹一口气，显出既满足又有些失落的样子。

这时女孩才低头看到我，立即欢快地叫了一声。女孩蹲下来摸了我一通，然后带上我回到家里。

女孩带我穿过店面，跟母亲打个招呼，然后走到后面，穿过一扇门，进入旁边屋子。女孩放下书包后，便走出来帮母亲招呼顾客。

女孩心愿二：心意

我蹲在店后面，细细回味了女孩刚才的神态。据我看来，女孩显然喜欢上马路对面走过的男生，但是男主角却不知道，而且女孩似乎也没有办法让男孩知道她的心意，所以女孩只能够单相思了。

晚上，女孩特地让母亲做了一份鱼肉饭，让我饱餐一顿，然后才回到房间做作业。我没地方去，于是跳上女孩做作业的书桌边的窗台上，静静地休息。忽然，我留意到桌面玻璃下压着一张照片，照片中一群男孩子正在打篮球，每当女孩的眼神在照片上略做停留时，便会有片刻的出神。我眼神不

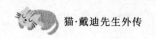

好，辨认了一会儿，找不到是哪个人，但我知道，女孩心仪的对象肯定就在其中，原来他是个篮球健将。

滴水之恩，当涌泉相报，我寻思着该用什么方法让男孩注意到女孩。

第二天黄昏时分，我紧紧跟随人群过了马路，来到昨天男孩经过的地方，找到一处草丛跳了进去。差不多相同时间，我远远看到男孩往这边走来，而这时，女孩又像昨天那样在马路对面灯柱下静静守候。

我的计划是，等男孩经过，然后设法引起他的注意，最好能够将他带到马路对面，这样他便有机会和女孩见面了。此时我看到男孩经过，机不可失，于是从草丛中蹿出，刚好落到男孩面前。可是我太过紧张了，选的落点不好，男孩没有停住脚步，一只脚差不多就要踩到我身上，我匆忙在地上打了个滚，这才堪堪避开。这时候男孩已经发现我，见我自己摔倒在地，便用惊奇的目光看我一眼，随即绕过我，继续往前走去。

我满身是土爬起来，见这招不好使，急忙跑上几步，追到男孩面前，然后直起身子喵喵叫唤。这下男孩好像终于发现了什么，随即左右细看自己身上，觉得并没有带着什么东西可以吸引一只猫的，然后弯下腰看我，眼神中充满好奇："噢，一只好漂亮的猫咪，你要做什么呢？"然后用手指点点我的脑瓜，直起身子继续往前走。

我不依不饶地跟在他身边，冒着被踢翻的危险有机会便蹭一下裤脚。终于，男孩耐心地蹲下来，说："猫咪赶紧回家去吧，你跟错主人了。"然后两手将我架起来，放到路边石条凳上，左右看看，似乎在帮我找主人，然而并没有什么发现，随即快步离开了。

　　无奈，我只好颓丧地回到女孩身边。

　　又过了一天，在相同的时间，我还是蹲在草丛中等待。远远看到男孩带着一个篮球，一边拍打一边走来，神情十分轻松。有主意了，我瞄着上下跳动的篮球来到身边，旋即一个箭步冲过去，用爪子朝篮球一推，篮球的运动轨迹改变了，正好砸在男孩另一只脚上，随即骨碌碌向前滚去。男孩似乎有些吃惊，看篮球就要滚到马路边，急急忙忙跑过去，用脚将球踩定，然后双手将篮球捧起来。

　　男孩看到我跟在后面，就笑了："又是你这只猫咪，想不到还会搞点小破坏，找到你家主人了吗？"看了看我，又自言自语说："看样子也不像走丢的猫，肚子还圆圆的，没饿着。估计是附近居民养的猫。"于是拍拍我的头说："时间不早了，早点回家去吧。"于是，又开始拍打着篮球往前走去。

　　晚上，我蹲在女孩做作业的书桌上左思右想，却总是不得要领，旁边的小闹钟的指针铿锵有力地走着，以某种胜利者的姿态嘲笑着我的无能。我顿时恨不得自己变得老虎一般大，然后直接将男孩叼过来，扔到女孩身边，说："瞧，这就是你的菜，我给你弄来了，要蒸要煮，你随意。"

　　女孩做完作业后，照例看着桌上的照片出了一会儿神，我则对着女孩出了一会儿神。

289

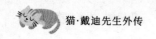

女孩心愿三：相识

今天还能有什么办法呢？我是毫无头绪，在差不多的时间点，我蹲在路边的石条凳上，幽怨地看着男孩准备又一次无视我的存在。出乎意料的是，今天男孩没有大步走过，反而主动走到我跟前，笑嘻嘻说："我今天听到一个笑话，准备讲给家里的奶奶听，你做我的第一个听众吧，看讲得好不好。"于是在石条凳上放下手上拎着的小布袋，清清嗓子讲了起来：

"今天我们老师说了，以前有个教授，对自己的讲课非常自信，家里面也办起了补习班，看着几个学生满脸敬畏的神情，感觉特别得意。有一天，他看到家里的猫在墙角懒洋洋地睡觉，觉得非常痛心，于是将猫提起来，猫誓死不从。于是他叫一名学生将猫摁在地上，让猫在痛苦挣扎中听完了他的课。

"过了几天，家里的女主人买来一只小旅鼠，有空便放出来溜达。起初，小旅鼠和猫大人相处得不坏，直到有一天，旅鼠窜到厨房的灶台上，把女主人准备招呼客人的食材都糟蹋了，而女主人认为这一定是猫干的，于是狠狠地收拾了猫。

"第二天，正当教授在补习班上唾沫横飞地讲解课题的时候，学生们惊奇地发现，猫在旁边摁着旅鼠在听课。"

"哈哈，哈哈……"男孩话音刚落自己便先笑得前俯后仰，"对，晚上跟奶奶就这样说。"

在男孩有点自我陶醉的关头，我看机不可失，一口叼起男孩放在我身边的小布袋，转身就跑。男孩起初一脸愕然，随即连忙追上来，我小步快跑穿过马路，回头看到男孩还在等着几辆飞驰的自行车驶过，于是停下脚步，等到男孩急匆匆穿过马路，才一路跑入杂货店中，然后将布袋吐在女孩跟前。

后面男孩匆忙赶到，见到我一本正经地坐在杂货店的货架上，不禁哑然失笑："你这个冒失的家伙，原来是这家店供养的宝贝，现在将布袋还给我吧。"

此时正低头收拾物品的女孩，听到话音后抬起头，猛然见到男孩子，不禁惊呼一声，手中捧着的大红枣掉了一地。脸上通红一片，结结巴巴地说：

"是你，你怎么过来的？"

"嗯？你认识我……啊，这个小家伙把我的东西叼走了，你看是不是在这里？"

"是这样啊，你看看，是不是这个？"女孩低头将布袋拾起来，手带哆嗦地递到男孩跟前。

"是这个了。"男孩伸手接住。

"喵——"我不失时机地叫了一声。

"这是你养的猫吗，它真可爱。"男孩说。

"啊，是的，噢，不是，不是的。"女孩有点紧张。

"咦？我好像认得你，有次我打比赛时，是你捡到球，然后跑到球场内交给我的，是你不？"

"是，唔……"，女孩的脸"唰"一下通红。

"我记起来了，当时你没有把篮球交给场边的发球员，而是自己跑进了球场，所有人都有些发蒙，最后都笑起来，而你拿着球一脸慌张、不知所措。"

"我也不知道是怎么回事，我就是想看到你拿着球，快步上篮的样子，于是就……"

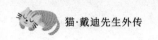

"真有你的，那时候我还不知道你是谁呢，本来想打完球找你认识一下的，可是，那天玩得实在是太嗨，等我下场时，天色已经晚了，结果没找到你。"

"真的吗？你后面有去找我？"

"真的，我就想知道，我们啦啦队哪个女孩子有这样助攻手的热情。"

"我还真不是你们啦啦队的，她们嫌我身高不够，没让我加入。"女孩显然有些遗憾。

"我们的啦啦队至多也就是站在场边助威罢了，还没有像你这样直接冲上球场助攻的。"男孩爽朗地笑了起来。

果然是个阳光帅气的男孩子，连笑声都那么有魅力，我想。

"不过当时你发现了没有，自从你递给我那个球，我忽然感觉全身充满了力量，拿起球跑步都觉得浑身轻飘飘的，好像带着风一样地过人，结果灌进好多个球。那一场球，是我球感最好的一场，让农学院彻底认输。"

"是啊，大家都是这么说的，说你忽然间变神了，感觉球技一下子就出神入化了。"

"现在回想起来，你递过来的球是有魔力的，然后传递到我身上，这种感觉实在很不错。"

"那好，以后我就找机会给你递球。"

"那就再感谢不过了。正好我还不知道你的名字呢，你叫……"

眼见二人聊得有点投入，却显然忽视了大功臣的存在，这让我很有些不爽，于是我抓着女孩的裤脚站起身来。女孩"哇"的一声痛叫，我赶忙缩起爪子，有些讪讪地从裤脚上的几个小孔洞上退下来，刚才只顾着刷存在感，确实忘记缩回爪尖了。

"啊，可爱的猫咪，你看它不高兴了。刚才说，这是你养的？"男孩问道。

"不是，几天前我在路边碰到的，看它的样子，一定是哪家走失的猫，我没让它走远，就叫它到我家暂时住下，我想等等，看有没有人过来招领。"

"这只猫挺懂事的，刚才如果不是它抢我东西，我还不会走过来呢。"

"也真是很奇怪的事哦，它好像知道我的想法。"话刚离口，女孩的俏脸便生出一片绯红，好像被人窥见了心事。

终于得到了男女主人公的一致认可，我顿时感到一阵的舒坦。我曾经听主人说过，从前有个白娘子还是红娘子的什么媒人，遇到有缘分的男女便会在他们脚上绑上一根红线，现在看来，大概我也应该位列其中了，回家后定要跟主人好好说。

"你知道吗，我特别喜欢猫，打我懂事起，家里就有养猫。"男孩说。

"这么早就养猫？现在还养猫吗？"

"我们家总共养了两只，不过，两只猫最后老了的时候，它们就自己走出门，不知道去了哪里。本来它们都认识回家的路，但就是没有再回来，想必自己知道来日无多，便离开了我们家，后来这几年没有养了。"

"唉，猫真是懂事，还特别有灵性。"

"那你家里有养猫吗？"男孩问道。

"养了一只，只养了一段时间。后来这只猫长大后，跟别的猫走了，大概认为野外生活比在家里还要自由舒服。不

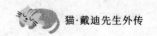
过一年中也会回来几趟，大吃一顿后又跑没影儿了，所以我知道它倒是没走远。"

"……"

不知道为什么，我觉得这对男女的对话如同老奶奶一般絮叨，我对此表示毫无兴致。当晚，我等到女孩熟睡后，轻手轻脚从窗户跳了出去。

路径的选择

离开城市，我又独自走了很多天。一天我翻过山岭，看到延绵起伏的山丘在脚下延伸至迷蒙的远方。我站在高处，发现前面有两条路，正面一条直接翻越山丘群，而另一条路从右方很远的地方绕过去，那边约莫有一片草原。后一条路显然较为平坦，却要绕个大弯，我估计走这条路要比走正面那条路花上数倍的时间。眼看山丘并不高大，所以我当即选定穿越山丘的路线。

然而，接下去旅途之艰难委实出乎我的意料。正走着，从某处突然刮起一股旋风，霎时地面尘土飞扬，接着飞沙走石，遮蔽视线。我被忽然打过来的石子击中过好几次，其中两次打在后腰上，让我痛不欲生，还被一颗稍大的石子直接砸中脑门，把我打了一个踉跄，脑门直接鼓起一个大包。如果石头再大些，便很有可能当场将我打晕或者砸死。

而在许多地方，土丘之下已被雨水的冲刷所掏空，但还保留了浮松的表层土。有次踏在上面，土层立即坍塌，我随即跌落土坑中，所幸土坑不深，我还能够挣扎着跳回地面。

　　还有一次，如果不是反应够快，我顶着大块下坠的落土拼命跳出来，差点就被连续塌陷的沙石活埋。

　　以上种种意外使我越走越担心，脚步变得迟疑而沉重。

　　心惊胆战地走了好几天，忽然间，像童话故事般，在我面前出现了一大片平坦的绿地。葱翠的松树和高大的杨树在风中摇摆，地面上绿草如茵，不知名的山花丛丛簇簇。凉风送来清新的松香气息，让我身上的猫毛根根随风起舞。

　　从一个支离破碎的世界忽然来到一处世外桃源，这让我十分高兴，我经受了诸多风险的考验，摆脱了种种危险，最难走的道路已经被我征服，我的小心谨慎终于得到了回报。明媚的阳光下，我迈开轻快的小碎步继续前行。

悬崖求生

　　我边欣赏道上的美景边走着，忽然间从头顶掠过一只鸟，全身深蓝色，带着闪亮的金属般的绚丽色彩，只有眼部一圈是明黄色的，模样像小鹦鹉，但比小鹦鹉漂亮得多。我顿时好奇心爆棚，不把鸟抓下来玩玩，岂非愧对良辰美景？于是我立即向前追去。

　　小鸟飞得并不高，只是一段接一段向前低掠，我就在后面一路尾随。我离开了主道，跑上一处高地，转过一片灌木丛，看见小鸟就站在草坪上回头看我，小眼神中竟然流露出丝丝嘲讽的意味，于是我毫不犹豫发力猛冲过去。然而，我看见小鸟转身振翅，却不是向上飞去，而是身形急速下沉，

295

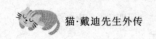

瞬即从眼皮底下消失了，我没有丝毫停顿，继续飞速往前奔跑。

然而，我跑到小鸟站着的位置时才惊惧地发现，这是一处毫无遮拦的悬崖，往前一步便是万丈深渊。我大惊失色，立即刹住脚步，但为时已晚，我感觉脚下一沉，看似平坦的草坪急速向下方翻折，原来，这处草坪下面已然被土石塌方掏空。我的反应并不慢，当即使出转体大回旋，双爪一下搭住边缘上的草皮，随即猛然发力将身体扯上去。没料到草根早已干枯脆化，我扯住的一大块草皮瞬间"刺啦"一声撕裂开来，跟随我继续下坠。

我拼尽全力朝土坡乱抓乱划，松散的泥土纷纷脱落，可依然止不住下坠的势头。我意识到这次是完了，我会直接摔到山谷底，不管猫有几条命，都不可能再有机会生还了。

正当我急速下坠时，忽然，我感觉腿部传来一点柔软的支撑力量。我不禁一阵狂喜，立即放松身体，调整自己的柔软度，然后双手双腿一起抱住下面的支点，这才缓缓止住身形。定睛一看，我发现自己恰好被一棵伸出土坡的松树苗挡住了，而我正抱住一个绿色的小树冠上下晃动。

我环顾四周，下面是让人惊惧不已的无底深渊，上面是垂直陡峭的土壁，我的抓痕还清晰地留在上面，根本无法攀登。然而，让我感到略微镇定的是，松枝左边不远处有块突出来的石台，大小如书桌面，上面略为平整，可作为临时立足之地。

于是，我小心翼翼地把自己转移到松树苗的下端部位，然后站在枝干上奋力跳跃过去，幸而有惊无险地跳上了石台。站在石台处往上望，我位于一处厚土坡之下，黄褐色的沙土松散混杂，表面风化出几处断层。我观察到土坡断层有两道突出来的土台，第一层土台矮一点，第二层土台较高，目测到达第二层的土台便可以跳上我跌下来的土坡顶。除此以外，便是三面空空荡荡的绝壁了，根本无路可走。

所以若要回到山顶，我必须首先跳上第一层土台。这个土台离地有两米高，平常我极少会挑战这种高度，不过，现在我必须全力以赴，否则只会困死在山崖边。于是，我开始向第一层土台发起冲击，我第一次跳起来，捞了一个空。于是，我后退几步，再次跳起来，还是够不到边。我继续尝试，然而每次要够到土台，都稍差了那么一点，只抓得土块泥沙哗啦啦地往下掉。

我在下面喘息半晌，又来来回回观测了土台的形状，最后冒险退到悬崖的最边缘，再次酝酿了全身的力量，助跑、冲刺、一跃而起。这次，后腿终于搭上土台，我大喜过望，毫不迟疑继续向第二层土台发起冲击。我再次蓄势跃起，可就在这一瞬间，我感觉后腿忽然失去了支撑，一阵极端沮丧的无力感传来，随后听到恐怖的"哗啦"一声，整片土台就此坍塌，跟随泥土跌落的，还有我崩溃绝望的心。随着土台的坍塌，我狼狈不堪地跌回到悬崖边。

仿佛那么一瞬间，世界失去了颜色，头顶灰色的天空开裂破碎，周遭一片死寂，连空气都让我窒息。我静静地歪倒在山壁一角，不想挣扎。

半晌后，血液才回流到脑袋，我努力站起来，再次评估处境。既然第一层土台已经全部垮塌，那么，第二层土台就绝对不可能跳上去了，更不用说回到土坡上，土坡顶从触手可及变成遥不可及。

直到此时，在连续的恐惧感和紧张的求生压力下，我一直在做超体能的活动。此刻信心崩溃，所有的疲倦、无助连

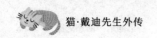

同绝望一起袭来，我发现四条腿不由自主地剧烈发抖，再也无法支撑我的身体，于是我像被重拳击倒般再次跌倒，头贴在冰凉的石面，吐出一口浊气，目光呆滞地望着远方。

当晚，山风凛冽，虽然我把自己越卷越紧，可依然感到冰凉彻骨，整夜不能安睡。

第二天早上，我用舌头尽量收集了石尖上的凝露，便一直无望地看着土壁，轻轻叫唤，似乎等待土壁会忽然在我面前打开一道门。接着反复评估自己的处境，希望能够寻获最后的救赎之光，但得到的结论使我加倍绝望。

中午睡了一觉，醒来后头脑昏乱，望着深渊下缥缈灵动的薄雾，似乎正在召唤我下去嬉戏，有一瞬间我感觉只要走出一步便可获得解脱的喜悦，幸好很快醒悟过来。

晚上饥寒交迫，我怀疑自己是否能够支撑到下一个早晨。

第三天。临天亮我发了一个梦，梦到和主人在一片芳草地上追逐嬉戏。忽然云彩上出现一位天使模样的人，微笑着向我招手，于是我身不由己地朝云朵上飘去。一路跟随天使来到一座透出柔和光芒的宫殿，宫殿大门打开，一股温柔的吸力徐徐将我往里面送去。当我正准备越过门槛时，忽听到下面主人喊我："大D，你在哪里，不要走远了，快回家来。"我一个激灵，当即刹住脚步，转身朝下面看去。可是宫殿传来的吸力很大，我于是四爪抓紧门槛奋力反抗。正当我拼死力争的时候，倏然转醒过来，发现背上的毛发被汗水浸湿了一大片。

虽然惊醒过来，但是依旧有些昏沉，突然脑袋被硬物结结实实撞了一下，脑瓜子嗡嗡作响。低头一看，一颗松果正在地上滴溜溜打转，我摸着头朝上望去，刚好看到有个拖着毛茸茸长尾巴的小家伙在头顶的松枝间一闪而过，留下一截不断颤动的松枝。

我清醒过来，但仍旧徘徊在时而惊惧时而庆幸的情绪之间。忽然灵光一闪，转而想到，这个陡坡之上有一棵松树，如果我能够找到利用这棵松树的方法，说不定就能够找到出路。这个主意使我镇定下来，开始思考什么样的脱身方式与松树有关。我重新审视眼前厚厚的土层，土层里突出一些细碎的根须，有的被我打断了，正耷拉在坡面上。于是我想到，这些是松树的根须，它们从土里长出来，我顺着根须挖深一点，可能就会找到粗一点的树根，如果找到粗树根，兴许我有可能借助树根，一点点翻上土坡。

我为自己的推想而感到振奋，于是，我认真地端详面前的土坡，我要找到粗一点的根须，这样才不会白费力气。很快，我便发现一截埋入土层的树根，外面包着龟裂状棕褐色的皮层。我立起身子，用爪子把附在上面的沙土擦去，果然，这是一条粗壮的树根，蜷曲在泥土里，刚好在这处露出一小截。

我如获至宝，于是顺着树根左右刨起土来。开始挺顺利，由于外面的土层风化得很严重，所以很容易便刨开了，可在里层却有不少石子堆叠在一起，我必须从底部耐心地用爪子对着一颗颗石子去挖，去抠，去摇松。幸好这里没有大石头，否则我是根本无法撼动的。

我很努力地挖着，完全忘掉了饥渴，一直挖到中午时分，太阳把我晒得像出炉的烤地瓜那样热时，终于将树根完整地挖出一段。但我知道，我现在十分虚弱，倘若跳上去还跌下来，那么真的会把自己交代在这里。所以为了保证一次成功，

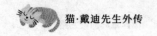

我反复比画角度，看到树根上面还有零星的土块遮挡，于是我又跳起来将这些土块抓了一大把下来。

最后，就是决定命运的时刻了。

我歇息了个把时辰，感受身体积蓄的力量，然后退后到石台边缘，做足加速准备，然后"唰"的一下，腾跳到树根上，后腿坐实后，顺势再拼命往上一跃，这一跳我已拼尽全身的力量。只见土坡在我面前不断下降，随之在我面前出现了最上层的土台。没有一丝犹豫，我手脚并用地在土台上奋力一蹬，"呼"的一下，我终于跃上了坡顶，入眼便是那棵救命的松树。我终于回到这个可爱的世界了，在登顶的一刻，我便往松树方向跑去，因为我觉得那里最安全。无奈才跑出两步，前腿一软，便摔了个嘴啃泥。

我全身虚脱，喘息了好久，才感到体能恢复了一点，我马上站起来，我知道，如果再不进食，我会像这样随时倒下，甚至永远也爬不起来。于是我走到远离土坡边缘的草丛边，一走进去，便发现草丛里有蚂蚱。这些蚂蚱个头不小，但是呆头呆脑，移动缓慢，估计是少有天敌的原因。我毫不费力地扑住了好几个。老实说，这种恶心的玩意儿我平时是绝对不会吃的，虽然我看到小区的黑猫吃过，当时我还大感诧异。然而现在事关保命，于是我毫不迟疑地便将它们嚼碎了吞下，然后躺倒歇息。

傍晚时候我爬起来，感到口渴难耐，我在附近转了一圈，可惜没有找到水源。我想到，这两天来我都是依靠舔食凝结在石尖上的露水解渴的，现在也只能依靠这个方法。于是我找到一处干燥的地方躺下，等待黎明的到来。

反思生命

第四天早上,我因为过度口渴,天还没亮便醒了,走到一块靠近悬崖边的巨石旁守候。不久之后,太阳从地平线上升起,把慈爱的光芒铺洒在群山之上,将远远近近的山峰镀了一层亮丽的金边。与前两天无异,山谷下慢慢升腾上来一大团白雾,这时候下方的青峰若隐若现,非常具有诗意。对我来说,这时的确有种绝处逢生的欣慰。

升腾的雾气慢慢向我站立的地方聚拢过来,岩石表面逐渐湿润,然后在突出的部位,开始凝结出一颗颗水珠。我连忙用舌头去收集水珠,让大自然的甘露滋润我火烧般灼热的咽喉。水珠凝结得很多,我很快便喝足了水,感到非常满足。于是,我打算等到雾气散去,再次露出蓝天之时,便重新启程。

然而,这次雾气并不如我想象那般很快消失,相反,雾气越来越浓稠,而且山风逐渐加大。不久,山谷下一团团幽暗的云雾,翻滚着快速卷了上来,像是一只头上长满疙瘩的怪兽正往山岩上攀爬。我惊惧不已,又看到怪兽身上发出一道道闪耀的磷光,隐隐传来低沉而愤怒的咆哮声。这时候山风愈加猛烈,将地面上的落叶和碎草卷得漫天翻滚。

不好,我反应过来,这里马上便会下起雷暴雨。我当即掉转身体,顺着大风的方向拼命跑。转眼间,天空好似拉过一张黑沉沉的幕布,墨黑的云团在下面翻腾着。

一阵夹杂着泥尘的雨腥味扑面而来,我知道已经跑不过暴雨的脚步了,于是四处寻找避雨的地方。所幸附近便横亘

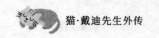

着数块巨石，巨石夹隙处正好有个稍大的石窝，我立即飞奔过去，然后把自己尽量蜷缩在里面。

此时，风暴已经开始肆虐，狂风抓住巨大的松树猛烈地摇撼，而霹雳朝着突出的山崖狠劲地鞭打。整个山林雷声震天，大雨滂沱。

很快，地上的积水多了起来，形成一股股水流，逐渐连成一片水洼，并且以肉眼可见的速度上涨。眼看我避雨的石窝即将被积水淹没，我立即跳到岩石顶部，然后无奈地眯着眼睛，任凭狂风夹杂钢珠般的雨点在身上无情地抽打。

两个小时后，暴风雨才带着劫掠后的满足慢慢离去，天空恢复了湛蓝色。我把身上的雨水甩干净，然后继续在岩石上待着，期待太阳能够尽快烤干身上的水分。不久，我就发现身体出现了异常，以往，太阳晒在身上会感到阵阵的暖意，但现在我却感到身体某处不时冒出来一股寒意，以至于我开始全身发抖。是降温了吗？但是这种寒冷并非源自皮肤，很快我便否定了自己的判断，那么只能是得病了。

接下去几个小时，我便感到头晕，胸腔中升起了一团火苗。我把自己挪回到岩石下面的石窝中，这里已经晒干了，而且不会吹到风，正好适合我休息。到了晚上，我觉得浑身像火烧般难受，整夜不能安睡。

到了第五天早上，火烧的感觉消失了，我开始剧烈地打着寒战，手脚麻木，一阵眩晕。下午，我觉得寒热的症状稍退一点，才想到又有一天半时间没有进食了。我虽然感到极其虚弱，但我知道这时候必须爬起来弄点吃的，于是我又走到草丛中，逮了些蚂蚱吃。

吃完后我返回石窝。我想，既然我还能吃能喝，那么情况还不算太糟，我现在只需要休养一段时间便能够恢复过来。

可是到了晚上，这种让我交替着火烧般灼热和冰冷颤抖的疾病又发作起来，我浑身毛发湿透，几乎完全无法动弹。这种情况一直延续到第六天，这段时间我完全没有办法走去喝水和捕食。

晚上，我开始设想我会在这里凄凉地死去，没有任何人的怜惜和哀悼。然后我做起噩梦，忽而梦到我从高高的山崖上垂直跌下去，忽而梦到被恶犬死命追赶，而我也心甘情愿地朝手握镰刀的死神招手的方向走去。

到了凌晨，我看见眼前万道光芒乱舞，像是无数流星在暗空里相互追逐。其中一颗流星似乎更加流光溢彩，迅即吸引了我的注意。我看到它逐渐变大，终于看清了，它就是那艘通体散发银白光芒的喵星·永恒之舰，我顿时满心欢喜，静候巨舰靠近。可是巨舰在眼前划过一道灿烂的曲线后便快速远去，最后变成一个小金点，仿佛蚀刻在我的视网膜中。

我残存的一点脑力忽然被求生欲望所激发。几天前我才从死神那里走出来，决不能再回去，我回家的路还没有走完，我一定要回家看我的主人。现在，这种糟糕的情形只不过是老天给我的又一次考验，我一定要挺过去。我就这样咬紧牙关翻来覆去地想，拼死不让自己合上眼睛，以此抵御地狱幽灵的蛊惑。

第七天早上，虽然我仍旧昏沉，但觉得寒热症好像有所消退，原本虚脱的四肢找回了一点力量。我想到这种病可能会随时发作，于是决定试着去找些草药给自己治病。

我东倒西歪地走去喝露水，再勉强吞下几个蚂蚱后，便在附近的山坡上搜寻可用的草药。我看到很多植物，但完全不知道怎么利用，我尝试咽下一两种紫色的草叶，可苦涩的味道让我肠胃一阵翻腾，只好立即吐了出来。在一个岩窝处，我发现了一株叶片长得非常肥厚的植物，我忽然记起来，主人家中种了一棵芦荟，样子和它十分相似。主人有时候割下一截，将叶汁挤出来，然后涂抹在脸上的红痘痘上。由此看来，这种植物肯定没有大的毒性，我不妨试试它的功效。于是，我用爪子裁下一截，然后开始嚼，这种草的味道倒还不苦，相反，还有一种甘甜的味道，而且汁水很多。我又吃了两叶，然后赶快回到石窝，等待病魔再次肆虐。

然而，当晚我睡得很平稳，寒热的症状有所缓解。

第八天醒来后，觉得精神好多了，四肢有了力量，饥肠辘辘，于是我想到这种草确实有疗效，便又走到岩窝处吃了两叶。到了下午，精神明显恢复，身体已不再受到寒热症状的折磨，我感到非常宽慰，自己毕竟没有被如此厉害的疾病所击倒，我依靠自己的意志和方法找到了出路，从而拯救了自己。

下午我在长满芦荟的岩窝旁意外地发现了一个清水坑。我刚伸头过去，便看到水坑中冒出一个怪物：一张脸黄绿相间，上头须发打结、两眼浮肿，这个模样倒把我吓了一跳，缩回脑袋后才想到是自己现时的样子。再次伸头去细看，我便想对怪物拱拱手，落到这般境地，我居然还能够撑得住，实在想表达一下对自己高山仰止的敬佩之意。

我在这里又待了五天时间，以便尽可能恢复自己的体能，而且，我也想反思一下自己落入的处境。我想到，这两次接踵而至的劫难几乎都差点使我丢掉了性命，最主要的原因，是我在不知情的环境里随心所欲地偏离行进路线。而偏离路线，意味着我可能遭遇更多的危险，有些危险是我所不能承受的，最后我便会为自己的鲁莽付出代价。因此，今后我必须更加谨慎行事。

抵达京城

这天，我觉得身体恢复得有七八成了，加上蚂蚱我快要吃到吐了，于是我退回到原先抓鸟的地方，沿路前行。客观地说，这处空灵静谧的地方确实舒适宜人，要是没有发生之前的可怕事件的话。

当我走累了，就寻一个安静不被打扰的地方，贪婪地酣睡起来。在天气不好的日子，我便找个有遮蔽的位置歇息，静下心来审视自我。经过上次悬崖求生的事件，我已经可以比较洒脱地看待旅途带给我的忧虑与不安了。

有一天下起小雨，整个天空灰蒙蒙的，细雨微雾中，我看到无数的飞蛾在雨中扑扇着翅膀飞舞，我只需要张开口，就有肥美的飞蛾掉入口中。我一路伴随着鸟语花香，越走越畅快，然后我看到一处往下通行的石阶，阶面整洁，显然此处常有人来。

我顺着石阶往下走，来到一处瞭望平台。我跳上平台，放眼望去便是繁华广阔的京城景象。我不禁悲喜交集，热泪盈眶，仿佛看到主人在前面向我频频招手。

没有任何意外，我顺着石阶走到山下。前头是一户连一户的农庄，宽阔的马路一直延伸到城市的心脏地带。

我继续赶路。中午，阳光很是毒辣，不多会儿便让我觉得很烦躁。

傍晚时分，我途经一处美丽静谧的小户人家，房子紧贴在大槐树边。一个戴眼镜的老人家坐在宽大的藤椅中，右手拿茶杯，正轻轻吹着茶杯上袅袅升起的雾气。在他面前，竹茶几上放着小炭炉、茶具和报纸。在夕阳余晖的映照下，一种悠然物外，心平气和的境界油然而生。我曾听主人说，等到她撕下日历时感到既无奈而又心痛的那一天，便会找一处静谧的乡村定居下来，煮一壶茶，抚一张琴，对林而歌，伴月而眠。恐怕主人想过的便是老伯这样的生活吧。

"你们年轻人想说什么就说什么，不要在意我这个老头子，就当我没听到。"老人家开口了。

"爷爷。"正在旁边和男友互致眼神的女孩子撒娇般说道。

我一听，怎么声音听起来这么熟悉，随即恍然大悟，这不就是与主人一起徒步旅行的桃子小姐嘛。一年不见，桃子似乎苗条了不少，正一脸娇羞地努嘴示意对面的男生。

背对我的男生轻咳一声，深深吸了一口气，说："爷爷，我想跟桃子出去走走，看看世界。"我一听便乐了，这不就是八戒嘛。

"你们年轻人的事啊，老头子管不了喽。桃子爸妈方面，我就帮你们两个说说，不就是嫁得远了点嘛，就当是答谢小兄弟这个月帮我修缮老房子了。老实说啊，小兄弟的手艺不错，看这木窗子雕刻的龙纹花格，啧啧啧，还真是漂亮！"

"谢谢爷爷夸奖。"八戒表现得很谦虚。

"有了这门手艺，桃子以后肯定饿不着了。"老爷子说道。

"爷爷，瞧您说的，没看我最近吃得少多了吗？我很好养的。"桃子急忙回应。

"年轻人哪，很有诚意，我喜欢，不过就是嘴上不大可靠。"老爷子话锋一转，"你说你每天收工后要赶紧回家，可每次还不是在村口外等着泡我的孙女？"

"爷爷，您老早就知道了？"桃子脸涨得通红，扭扭捏捏地挤在爷爷身边。

"哼，以为你们的小把戏能够瞒过我这双老眼？当年你爸挖空心思弄的一出西洋景就是被我拆穿的。"老爷子徐徐说道，"不过嘛，我就喜欢看你们两个表演，让我猜哑谜，有意思。"

"还不赶快谢谢爷爷！"桃子急急说道。

"谢谢爷爷！我现在就帮您挑水做饭！"八戒说道。

"去吧，去吧。等等，桃子你就不要跟入厨房了，你炒的菜，不是忘记放盐就是太咸，肉都没炖烂就起锅，老实说，这个月我真是受够了。来，帮爷爷冲茶就好。"

"好，那爷爷跟我说说老爸的西洋景是怎样被您拆穿的。"

"话说当年，你爸还穿着开裆裤的时候，哦，不对不对，过了那个时间了……"

看来八戒和桃子离修成正果不远了，我很为他们感到高兴。

我继续前行。进入京城城区，每一地都太繁忙了，于是我选择深夜行走，这样不但走起来轻松凉快，而且过马路时危险性要降低很多，当然，我会等候绿灯亮了再过。

京城的深夜与野外相比，显出不一样的宁静。它没有山野草丛中烦嚣的嘈杂声，但处处都能让人感受到永不停息的脉搏跳动，满载的大货车带起旋风呼啸而过；未歇业的酒吧内传来快乐的喧闹声；大卖场门口正繁忙地装卸货品；居民

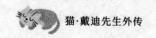

小区门口总有夜归的小车亮着大灯拐进去。我看着身边这一切，尽管孑然独行，心情依旧十分舒畅。

京城实在比我想象的要大太多，我实际上花了三个晚上的小跑，才回到主人居住的小区，此时已是凌晨时分。我跟在一辆轿车后面进入小区，然后一路快跑，来到了熟悉的小花园。我往四楼望去，那扇我经常出入的窗户是关闭的，我只好按捺住内心的激动，先在花园里歇息下来。

第五章　重逢

天色才蒙蒙亮，我便从一楼爬到四楼，蹲在主人家浴室窗户外聚精会神地守候。至多再有一个小时，主人便会起床梳洗，然后打开浴室的窗户，我必须在这里守候着。

就在我第一百次竖起耳朵去听家中动静的时候，我的耐心终于得到回报。里面传来频率熟悉的拖鞋啪唧声，恰如天籁之音传入耳中，让我浑身瘙痒难耐。随即看到温暖的灯光透出窗户，我开始发疯般"喵喵"叫，"哐当"一声，主人推开了窗户。为了这一刻我等得实在太久，于是我一头飞扑进去，不管里面什么情况。

然而，不知道是欢喜的泪水模糊了双眼还是我太用力了，我像弹簧般高高跃起，飞越了主人，飞过了梳妆台，然后"吧唧"一声，以最不雅观的降落方式，重重摔在猫砂盆圆弧形的顶篷处，再徐徐向下滑落。

正当我挣扎着准备爬起来的时候，一双温柔的手已将我捧了起来，熟悉的手感，熟悉的味道！耳旁听到主人的呼吸声，感受到主人的心跳声，我浑身一软，喵叫一声，再也不想爬起来了。主人第一句话是："大 D，麻麻终于等到你回来了！"

轻轻一声呼唤，已经让我热泪盈眶，而我想了好多要对主人说的话，却只能够停留在嘴边。

没有动情的倾诉，没有想象中的相拥而泣。主人就这样抱着我走到客厅，把我放在桌子上，爱怜地抚摸我，仔细地查看每一个伤疤，为我揉松一处处打结的毛团。我不断喵叫着，倾诉我所有的委屈与难过，侧着头不断拱着主人的手臂。

主人打电话到单位请假一天，而我就走去视察家中的变化。可以说，家中好像没有变化，我所有的玩具和睡窝一概放在原位，跟我离开家的那天毫无二致，而且整洁干净。甚至连猫砂盆也是如此，里面堆满了新鲜的猫砂。这种熟悉感让我产生一种错觉，仿佛我昨天就在家中，从来不曾离开过。

主人吃早餐时，我也跟在一边吃，原本我连碰都不碰一下的面包、午餐肉、鸡蛋，现在我都吃得非常香甜，非常耐心。毕竟比起外面的忍饥挨饿，饥不择食，这些都如同珍馐美味。可以说，现在主人吃什么，我便可以吃什么了，除了青菜以外。青菜这玩意儿塞牙缝，而且带着刺眼的绿色，严重影响我明眸皓齿的优美形象。

上午，主人亲自给我洗澡，原本我挺高兴的，因为不用去那个臭烘烘的美容店，可随即非常懊恼。主人给我洗澡那种认真劲儿和如同在搓衣板上搓衣服的手法，实在比美容店还要可怕得多，那又是拧又是刮的，恨不得把我身上的毛一根根揪下来洗干净然后再插回去。洗澡过程中还用上了各种稀奇古怪的化工品，一点成本意识都没有，最后花了半小时给我吹干。这还没完，接着是掏耳朵、除黑头、洗泪线一条龙服务，完事后才肯把我放出来。

我站在镜子前端详自己，发现自己浑身银毛蓬松，但略微发黄发灰，少了柔滑润泽的感觉。圆圆的眼睛依旧精灵可爱，不过眼神中少了点天真和顽皮，多了几分坚定和沉着。

两边的胡子像螃蟹钳子一样全部向前弯曲，好像随时准备猎食一般，这点使我大惑不解，以前明明是贴着脸庞向后生长的，显得多温柔。尾巴中段少了一撮毛，那是被秃顶老雉鸡啄掉的，至今没有重新长上。我注视身上的种种变化，知道自己从里到外，深深刻上了一个旅行者的生命印记。

再看看主人，主人依旧温雅秀美，只是眉宇间少了点精灵顽皮的神气，多了些稳重端庄的气质。

下午，我看到主人给亲友们发信息："我的大 D 自己走回来了，从秦皇岛走到京城，三百四十里地，它走了四百零二天。从今天起，我将告别平平淡淡的日子，面前所有的困难算得了什么？世俗的嘲笑能奈我何？我要重新开始让人羡慕的精彩生活。"

晚上的食材当真华丽，主人去超市给我买了我最爱吃的三文鱼刺身和基围虾，还带回几罐啤酒，说是要跟我一醉方休。于是我们两个一起吃啊吃，主人大杯喝啤酒，我在小碟子里舔虾汤。

主人兴致很高，但明显喝多了，收拾好碗筷便走去洗澡，差点醉倒在浴室。回房时没了主心骨一般扶着墙壁走，我跟在后面惴惴不安，听说酒鬼一般生活不能自理，住一屋后果很严重，现在看来不假，起码主人连衣服都不洗了。我还听说酒鬼会自虐，往窗外丢杯子……幸好主人晕乎乎爬上床，倒下便睡着了。

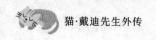

面对生活本来的样子

天亮时我做了一个梦,梦到我迎娶了白富美,然后快快乐乐一起旅行。当我带着白富美爬树时,一失足掉了下来,随即梦醒了。我遗憾万分地抬起头,发现自己从床上滑到了床底下。

我跳回床上,正巧主人也醒了。主人伸个懒腰,见我跳上床,一把揽住我,眼冒小星星,我以为主人要吸猫,连忙闭上眼睛。可只听见主人说:"大D啊,你信不信,我昨晚做了一个好梦。我梦到刮刮彩中一百万大奖了,一百万啊!"主人定神回想一遍,自言自语说:"太真实了,号码我还记得呢。"于是匆忙拿起床头的手机,输入一组数字,又闭目想了片刻,不无遗憾地说:"可惜有几个数记得不牢靠。"然后攥紧拳头,带着决断的神色说:"不要紧,买就是了。"

主人又像往常那样上班去了,不同的是,出门明显带着无比期待、无比兴奋的神色,似乎她说的一百万已如蝴蝶般在面前翩翩起舞,而她需要做的,不过是拿个网兜扑下来而已。

而我,早餐后继续回味我的春梦,我依稀记得邂逅白富美的地点与小区某处爬满牵牛花的棚架很相似,我越想越肯定,心中乐开了花。眼看外头天色大亮,我迫不及待溜出房子,朝向那座棚架跑去。

我跑得正欢,一个黑影自天上掠过,啪嗒掉下来一坨东西,刚好砸到后背上,我一看,却是一坨恶心到家的鸟粪。"我猫你个咪……!"我及时慰问了这只不长眼的鸟的祖宗,然后悻悻然跑到一旁的草丛中打滚蹭掉。

扭得正欢时，忽然听到数声怒吼自远而近，我一个激灵翻身坐起，看到号称小区一霸的斗牛犬八宝走出六亲不认的步伐朝我冲来。在我印象中，八宝跟我交情一般，难道因为突然看到老相识而兴奋得要送我一个熊抱？我一时惊疑不定。然而，当看到八宝露出它标志性的獠牙和甩到满天飞的口水时，我知道押错宝了。我忽然醒悟过来，此处便是恶犬八宝的地盘，也是当初我设计捉弄橘猫的地点。想要安全离开，只有一条路，那就是跳入后面的水池中。"报应啊，只争来早与来迟。"我哀叹一声，随即毫不犹豫地冲到水池边，"扑通"一声跳了进去。

水池很久没有清理了，上面漂浮着一团团白色泡沫和褐色腐败的落叶，恶心到家的各种虫子在上面踩着水面滑行。我顶着烂树叶浮出头来，呛了一口水，肚子差点要翻转，幸好被我死命忍住了。我手脚并用，费力游上了岸，正准备甩去身上的污水，肚子突然咕噜作响，随即脖子不自觉往前一伸，"嗷"地吐了出来。好不容易压下肠胃中的翻江倒海，这才站起来甩毛。

这个邋遢的模样走去相亲那是绝无胜算，于是我只好躺下，先让阳光晒干皮毛。

过了好久，皮毛是晒干了些，可是身上的怪味更加浓厚了，还吸引来一群小蚊子在上面兴奋地打转，我感到非常泄气。忽然想到，相亲嘛，还不就是打个照面？只要相貌合适、家庭背景般配即可，双方第一次不可能走得那么近的，况且我还可以选择下风口的位置，这样怪味便传不过去了。得了这个主意我顿时心情振奋，动身往棚架走去。

走到棚架下，我心中小鹿乱撞，现实场景与梦中毫无二致，只不过多了个打太极拳的糟老头子，未免有点煞风景。

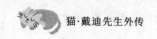

老头每个动作都把我急出一身汗，恨不得在他屁股后点一把火，让他一飞冲天。我就站在旁边等啊等，把春绿等到秋黄，把期盼等到心疼。许久，我忽然想到，既然是天上掉下个猫妹妹，那么猫妹妹兴许刚好落在棚架上，加上地面有个不解风情的老头在舞手动脚，当然不会下来了。我不免为自己的思维之缜密所折服，急忙找到牵牛花粗大的藤条，三爬两爬便往上蹿去。

我正欲登顶，却见上面伸出两个黑影，黑头尖嘴白肚皮，原是两只大喜鹊。这两个家伙瞪着小眼珠对我这个不速之客摆出一副戒备的样子，我却管不了那么多，箭在弦上岂有收弓之理，当即翻身而上。棚架上绿叶扶疏，却没有我梦中猫妹妹的倩影，我不甘心，朝中央位置找去，不料发现一个鸟窝，五六只雏鸟正挤在一起喳喳乱叫。我顿时头皮发麻，情知大事不妙，偷鸟贼的恶名肯定是跑不掉了，问题是居然胆敢在光天化日、众目睽睽之下作案，肯定人人喊打。

我转头向喜鹊摆出一副人畜无害的表情，可惜太迟了，两只愤怒的喜鹊不由分说就振开翅膀从两边掩杀过来。我慌得四足发软，眼看棚架上落脚地方狭窄，不比地面跳跃腾挪之便利，可谓优势尽失。

我定一定神，看到其中一只从侧面攻击的喜鹊沿着棚架边缘向我逼近。我心中略微一喜，真是个蠢货，不知道最好的战术就是将敌人逼到悬崖边吗，这样对手手忙脚乱之下便极易跌落。

我用余光环顾四周，看到几步之外有个小平台，上面铺满厚实的枯藤，位置可攻可守。此时侧面的喜鹊率先发起攻击，我于是毫不犹豫地往小平台跃去，就在我准备立稳脚跟之时，忽然脚后跟一空，我心中暗道："大事不好！"急忙伸出前肢往前搭去。随着噼噼啪啪的枝条脆断声响起，我瞬间反应过来："本少爷老猫烧须，中圈套了！"

我手中抓了一把碎枝条仰天从平台上急速坠落，还没转过身来，便看到小平台天蓝色的空洞中，伸出两个黑色小脑袋，正呱呱叫着议论：

"乖乖，得手了。"

"乖乖，看样子就是一只蠢猫！"

"乖乖，还要追上去揍他一顿吗？"

"乖乖，当然，最好让他长点记性。"

眼看两个黑影从空洞中急速飞扑下来，我心中大惊："我的个乖乖，赶紧逃命吧。"慌乱中我也喊出了鸟语。

我在半空中调整好姿态，就在落地一瞬间准备发力狂奔时，感觉脑瓜子已被狠狠啄了几下，我无心恋战，哀号一声，夹紧尾巴拼命跑开。

跑了老远，我忽然想起白富美即将出现在棚架下，那曼妙的身姿散发出无限的诱惑，魅惑的双眼足以迷倒众生，我又岂可为些小差错半途而废？于是，我钻入草丛中躲了片刻，然后肚皮贴地静悄悄摸向棚架。殊不知，两只喜鹊始终站在上面盯梢，一看到我走近，不由分说便展开空中打击，我举起爪子奋力反抗，奈何寡不敌众，最终挂着满头大包鼠窜而逃。

棚架是回不去了，我颓丧万分，步伐凌乱地走到某座高楼下的草坪歇息。

我喘息稍定，忽然听到二楼的窗户被"吱呀"一声推开，耳边响起一个中年女人的声音："我看这盆洗脚水正好用来浇灌下面的花草，也不浪费。"我正琢磨着这句话的深奥内涵，眼看一股洪水"哗"的一声倾泻下来，不偏不倚，正好

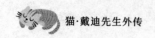

把躺在草坪上的我浇了个透湿。我猛地翻身跳起，打了好几个喷嚏，然后翻过篱笆落荒而逃。

我筋疲力尽地回到家中，已快到主人下班到家的时间了。

我跳上书桌，准备好好休息一下，看到桌面上有一整块用金箔纸承托的褐色方块，我舔了一下，口感香甜嫩滑，于是一口气将它吃了下去，这才感到浑身舒坦了些。

开门声响起，主人回来啦。不知道主人拿到一百万会给我买什么好东西呢？我急忙迎到门口，却发现主人脚步虚浮，一脸疲惫，眼中无神。我连忙让开，让主人好好走路。

晚上主人胡乱做了两道菜，便食不知味地草草收场。帮我准备好晚餐后，一个人扑倒在书桌上打起了瞌睡。

睡了一个小时，主人爬起来伸手拿样东西。可当她摸到桌子上一张空空的金箔纸时，便惊呼起来："大 D，你偷吃了我的巧克力？你，没事吧？"我点点头，这有什么了不起的，不就一块甜得发腻的糖而已。主人一脸关切地看着我，看我并无异常的样子，便放心了，挠挠我的下巴说："巧克力你以后绝对不能吃，我听别人说过，猫吃了这种东西会得病的。"

说完便打开电脑，看到闺蜜"后来遇见猫"上线便聊了起来。

我蹲在旁边，看着主人跟闺蜜聊天，这才了解到主人不同寻常的一天是怎么过来的。

主人一上班，对面的同事不知道是不是太无聊，忽然跟她讨论起假如中了十万元彩票要如何如何的话题，大约每个女孩子都会对这类话题乐此不疲吧。不过，这次主人听到同事计划买个包包，安排去日本度个假，或者给自己买件首饰什么的,露出了不屑的神色。主人心中盘算:"这算得了什么,中午我就要中百万大奖了,马上就能过上与这笔财富匹配的生活。首先,我会辞掉这份无聊的工作,然后到马尔代夫享受无敌海景别墅,回来后买台敞篷豪车,然后逍遥自在地走向人生巅峰。"

就这样,主人心不在焉地上了一个上午的班,还按时向经理提呈了一份项目投资报告。好不容易熬到中午,主人拎起小包包,旋风一般冲出写字楼。快步走过两个街区,来到一家即开型彩票销售点。毫不犹豫地,主人递给档主一组号码。档主收到号码后吃了一惊,问主人没弄错吧,包圆一组号码可要花一千块啊。主人不为所动地摆摆手,示意无妨。

档主于是放心了,将主人引入 VIP 房,随即交给主人厚厚一沓彩票。主人行云流水般刮了半个时辰,收入二百元。主人笑笑,依旧一副成竹在胸的样子,然后又列出一组号码,同时交纳了两千元。

这次开奖后,总共兑奖金额只有五十元。主人脸色煞白,苦思冥想了一阵子,拿出纸和笔,反复计算数字,终于一咬牙,掏出三千元。看到档主眉开眼笑地捧来厚厚一沓彩票,主人嘴角开始抽搐了,刮彩票的动作变得小心翼翼,边祈祷边刮奖。

随着那一沓未开奖彩票的厚度慢慢降低,主人眼神中的光晕逐渐消退,而脸庞的炽热却越烧越旺。最后剩下两张了,主人原本逐渐空洞的眼神中再次出现神秘的光彩。然后主人拿起彩票贴紧心口,静默片刻,念了一遍所能记起的诸天菩萨的法号,接着用最谨小慎微的动作一点一点地抠,第一张,没中,主人叹了一口气。最后一张,主人听到了自己心脏剧烈的跳动声,两腿不由自主地颤抖,血液往头顶猛冲。"开!"

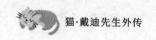

主人发出了让自己都吓一跳的嘶哑声音，然后睁开一只眼，可惜，依旧没中。

主人终于被失望击倒了。当她拖着千斤重的脚步回到人间，也就是公司的办公桌前坐下时，眼眶都红了。还没顾上喝口水，便被经理召了进去，经理将她狠狠痛批一顿，因为她上午呈交的项目投资报告有几处关键位置弄错了数据，让经理在老板面前大出洋相。"行了，这个季度的奖金你不要想了。"这是满脸黑线的经理离开前留给她的最后一句话。

耐心地听完主人的诉说，闺蜜"后来遇见猫"似乎不为所动，然后写下这么一句："当你生活中遇到倒霉的事情，千万不要沮丧，打起精神来！你要相信，更倒霉的还在后头呢。"

真是无语，这闺蜜说的还是人话吗？不过也是的，主人连梦境的启示也相信？有这样的好事我就天天做梦好了。忽然我觉得话语中似乎有严重的逻辑漏洞，正思量间，腹部传来一阵绞痛，我当即趴在桌子上呕吐起来，然而越吐肚子越疼。

初时主人还不太在意，轻轻拍着我的脊背，但看到我口吐白沫，意识不清慢慢躺倒的时候，忽然慌张起来。二话不说，随便找到一个纸袋，将我塞到里面，提起出门便跑。

主人上气不接下气地跑到宠物诊所，几乎是破门而入，带着哭音跟大夫说了我在下午吃了一整块巧克力的事。大夫明白过来，做过检查后，便给我灌洗肠胃，然后催吐。

这样折腾了一个多小时，我终于恢复了神志。撑开眼帘便看见主人正带着无限的关爱看着我，我弱弱地叫了一声"喵"，主人便流出了眼泪。

回到家中，主人抱着我坐了好久，好久。然后起身，打开放在床头柜内的一个银色密码箱，从里面取出一副金丝手套，一个柔软奇异的面具，一个连着银链的钢爪。看了片刻，便戴上金丝手套，抚摸我两下，我顿时感到背脊传来一片冰凉，可见手套是用金属打造的。主人叹了一口气，点点头，语气坚定地说道："是时候重新开始了，我要用自己喜欢的方式过我的一生。从此告别三年的都市生活，重回我叱咤风云的时代！"

随即，主人拨通了手机，主人还未开口，便听见手机中传来一道苍老的声音："三年了，三年了，凤凰终于归来了！"

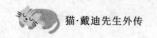

后　记

久别重逢的喜悦，两个相似的美梦，尽管在现实中不算完美，但依旧是主人和我之间因真诚相待和心灵相通而孕育出来的。

从我，猫·戴迪和主人相处这么长的时间以来，我有这样深切的体会：当主人工作劳累而感到疲惫的时候；当主人遇到困难、苦闷而需要排解的时候；当主人遇到不愉快的事情而感到沮丧的时候，在这些特殊的时刻，我，作为人类宠物的一员，便能以各种方式与主人互动，使主人的紧张得到缓解，心态得以平复。我还知道，对那些独居、缺乏人际交往的孩子和老人来说，更是如此了，因为这些人更加需要我们——假如他们养有宠物的话——用真情的互动去填补他们因焦虑、孤独、抑郁造成的情感缺口。

至于那些我自己认为具有猫族传奇色彩的经历，那更能说明人类和宠物之间患难与共、生死相随的过命关系了。听完我叙述的读者都还记忆犹新：我的那些在当时觉得惊险万分、而后又觉得奇妙无比的经历，确实是真实存在的。譬如，在吉布库沙漠遭遇到流沙和沙暴的惊慌失措，在古岩画前遭受野猪群袭击时的众志成城，有八戒和乌鸦嘴作证，这种阅历在他们的记忆中同样是不可磨灭的；我误打误撞地登上出海渔船，在海上经历大风暴的摧残，遇上海盗偷袭所遭遇的危难，这去问我的恩人船长和大副，以及船员阿东、阿华，他们的回答将比我的叙述还要绘声绘色；还不止于此，还有深山古庙的游历，惩戒贩毒分子等不平凡的故事，我就不再赘述了。但有必要指出的是，提到这些事，不是为了炫耀我的功绩，而是那些提到的故事，以及可以提供佐证的人一定不会忘记告诉你，在所有这些传奇经历中，我和主人、宠物和人类之间亲密无间乃至患难与共的关系将历久弥新。

那些经历确实是动人心魄的，本来能够让读者更好地欣赏到恢宏震撼的场面，但是由于作者善于把握分寸，既不刻意追求撼动人心的渲染，也不勉力探寻煽动心弦的诗意，而只是按照我的叙述，采用通俗易懂而又不失生动清新的描述方式，把人类和宠物之间亲密有爱的关系表达清楚而已。诚然，这种白描素写很符合我谦虚内敛的习惯。读者虽未推崇我们宠物行为之高雅，但亦不会感到行为鄙俗而可厌。由此可以看出，我们只专注于故事的真实性，以期与爱宠一族的阅读兴趣相吻合，以便为读者所接受。如果你看到某些情节后觉得突兀或巧合，那只是所有传奇经历中常出现的现象而已，不足为怪。

我的叙述可以结束了。最后我只再说一句：人生如棋，多有不如意事。如尚能记起一只猫，悬崖下求生意志之顽强，抵御病魔肆虐之不屈，此间种种若能给予你一点启示，那便是对我最好的回馈。

全书完